当代城市规划著作大系

中国土地制度下的城市空间演变

陈鹏　著

中国建筑工业出版社

图书在版编目（CIP）数据

中国土地制度下的城市空间演变/陈鹏著．—北京：中国建筑工业出版社，2009
（当代城市规划著作大系）
ISBN 978-7-112-10774-2

Ⅰ．中… Ⅱ．陈… Ⅲ．土地制度-影响-城市空间-空间规划-研究-中国 Ⅳ．TU984.2 F321.1

中国版本图书馆 CIP 数据核字（2009）第 026115 号

责任编辑：陆新之
责任设计：崔兰萍
责任校对：兰曼利 孟 楠

当代城市规划著作大系
中国土地制度下的城市空间演变
陈鹏 著

*

中国建筑工业出版社出版、发行（北京西郊百万庄）
各地新华书店、建筑书店经销
北京嘉泰利德公司制版
北京云浩印刷有限责任公司印刷

*

开本：850×1168 毫米 1/16 印张：13½ 字数：338 千字
2009 年 6 月第一版 2009 年 6 月第一次印刷
印数：1—2500 册 定价：**39.00** 元
ISBN 978-7-112-10774-2
(18019)

前　言

基于我国人多地少的基本国情，党中央、国务院历来重视节约土地和城市集约发展。近些年来，随着城市化加速以及资源环境与社会经济发展矛盾的加剧，这一宏观政策目标变得越发清晰而紧迫。无论是“十一五”规划纲要中提出的“促进城镇化健康发展”，还是党的十七大报告提出的“走中国特色城镇化道路”，都把节约土地、集约发展、合理布局等作为其中的重要原则。

从理论上讲，在城市化加速和人地矛盾加剧的双重压力下，中国只有选择集约发展的模式，高效利用土地资源，才能将城市用地的扩展与稀缺耕地资源的保护妥善地协调起来。然而事实上，我国城市发展粗放、土地浪费现象不仅没有得到有效地遏制，反而不时有加剧的倾向，需要中央加大土地调控力度。比如2004年和2006年就先后出台了《国务院关于深化改革严格土地管理的决定》以及《国务院关于加强土地调控有关问题的通知》。

这一问题困扰了政府和学术界很多年，也引发了不同领域不少有价值的思考和见解，但却鲜有相对系统地把土地制度作为研究的主要对象，并将其与城市空间紧密地联系在一起。而土地制度对土地利用的效率和模式以及城市空间的形成与演变却有着极其深刻的影响，这在处于土地制度转型、土地市场尚未成熟与规范的中国，尤其如此。

具体地讲，我国正处于征地制度和城市土地使用制度改革的转型时期，土地供给的秩序、方式及规模均比较混乱，隐形土地交易现象比较严重；而且在大部分经济要素已经市场化的情况下，土地这一基础性的经济要素反而市场化程度最低，其产权也相对混乱、残缺，已构成中国经济发展和市场化改革的一大瓶颈。只有进一步完善土地制度，才能从根本上清除土地市场的诸多弊病，充分发挥市场机制的作用，达到土地资源高效利用的目标。可以说，土地制度对我国土地的有效配置与城市空间结构优化具有特殊的重要性。只有强化对土地制度及其与城市空间演变的关系研究，才能够准确把握我国城市发展诸多问题所孳生的内在动力与本质原因。

本书针对我国城市发展中存在的突出问题，综合运用城市地理学和城市经济学以及新制度经济学的理论与方法，力图透过一般的空间表现特征，揭示土地制度影响城市空间结构演变的内在机制，为我国土地制度的进一步改革完善，促进我国城市的集约发展，促进土地资源的高效利用和城市空间结构的调整优化，提供理论依据和一种新的分析研究思路。本书的基本观点如下：

(1) 土地产权制度缺陷是导致城市空间结构诸多弊端的重要根源。土地产权制度在土地制度体系中具有基础性的地位和作用，其缺陷主要从三个方面影响城市空间结构：一是由于产权不明晰，不能正常反映土地的稀缺度和价值，使得中国的经济增长和城市发展形成土地要素替代的模式，造成土地资源的浪费和低效利用，城市空间无序蔓延、结构松散；二是由于产权的私有化程度不高，导致土地权利价值的不饱和和价格梯度的平缓化，降低了土地置换的收益与位势差，延滞了城市空间结构调整优化的市场化进程；三是由于城市土地产权国有导致资源配置非市场化因素过多，尤其是行政干预以及权力寻租现象普遍，导致城市发展方向的随意性和不确定性较大，加剧了内部空间结构的复杂化和碎片化，以及公共物品的供给不均衡，用地结构不尽合理。

（2）土地有偿使用激活价格机制是城市空间结构自组优化的根本动力。随着城市土地从无偿划拨向有偿使用转变，传统的以工业用地布局为主导、以各项用地有计划地配置为特色的城市空间结构得以打破，地价调节作用开始显现，土地置换使经典模式的同心圈层更趋明显，用地比例也更趋合理。在“双轨并存”和协议出让为主的土地供给体制下，却形成了逐渐优化的城市空间格局，表明现阶段我国城市空间结构具有自组优化的规律。这主要源于土地使用制度改革不仅有助于弥补市政基础设施的欠账以平衡用地比例关系，而且与企业制度和住房分配制度改革一起，推动了土地需求的市场化，促进了土地资源高度市场化的二次配置。城市经营理念下的土地储备制度以及招拍挂土地供给方式，其积极方面是具有促进城市空间结构整合优化的作用。但政府作为一个垄断经营的行为主体，其追求自身效用最大化，与作为整体的社会财富最大化之间的偏离（作为约束条件的特殊国情加大了这种偏离），必然导致城市经营中诸多问题的产生。土地储备制度也存在单纯追求土地收益的倾向，有政府垄断一级市场“与民争利”之嫌。招拍挂制度只是政府垄断下土地供给手段的市场化，并非真正意义上的市场化配置，加上缺乏系统长期的土地供给计划和充分透明的公示制度，因此有限的局部信息很容易导致非理性的投机行为，会在一定程度上加剧房地产市场的泡沫。

（3）配置市场化与产权明晰化是我国土地制度改革的基本方向。市场化配置土地这一核心经济要素，是落实科学发展观和切实转变经济增长模式的需要，也是从源头上铲除腐败的关键举措。只有明晰的产权才能将成本收益最大限度地内在化以及相应的责权利统一化，是制度有效的根本保障。土地产权不明晰，对城市发展的负面影响是造成效率与平等的双重损失。明晰土地产权不能回避所有制的改革，这不仅因为私有化是迄今最有效的产权明晰化手段，更缘于这样一种信念——公平有效的土地制度，应是在自由契约下自发形成的多样化制度，这是在特定条件下风险分担和提供激励的两难冲突之间的最优折衷，而“多样化”在目前中国的公有土地产权制度环境下，意味着允许“私有化”，并且应像保护公共财产权一样平等地对待私有产权。在我国探讨土地私有化的可能性，除了突破意识形态和对私有制偏见的束缚之外，须充分认识我国土地制度改革的阶段性与地域性。土地的私有化并不意味着所有土地的立即私有化，而是指从法律上允许部分土地（至少是实质意义上的）私有化，从而形成不同产权形式的土地适应于不同的社会经济目标，在市场机制下相互竞争、流动和转化。其方式既可以采取彻底私有化形式，即将所有权界定给私人，也可以采取实质私有化形式，即国家保留最终所有权，但个人或其他产权主体享有明晰而完整的产权权益。而当前土地制度改革的当务之急则是尽快完善土地征用制度，充分尊重集体土地产权的平等权利和切实保障农民的基本权益。

必须从法律上提升农村集体土地产权的地位，从经济上调整土地收益的分配机制，从政治上改进经济发展中的行政激励机制和干部使用中的考核机制，才能从根本上改变目前普遍存在的一味追求政绩、损害农民利益、粗放利用土地的局面。总体而言，我国土地产权制度的改革可以分两步走：首先是在现有制度框架下，促进产权的进一步明晰化、完整化和平等化；其次是在条件成熟时，鼓励更多、更自由的选择和制度创新，包括土地的私有化。所谓“成熟条件”的关键在于：建立某种制约机制能够确保土地私有化的公平、公正，不被少数特殊利益集团或内部人所操纵，而这只有在地方行政长官并非仅仅对上级负责，必须而且能够接受当地人民及其代表的有效监督与制约之时才可能实现。

目　　录

1

研究背景

地者，万物之本原，诸生之根菀也。

——《管子·水地》

1.1 城市集约发展是我国现实矛盾下的必然选择

我国目前正处于工业化和城市化加速发展的阶段，城市用地扩张是发展经济和提高人民生活水平的必然要求——普遍预测至2020年，我国城市化水平将达到50%～60%，新增城市人口3～4.5亿人，至2050年城市化水平可能达到75%；正如斯蒂格利茨所言，中国的城市化将成为21世纪除美国高科技产业之外对世界影响最大的两件事之一。

但我国又是一个人地矛盾突出、人均耕地面积严重不足的国家——由于人口增加和大量土地非农化，我国人均耕地已从1949年解放初期的2.7亩（1亩约等于666.67m^2），下降到2006年末的1.39亩，只占世界人均耕地的2/5，这与联合国所提出的人均耕地警戒线0.8亩已近在咫尺。因此，在城市化加速和人地矛盾加剧的双重压力下，只有选择集约发展的模式，高效利用土地资源，才能将城市用地的扩展与稀缺耕地资源的保护妥善地协调起来。

当然，要确保耕地底线，仅靠城市集约发展是远远不够的，还需要整个国土资源开发利用的集约化。比如人地矛盾同样突出的日本，在1920～1960年间的高速城镇化时期，主要通过制定全国的综合开发规划，进行了两次耕地整顿和两次町村合并，最终保持了耕地面积在城镇化前后基本持平（杨保军，靳东晓，2008）。

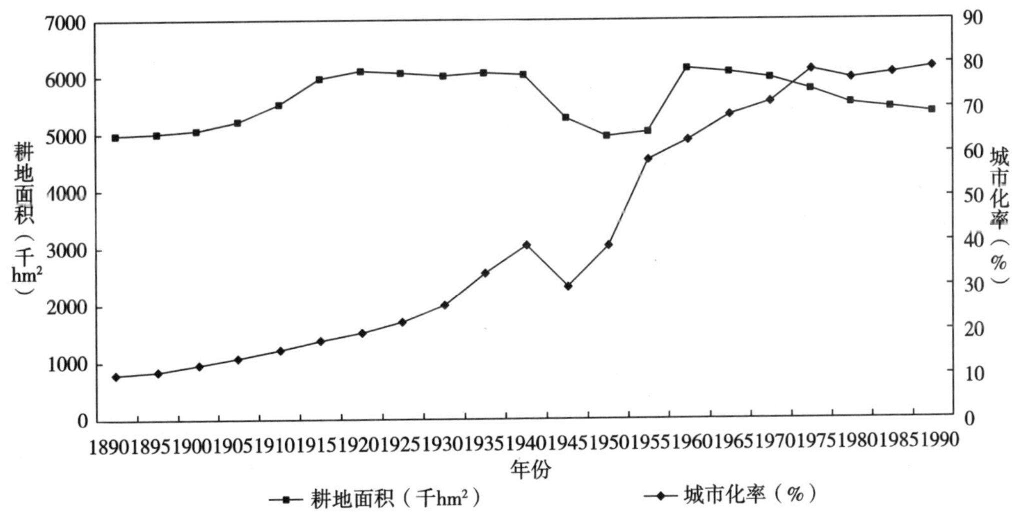

图1－1 1890～1990年日本耕地面积与城市化率对比图

注：日本耕地面积统计中包括园地和牧草地，从而排除了农业内部结构调整因素导致的耕地变动。

1.2 城市集约发展要求优化城市空间结构

城市空间结构作为城市各种功能组织在地域空间的投影，与土地利用模式具有极强的相关性和对应性，而且因其基础性和易识别性，是判断城市土地资源配置是否高效或者说城市是否集约发展的重要标准。

改革开放以来，市场机制在城市土地利用方面逐渐发挥了主导作用，城市空间结构也出现相应的积极变化，比如新区拓展和旧城改造速度加快，土地置换使圈层结构和功能区分异更趋明显，等等。但同时也出现了一些新的问题，突出表现在两个方面：一是城市内部用地结构严重失调，人均建成用地水平低下与大量用地闲置或低效利用现象并存。二是城市蔓延加剧；如果不考虑生态退耕等突变性因素，我国城镇建设用地所占耕地减少量比例一直呈上升趋势，并且近年来随着开发区热更是有所加速，据调查我国开发区规划面积达 3.54 万 hm^2，比现有城镇建设用地总规模还大 9%，其中闲置土地的比例高达 43%。尤其城镇建设所占耕地又主要位于水热条件较好的南方与沿海地区，并且多属于优质高产的郊区良田，这对我国的粮食安全构成了一定威胁。这种粗放型的外延扩张模式，与城市集约发展所要求的内涵式结构优化发展模式背道而驰。

1.3 土地制度对我国城市空间结构优化具有特殊重要性

土地制度作为土地市场的博弈规则和激励框架，直接调控土地市场各行为主体的活动方式，而城市空间结构是城市土地市场上各参与主体在成本—收益机制驱动下合力作用的产物。因此，土地制度对土地利用的效率和模式以及城市空间结构的形成与演变具有深刻影响。这在处于土地制度转型、土地市场尚未成熟与规范的中国，尤其如此。

我国正处于城市土地使用制度改革的转型时期，土地供给的秩序、方式及规模均比较混乱，隐形土地交易现象比较严重；而且在大部分经济要素已经市场化的情况下，土地这一基础性的经济要素反而市场化程度最低，其产权也相对混乱、残缺，已构成中国经济发展和市场化改革的一大瓶颈。只有进一步完善土地制度，才能从根本上清除土地市场的诸多弊病，充分发挥市场机制的作用，达到土地资源高效利用的目标。可以说，土地制度对我国城市土地的有效配置与空间结构优化具有特殊的重要性。

本书综合运用城市地理学和城市经济学以及新制度经济学的理论与方法，力图透过一般的空间表现特征，揭示土地制度影响城市空间结构演变的内在机制，为我国土地制度的进一步改革完善，促进我国城市的集约发展，促进土地资源的高效利用和城市空间结构的调整优化，提供理论依据和一种新的分析研究思路。

我国城市化加速和人多地少的矛盾要求城市集约发展，即采取内涵式结构优化的发展模式；土地制度对我国土地资源的高效利用和城市空间结构优化具有特殊重要性，只有强化对土地制度及其与城市空间结构的关系研究，才能够准确把握我国城市发展诸多问题所孳生的内在动力与本质原因。但我国的城市空间结构研究，却并未给予土地制度应有的重视。其研究内容主要集中在用不同方法对土地利用类型进行划分，从形态的角度对空间分异的特点和结构特征进行描述，总结空间结构模式和一般演变规律等，这些研究对我们正确认识和理解城市空间结构理论具有重要价值，但不足之处就是对城市空间结构形成演变的内在机制分析深度有所欠缺；或者即使进行机制分析也主要从市场机制和各种市场要素的作用角度进行分析，而相对忽视了制度的影响；或者即使涉足制度层面，也很少进行系统全面地分析，如对土地制度的相关研究就大多偏重于城市土地使用制度方面，对规划等管理制度也有所关注，但几乎都忽视了在土地制度中具有核心性和基础性的土地产权制度，从而无法从整体上深入揭示土地制度影响城市空间结构的全貌和内在根源。西方学者由于制度相对稳定的国情，并未直接研究土地制度与城市空间结构演变的关系，而是把土地制度作为一种非变量放进了前置的假定条件。因此，出于现实的需要，强化研究土地制度对城市空间结构的影响，不仅将成为转型时期中国城市地理研究的重点和特色，也将对丰富和发展国际城市空间结构理论具有重要的价值。

2

概念界定及相关研究综述

2.1 概念界定

2.1.1 土地制度

土地制度在西方国家作为历史渐进演变的结果，长期以来处于较为稳定的状态，因此往往被视为一种“客观存在”或是“自然状态”的一部分，而非学术研究中的对象或变量，甚至很难在文献中找到有关土地制度的确切定义，但承认土地制度“正如伴随者不动产制度的权利和责任一样，是一个社会的基本制度”（R・伊利，E・莫尔豪斯，1982）。而国内则在不同阶段其定义有明显的区别，一定程度上体现了中国社会发展的时代特征。比如土地使用制度改革前的定义，一般强调土地制度“即土地所有制，是人类社会一定发展阶段土地所有关系的总称。它包括对土地的所有、占有、支配和使用诸方面的关系，同时还包括国家对土地诸种关系的管理和调节等内容”（崔太康，1991）。1992 年出版的《土地科学词典》也采用类似的定义，认为土地制度是“人们在所有、占有、支配、使用土地方面所形成的关系的总和，与社会经济形态相适应”。而 1993 年出版的《房地产大辞典》则明确把土地使用也列为重要的范畴，认为土地制度是“土地关系的总称，包括土地的所有制度和使用制度，两者是不可分割的，其中所有制度占主导地位”。

郑荣禄（1995）认为我国的城市土地制度应包括“土地产权制度、土地流转制度和土地管理制度”。蒋伏心（1996）认为“土地制度按其不同的内涵，可以分为土地的财产权制度、使用制度和流转制度”。谢经荣（2002）认为土地制度“是关于土地所有、土地使用等方面的制度规定，即以土地为核心，对由于占有、利用土地等行为而产生的人与人之间的关系的制度性的规定”。毕宝德（2001）则将土地制度在内涵上进行了分解和辨析，认为土地制度“首先是一种经济制度，它是人们在一定社会制度下利用土地所形成的经济关系的总和，是社会经济基础的组成部分。土地制度又是一种法权制度，它是土地经济关系的法律体现，是上层建筑的组成部分。在社会形态中，土地经济制度是土地法权制度形成的基础，土地经济制度决定土地法权制度；但土地法权制度又具有反映、规范、确认、保护、强化土地经济制度的反作用。完整的土地制度，包括土地所有制、土地使用制与土地管理制度”。

综上所述，土地制度有广义和狭义的概念之分。广义的土地制度是指包括一切土地问题的制度，是人们在一定社会经济条件下，因土地的归属和利用而产生的所有土地关系的总称。广义的土地制度包括土地所有制度、土地使用制度、土地规划制度、土地保护制度、土地征用制度、土地税收制度和土地管理制度等。

狭义的土地制度仅仅指土地的所有制度、土地的使用制度和土地的国家管理制度。在新中国成立后的一个很长的历史时期内，由于特定的历史原因，在人们的传统观念上，习惯把土地制度理解为狭义的土地制度。改革开放特别是实行社会主义市场经济以后，随着我国社会经济制度的不断变化和发展，人们对我国土地制度含义的理解不断深化和发展。新的观念摆脱了旧的思想观念的束缚，更强调广义的土地制度，在重视土地所有制度、土地使用制度、土地的国家管理制度的同时，更增强了对新形势下由新的土地关系所产生的新的土地制度的关注程度，诸如土地的征收、收购、储备、出让、流转制度，土地交易、金融、估价制度，土地税收、规划、用途管制制度，耕地保护制度，等等。

总之，土地制度是反映人与人、人与地之间关系的重要制度，它既是一种经济制度，又是一种法权制度，是土地经济关系在法律上的体现，是构成上层建筑的有机组成部分。

2.1.2 城市空间结构

城市作为一种特殊的地域，即地理、经济、社会、文化等人文与自然要素综合的区域实体，城市空间结构（urban spatial structure）成为一个跨学科的研究对象。各个学科从各自的研究角度先后提出了不同的概念定义。

最先试图建立城市空间结构概念框架的是费利（Foley，1964），认为城市空间结构包括形式和过程两个方面，分别指文化价值、功能活动和物质环境这三种城市结构要素空间分布和空间作用的模式。韦伯（Webber，1964）基于这一概念框架，把城市空间按其分布和相互作用，相应划分为静态活动空间（如建筑）和动态活动空间（如交通网络）。波纳（Bourne，1971）在此基础上加进了系统理论的思想，认为城市空间结构是指城市要素的空间分布和相互作用的内在机制，是以一套组织规则连接城市形态和子系统内部行为和相互作用而成的城市系统。哈维（Harvey，1973）为打破城市研究中，社会学科只强调社会过程、地理学科只注重空间形态的学科界限，提出任何城市理论必须研究空间形态和作为其内在机制的社会过程之间的相互关系。

城市空间结构具有可辨识性、持续性即系统性、动态性即变化性、层级性即不对称性等特性。其意义主要有四种：一是土地使用之间的关系，强调人类的活动体系及各种空间之间的形态关系（Rugg，1972；Bourne，1973；Lynch，1981）。二是一组由人们所赋予的关系，强调结构由当时的情景、外在力量与人类的态度塑造而成，由特定的知识或需要而附加意义（Foley & Senior，1964；Whitehand，1977）。三是一种类似生物组织功能之成长与变迁的过程，并强调蕴藏在这种过程背后的力量（Chapin，1962；Dichinson，1963；Webber，1964；Foley，1964；Rogers，1967）。四是基于系统观点的空间研究，R. B. Post（1964）认为空间结构应该表示 5 个主题：土地使用的分布与安排，人类居住与活动的组织、聚集及其强度，人类行为与实质结构体之间的互动、交流与沟通网络，人类的决策力量，涉及上述特性的各种价值观与规范；D. Hodge 和 A. Gatrell（1976）则认为空间形式是政治、经济、社会系统中各项活动作用的结果（黄亚平，2002）。

我国学者在综合国外研究的基础上，也提出了自己的看法。

在城市经济学者中，有的认为城市空间结构是“城市内部功能分化和各种活动所造成的土地利用的内在差异而形成的一种地域结构”（蔡孝箴，1998）。有的则认为城市空间结构是“城市范围内经济的和社会的物质实体在空间形成的普遍联系的体系，是城市经济结构、社会结构的空间投影，是城市经济、社会存在和发展的空间形式”，其形式主要包括密度、布局和城市形态三个方面。城市经济、社会运行的集聚性和网络性，是密度、布局重要性的体现，而城市形态是城市空间结构的整体形式，是城市内部空间布局和密度的综合反映，是城市平面的和立体的形状和外观的表现（饶会林，1999）。有的则认为城市空间结构是“城市功能组织在地域空间系列上的投影，是城市的政治、经济、社会、文化生活、自然条件和工程技术以及建筑空间组合的综合反映”，是城市结构图谱（还包括自然、经济、人口、劳动、地域结构等）中的基础结构，表现了“城市各种物质要素在空间范围内的分布特征和组合关系”（江曼琦，2001）。

城市规划学界则比较强调城市结构与城市功能和城市形态的密切关系。陶松龄（2001，李德华，2001）认为城市结构是“城市功能活动的内在联系，是城市、经济、社会、环境及空间各组成部分的高度概括，是它们之间相互作用的抽象写照”。城市功能的变化是结构变化的先导，通常决定后者的变异与重组；而城市结构的调整又必然促使城市功能的转换。正如刘易斯·芒福德所言：“城市的功能和目的缔造了城市的结构，但城市的结构却较这些功能和目的更为经久。”如果说城市功能是城市发展的动力，是城市存在的本质特征；城市结构就是城市增长的活力，是城市问题的本质性根源；城市形态则是城市形象的魅力，是城市功能与结构的高度概括。城市空间结构与城市用地结构密切相关。前者是“城市内部结构的直接体现，是城市各项功能活动映射的空间投影”，其“合理程度往往会影响甚至决定城市持续扩展增长的能力”；后者是“城市在更大的空间范畴内城市用地的相关性及其与自然环境的抽象概括”，可“揭示城市演化的规律与发展方向”。黄亚平（2002）则认为城市空间结构是指城市的物质与非物质要素，在一定空间范围内的分布与联结状态，即在城市成长过程中，在城市地域空间中所处的位置和营运过程中的形态。

在城市地理学界，早期的武进（1990）认为城市内部空间结构是“城市内部功能分化和各种活动所造成土地利用的内在差异而构成的一种地域结构”，城市空间与城市地域尚未完全分离，而现在一般认为城市地域结构的内涵比城市空间结构狭窄，是指城市职能地域的空间组合，常用城市土地利用类型的空间结构来表示。胡俊（1995）开始从其实质的内涵进行界定，认为城市空间结构是“一种复杂的人类经济社会文化活动在历史发展过程中的物化形态，是在特定的地理环境条件下，人类各种活动和自然因素相互作用的综合反映，是城市功能组织方式在空间上的具体表征”。许学强等（1996）认为现代城市地理学所研究的城市空间结构，其对象除了传统的城市形态和土地利用即功能分区之外，还包括城市内部的市场空间、社会空间和感应空间。柴彦威（2000）认为城市空间结构仅指城市内部空间结构（城市外部空间结构的说法不恰当），是各种人类活动与功能组织在城市地域上的空间投影，是城市地域内部各种空间的组合状态。顾朝林、甄峰、张京祥（2000）则从不同角度对城市空间结构的概念进行了多种表述，认为城市空间结构是“主要从空间的角度来探索城市形态和城市相互作用网络在理性的组织原理下的表达方式”；是“一定地理空间内地理要素的相对区位关系和分布形式，在长期过程中人类空间活动和区位选择的累积结果”；是“生产力在空间存在的形式和载体”，这个“载体”作为特定的地域经济形式，具有聚集性、开放性、枢纽性；是“城市各种功能组织在地域空间的投影，不同的城市土地利用形式构成了不同的城市空间结构”。冯健（2004）从广义的城市社会空间的角度，认为城市内部空间结构是指“作为城市主体的人，以及人所从事的经济、社会活动在空间上表现出的格局和差异”。

由此可见，国内外学者普遍认同城市空间结构的地域性、综合性与基础性。地域性是强调空间结构是“城市各种功能组织在地域空间的投影”，与地域结构也有着密切的关联；综合性则强调“空间形式是政治、经济、社会系统中各项活动作用的结果”，是“人类各种活动和自然因素相互作用的综合反映”；基础性主要指空间结构“是城市的政治、经济、社会、文化生活、自然条件和工程技术以及建筑空间组合的综合反映，是城市结构图谱中的基础结构”，“任何城市理论必须研究空间形态和作为其内在机制的社会过程之间的相互关系”。

本书不打算全面系统地重新界定城市空间结构的内涵，而是在承认上述城市空间结构三大特性的基础上，主要从研究的目的与重点出发，强调以下两点：

（1）城市空间结构的内涵尽管局限于“内部”空间结构，但城市空间的外延对内部空间结构具有整体性和系统性的影响；因此，研究城市空间扩展是研究城市空间结构不可或缺的组成部分。

（2）城市空间结构绝不是城市各种功能在空间上的简单组合或者随机分布，而是复杂的社会、经济、文化等要素综合作用的必然结果；因此，相对于城市空间结构的特征描述和规律总结，研究城市空间结构形成与演化的内在机制，更能揭示其利弊及其根源和实质，有利于解决存在的问题，从政策上促进结构的调整优化。

2.2 相关研究综述

2.2.1 国外相关研究

国外学者普遍强调城市土地利用与空间结构理论（主要包括地租理论和选址理论），在城市地理学和城市经济学尤其是基础理论构造中的重要地位和意义。巴顿认为“发展空间经济理论，为现代城市经济学的研究奠定基础”；山田浩之则认为其“接近城市基础理论的核心”，并尝试用“土地结构的分析”为中心论述城市经济和将各个具体城市问题联系起来分析；赫希甚至认为“经济活动的空间特征是城市经济学的存在理由”。城市地理学基本沿用了城市经济学有关城市土地利用和空间结构的所有理论，正如卡特（Carter，1995）所言：“和中心地理论一样，伴随城市地理学成长的大部分进展基于二战前非地理学家的思想。”可以说，城市土地利用和空间结构研究是将城市经济学和城市地理学紧密联系在一起的纽带。

构成这一“纽带”的理论包括：研究资源或经济活动空间配置的区位论（或称空间经济理论），研究城市功能分区及其演化的城市地域结构理论，以及研究城市土地利用的城市土地经济理论。尽管由于历史的原因，西方学者并未直接研究土地制度与城市土地利用和城市空间结构的关系，而是把土地制度作为一种非变量放进了前置的假定条件。但这并不妨碍它们依然成为笔者进行这方面研究的主要理论基础。

2.2.1.1　三大经典理论

（1）区位论

区位论发轫于1826年德国著名古典经济学家冯·杜能（Von Thünen）发表的《孤立国对于农业及国民经济的关系》，杜能在这本影响深远的经典著作中创立了农业区位论，在经济学中引入了空间分析与研究的思想，并在20世纪上半叶由他的几位同胞继续发扬光大。他们的贡献分别是：韦伯（Weber，1909）的《工业区位论：论工业区位》，提出工业区位论；克里斯泰勒（Christaller，1933）的《南德中心地》，提出中心地理论；廖什（Lösch，1940）的《经济空间秩序——经济财富与地理间的关系》，从农业、工业等部门经济转向整体的经济空间论，即一般区位论，并从静态研究转向动态研究。

主流经济学长期忽视“区位”或“空间经济学”，正如创立了区域科学的沃尔特·艾萨德（Walter Isard）所抨击的：经济学分析是“在一个没有空间维度的空中楼阁中”进行的。马克·布劳格（Mark Blaug）对此的解释是：创始人杜能德国人的身份，使得空间分析的传统未能在最终居于统治地位的盎格鲁—萨克逊学派中站住脚。空间经济学鲜明的德国特色似乎印证了这一说法，但它远不足以解释为何在经济研究高度广泛深入的今天，空间经济学仍然没有成功融入主流，甚至自身也无法取得理论上的突破。

克鲁格曼（Krugman）则把原因归结为区位经济学本身的某些内在缺陷。认为包括韦伯的工业区位论和克里斯泰勒、廖什的中心地理论，在主流学派看来更多的是关于几何学而与经济学无关，他甚至因此把这些理论列为经济地理的“德国几何学”传统。具体而言，中心地理论提供的是某种纲要，一种可以把关于城市系统的思想和数据结合起来的方法，而没有提供一个用更深层的原因来解释观察到的结构的经济模型。要使其言之有理必须处理市场结构的问题：规模经济要求生产地点的个数尽可能少，而增加生产地点却可以降低运输成本，每一个厂商都要权衡规模经济与运输成本。要说清楚中心地是如何形成的，必须能描述不完全竞争的市场结构（规模报酬递增）。对于杜能的贡献，克鲁格曼一方面肯定其提供了一个很容易“用正统方法处理的异端框架”，是能“设计成一种可以展示竞争性、规模报酬不变范式的力量的经典之作”；另一方面认为杜能把中心城市市场的存在放进了模型的假定，其重心在于理解使经济活动远离中心的“离心力”，而对于是经济活动集中、创造中心的“向心力”，却没有提供任何解释。

（2）城市地域结构研究

关于城市地域结构的研究最早可追溯至胡尔德（Hurd，1904）和加平（Garpin，1918）分别提出的城市自中心向外呈同心圆状推进和沿交通线呈放射状推进的看法，但真正进行了深入的机制分析、能够自成一派学说的，还是所谓的“三大经典地域结构模型”，包括：

伯吉斯（Burgess，1925）的同心圆结构模型，通过对迅速崛起的美国大城市芝加哥的实地调研，主要从社会学经验观察的角度，认为城市以不同功能的用地围绕单一的核心，有规则地向外扩展（在这一动态过程中分区顺序不变）形成同心圆结构。并形象地以“侵食”（invasion）和“演替”（succession）的概念来命名这种因城市增长而发生的持续压力导致各圆形区域不断向外移动，迫使土地及房屋由高收入居民转给低收入居民的现象。

巴布科克（Babcock，1932）提出的轴向—同心圆结构模型，在此基础上加进了交通运输轴线对城市地域结构的影响，认为城市主要活动沿交通干线分布，商业中心区有沿放射干线延伸形成星状形态的趋势。

霍伊特（Hoyt，1939）的扇形结构模型，通过对142个北美城市房租和地价分布的研究归纳，主要针对居住用地，认为城市的发展总是从市中心向外沿交通干线或沿阻碍最小的路线，呈扇形楔状延伸。扇形地区是企业及个人决策的产物，如企业为获得聚集效益而集中在一起。并提出了“利用上的继承”与“最小限度位移”两个重要的概念。

哈里斯和乌尔曼（Harris & Ullman，1945）的多核心结构模型，认为城市是由若干不连续的地域所组成，这些地域分别围绕不同的核心形成和发展。并认为行业区位、地价房租、集聚效益和扩散效益这四种导致城市地域结构分异的主要因素，加上历史遗留习惯和局部地区的特殊性，是现代城市多极核心产生的根源。

二战以后随着社会经济的发展，城市与区域的相互依存关系日益密切，传统的城—郊二分法已不能准确反映现代城市的地域结构划分，开始向核心区—边缘区—影响区三分法转变（顾朝林，1995）。其中比较具有代表性的有：

迪肯森（Dikinson，1947）的三地带理论模式，开创了这方面研究的先河，认为城市地域结构从市中心向外发展按中央地带、中间地带和外缘地带或郊区地带顺序排列，其实质是伯吉斯同心圆模式的区域化。

塔弗、加纳和蒂托斯（Taaffe，Garner，Teatos，1963）的理想城市模式，在同心圆结构的基础上，加入了交通干线尤其是高速公路对城市外围的辐射因素，认为城市由呈同心圆结构的CBD、中心边缘区、中间带、外缘带和扇形放射的近郊区五部分构成。

洛斯乌姆（Russwurm，1975）的区域城市模式，认为区域城市的结构主要由城市核心建成区、处于郊区城市化阶段的城市边缘区、经济因素辐射所及的城市影响区和与城市没有明显内在联系的乡村腹地这四部分组成，并作了多方面的划分与界定。

穆勒（Muller，1981）的大都市结构模式，认为日益郊区化的大都市地域可划分为衰落的中心城市、内郊区、外郊区和城市边缘区四个部分，并且是由中心城市和位于外郊区的若干小城市通过形成各自特定的城市地域组合而成，该模式可以看作是同心圆和多核心结构模式的区域复合体。

从简单的同心圆到各种复杂城市地域结构模式的演变，不仅是城市规模扩张与经济活动日趋复杂的结果，也有人的需求层次日益丰富等因素。

各种传统的和现代的城市地域结构模式的相互关系及其发展演变的路径可大致归结如下（图2-1）。其特点是：无一例外的圈层结构，只是趋于复杂化（单中心向多中心转变）和区域化（城—郊二分法向核心区—边缘区—影响区的三分法的转变）；而传统与现代模式具有较强的对应关系，一方面体现了理论的继承与发展，另一方面也反映城市具有一定的循环生长特点。

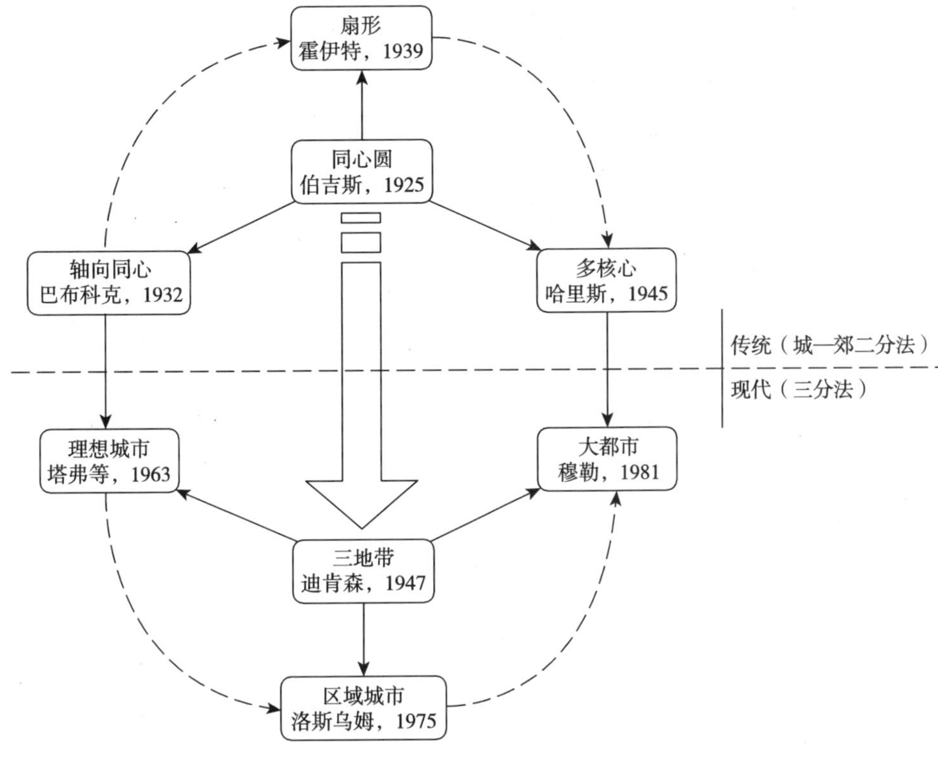

图2－1 城市地域结构模式演变关系

(3) 城市土地经济理论

西方对土地问题的研究历史悠久，几乎贯穿于整个近现代经济学的发展过程之中。17世纪末，威廉·配第首先提出了级差地租的概念，并对级差地租、土地价格等作了初步的阐述。随后，杜尔哥初步揭示了地租与土地所有权的关系。亚当·斯密比前人明确得多地论述了地租量的决定问题。大卫·李嘉图运用劳动价值理论对级差地租作了完整而系统的研究。马克思在批判、吸收和发展古典地租理论尤其是李嘉图差额地租理论的基础上，根据劳动价值学说，创立了马克思主义的地租理论。

但是，这些研究大多依附于政治经济学，既非单独也没有深入到城市内部的土地经济活动中去。直到20世纪初，由于城市化加速，城市人口急剧增长对城市土地构成巨大压力，产生了诸多“城市病”，以及由于城市土地稀缺，所产生的对城市土地占有和使用的经济问题，促进了城市土地经济学理论的发展与成熟。

1924年，伊利和莫尔豪斯（1924）的《土地经济学原理》问世，标志着土地经济学从政治经济学中独立出来。同年赫德的“城市土地价格原理”，被认为是最早专门研究城市土地经济问题的文章。道若和辛曼（1928）的《城市土地经济学》把关于城市土地经济问题研究的分散成果系统化，标志着城市土地经济学的初步诞生。直到拉特克里夫（1949）的《城市土地经济学》的出版，才使得城市土地经济学成为独立和较为完整的科学体系，并一直沿用下来。此后具有代表性的相关著作主要还有巴尔钦与克威（1977）的《城市土地经济学》，歌德伯格与钦洛依（1984）的《城市土地经济学》。当然，城市土地利用问题始终是城市经济学重点研究的核心问题之一。

其中特别值得一提的是阿朗索（1964）的《区位与土地利用》。阿朗索引入区际均衡和区位边际收益等空间经济学理论，提出竞标地租观点，认为在土地利用通过价格机制进行调节的社会，原则上城市的每块土地都归愿意支付最高租金的人使用，而每个租地者又是根据他所能支付的地租和在该地块上可能获得的最大收益，权衡决定愿意支付的最高租金。并据此作出了市场经济条件下的城镇土地租金梯度曲线和同心圆土地利用模式图。阿朗索关于区位选择、地租和土地利用之间关系的研究，从某种意义上可视为杜能农业区位圈在城市内部的翻版，但他通过竞标地租函数等概念，将城市土地利用与城市空间结构形成的理论模型化、系统化，从经济学角度较好地解释了伯吉斯所揭示的当时大多数城市同心圆结构的形成机理。从图 2－2 可以看出，三大空间理论的关系，经验经济学与社会学在城市空间结构的研究上殊途同归，理论最终在演绎经济学中得到了升华。

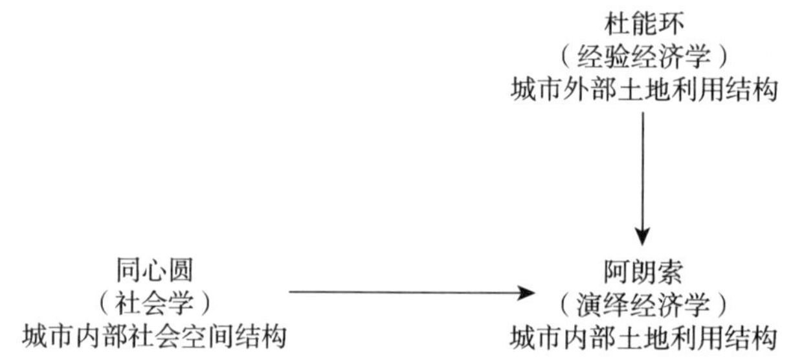

图 2－2　三大空间理论关系示意

当然，由于阿朗索研究的是一种理想状态下的选址行为，为构建简化的理论模型设置了大量抽象的假定，因此尽管其揭示了一些城市土地利用和空间结构演化的本质规律，但毕竟与现实有较大的差距。这些与现实不相一致的假定主要包括（江曼琦，2001）：

① 惟一的“中心性”：现实中越来越多的城市由单中心变成了多核心，土地利用更加分散，各市场行为主体的“最优区位”的选择也更趋多样化和复杂化。

② 选址活动只有竞争性而无关联性：由于外部性和历史的惯性等原因，社会经济活动存在明显的相互联系和相互依赖性，如扇形地区就是用地选址关联性的一种表现。

③ 强调通达性即单一运输成本因素：随着社会经济发展尤其是现代交通、通信工具和方式的变化，由运输定位占支配地位的情况逐渐弱化，定位要素日趋多元化。

④ 只考虑经济效益：土地资源完全以利润或效用最大化为基础进行配置，难以兼顾社会效益与环境效益，也难以达到可持续发展的目标。

⑤ 完全竞争市场：城市土地市场的不完全竞争的特点，使得某些特定地块的地租并非主要由竞标，而是由垄断者愿意出售的价格所决定。

⑥ 将制度因素作为既定条件：事实上，城市空间结构受各种政治、经济、社会制度的制约与影响，尤其是土地的产权、使用、管理等制度，在很大程度上决定了城市土地利用的性质、方式和集约程度。

2.2.1.2 研究的新发展

尽管由于种种原因，关于城市空间结构与土地利用的理论研究，几十年来并没有新的重大突破，但也并非一无所成。多数学者基于传统经典理论，结合社会经济与技术进步，进行了大量的深化修正与实证研究工作。比如在城市空间结构研究方面，郊区化、全球化、信息化（知识经济）、管治思想等对空间结构演化的影响。在城市土地利用研究方面，交通运输条件改变、多中心化、公共物品和污染的外部性、收入和税收以及政府相关法规、政策对土地利用性质与效率的影响等。这些方面的文献数不胜数。这其中既有研究方法上的创新，也有研究视角上的创新。

除此之外，传统理论也受到一些强有力的挑战，但这也从反面促进了理论的进一步发展。其中最引人注目的是：重视政治、经济制度等制约因素分析的政治经济学派，以及以克鲁格曼为代表的一些主流经济学家，试图通过创建新经济地理学，将空间经济理论融入主流经济学的范畴。

（1）基于传统理论的改良

一是运用计量方法，尤其是多变量统计方法，对城市内部空间分异模式进行判识和测度；二是涵盖城市的物质空间（包括物质环境与感知环境）和城市的社会空间（即社会—经济环境）。如 Smailes（1966）发现城市物质形态是由“增生”（accretion）即向外扩展和“替代”（replacement）即内部重组构成的双重演变过程；Shevky、Williams、Bell（1949，1955）则开拓了城市社会空间的研究领域，认为城市内部空间结构可以用经济地位、家庭类型和种族背景三种特征要素的空间分异加以概括；Herberg、Johnston（1972，1978）进一步利用计算机通过实证研究认为，北美城市中，经济地位的空间分异是城市内部空间结构最重要的影响因素，其空间分布呈现为扇形模式，其次是家庭类型，其空间分布呈现为同心圆模式，然后是种族背景，其空间分布呈现为多核心模式。

从上个世纪70年代以来，随着控制论、博弈论的成功借鉴，空间经济学的研究范围更加广泛深入。其中，Holaham（1975）与 Bechman（1976，1985）的空间定价与产出理论、Lancaster（1979）的空间竞争理论、Bechman（1988）的区位选择理论和空间均衡理论，构筑起了现代区位理论的基本体系。此外，用博弈论来解释空间对策行为（Copozza，1978；Lancaster，1979；Ohta，1981），用最优控制技术来研究空间选择的最优化问题（Isard，1979；Black，1999），用集合论来更一般化地描述空间竞争现象（Thisse，1978；Greenhut，1992；Anderson，1997），用新古典经济理论重新阐释空间与区位的经济社会意义（Hardman，1999）等，也都取得了一系列的研究成果。在通过方法创新进行理论扩展的同时，Macann（1998）以罗切斯特成本法（Logistics-Costs Approach）系统探讨了产业区位选择的经济问题，Sakashita（2000）对房地产和零售店的区位选择，Egan（2000）对旅馆的区位布局、Bailey（1999）对次级住房市场中垄断区位，Krainer（1999）对因市场交易、人口流动和主体转换等导致的不动产流动性，Boehm（1998）对城市内部人口流动与特定地域投资选择的关系等方面的研究，也代表了国外学者力图解决形式问题所进行的实证研究的方向。

行为学派作为对传统新古典主义学派的一种改良，试图解析在现实状态而非理想状态下的城市空间经济运行与土地利用行为。强调对人的研究，重视人的价值观、意识和能动性等非经济因素对城市空间结构和土地利用模式演变的影响。其代表性理论包括：F. S. Chapin 的决策分析模型，认为空间结构是行为模式以物质形式所表现出来的结果，而土地利用的区位决策源于人们“日常相互联系的需要和渴望”；M. M. Webber 的城市土地利用互动理论，认为城市的土地利用模式既受城市范围内也受城市范围外各种条件的影响。但是，行为学派过于注重个人行为的影响力，忽略了社会结构等客观因素的制约作用，因而也具有较大的局限性。

（2）政治经济学派

崛起于 1970～1980 年代的政治经济学派，认为对城市空间结构和土地利用的解析不能像传统空间经济学派和行为学派建立在个人选址行为基础上，而必须从社会背景和政治经济结构入手，才能透过表面现象揭示其演变规律和内在动力机制。其主要的代表性理论包括新马克思主义学派、制度论学派、区位冲突学派和城市管理学派。

新马克思主义学派利用马克思主义政治经济学的基本概念和原理来解释城市土地利用及其空间结构变化的内因机制，认为城市土地开发与其他商品生产过程一样，受制于社会生产方式（包括生产力水平和生产关系），也反映了阶级与社会经济利益。差异、不平等以及社会极化、种族隔离及其所引发的居住空间分异等一度成为研究热点。其代表人物包括 D. Harvey、F. Gray 和 M. Castells 等。

制度论学派认为人的行为受社会制度的制约，因此特别注重产生各种社会制度的政治、经济体制。甚至将新制度经济学提出并发展起来的交易成本概念引入空间分析，强调以更高的适应性的技术和制度结构为基础的灵活的生产方式对集聚效应的影响；其代表人物为 A. J. Scott。相对于行为学派，马克思主义学派和制度论学派对传统理论的挑战不仅是在方法论上而且是在认识论上，不仅是在理论上而且是在理念上（Massey，1973）。

区位冲突学派关注权力、冲突和空间之间的关系，认为城市土地利用模式和空间结构的形成是有着不同目标、不同权力及影响力程度的各个利益集团之间相互冲突、相互妥协而合理化的结果。比如 W. H. Form（1954）认为土地利用变化很大程度上是由土地市场中各利益集团讨价还价的结果；K. R. Cox（1974）通过实例研究认为空间的权力分布是城市土地利用空间结构形成和演化的内在动力机制；O. P. Williams（1975）则认为空间本身具有权力资源的特征，空间的组织就是政治。

城市管理学派认为资本主义国家的政府具有看门人（gate-keeper）角色，需要采取措施干预不平等现象，而包括地方政府官员、公共房屋经理和房地产商在内的众多机构，作为城市管理者（urban-manager），在土地、空间等稀缺资源的分配过程中起着不同作用和具有不同动机，对城市社会空间结构和土地利用模式的形成演变具有重要的作用。

（3）新经济地理学

以克鲁格曼为代表的一批西方主流经济学家，用经济学新近发展起来的一些理论分析方法和建模技术，对经济活动的空间集聚和区域增长集聚的动力机制进行了全新的探讨，被誉为新经济地理学（顾朝林，2002）。继沃尔特·艾萨德（Walter Isard）创立区域科学，将杜能、韦伯、克里斯泰勒和廖什放入一个框架，克鲁格曼等人的努力可以视为将空间经济学融入主流经济学的又一次努力。

新经济地理学的理论分析仍然建立在理性选择和均衡原理两大前提假设的基础之上，与以往不同的是，将研究内容转向了存在规模收益递增和外部经济条件下的经济集聚的形成过程。在方法上非常注重模型分析，认为只有通过正式模型才能准确地分析因果联系的真实含义。并积极地将跨学科的复杂理论和自组织理论运用到空间分析之中，认为生产过程中的前、后向关联等所形成的离心力，与生产要素不可移动和地租形成的向心力共同作用，形成了经济活动（城市）的看见自组织过程（李小建，2002）。

当然，对于新经济地理学也不乏批评之声，地理学家更是几乎在各个方面都持有不同的观点。地理学家们认为新经济地理学过于依赖抽象、简化的数学模型，忽略了许多要素，缺乏实证研究，也没有意识到技术对经济过程的重要性。他们认为新经济地理学的模型分析方法只是区位理论的重新数学化版本而已，强调空间结构的复杂性和随环境而变化的特性，并认为数学模型只有能够解决这些问题，才是正确适用的（Amott & Wrigley，2001）。他们认为个体理性行为与实际差别明显，人的行为受周围环境的影响很大，将现实的经济空间格局与均衡状况比较不合适等，因此许多地理学家已经放弃了过于形式的模型，转而追求一种模糊的和更为现实的方法，重视文化、历史、政策和各种制度的影响等。

更重要的是，地理学家们发现新经济地理学对地理学不甚了解，对地理存在错误的轻视。比如克鲁格曼认为天然地理禀赋只是一个区域形成自我增强型动力发展过程的起始杠杆，地理在过去也许决定着地区的命运，但未来未必如此。地理学家的看法截然不同，比如 Berry（1997）认为尽管通信技术进步可减低经济对城市的依赖性，但技术、高质量劳动力等区位因素仍对经济活动具有相当影响；Markusen（1996）则用“滑性”和“黏性”来区分导致经济活动分散或集中的地理区位所具有的特征。

总的来说，经济学家提出的新经济地理学并不是地理学家所从事的经济地理学，新经济地理学不能替代经济地理学，也谈不上经济地理学“回归”主流经济学的可能性。经济地理学虽仍然保持某些经济学的特征，但它将比以往更加强调文化、社会和技术等因素的研究（顾朝林，2002）。

2.2.2 国内相关研究

我国在城市空间结构与土地利用方面的研究起步较晚。新中国成立以前以一些归国留学人员零星地介绍西方的研究成果为主，新中国成立之后，经过几十年的沉寂，改革开放以后才重新步入研究的正轨。1990 年代以来，随着社会经济的发展以及城市土地使用制度的改革，我国城市的发展日新月异，空间结构和土地利用的模式都产生了很大的变化，也出现了一些新的问题，关于这方面的研究逐渐成为重点。

2.2.2.1 城市空间结构研究

城市空间结构一直是多门学科竞相参与的研究领域，其中又主要集中在城市地理学、城市经济学和规划建筑学界。据笔者对“中国学术期刊全文数据库”的粗略检索统计，

1994～2004年间我国“题名”中直接包含“城市空间”或“城市空间结构”的研究文献分别为482篇和68篇。其中1994～1999年间分别有118篇和11篇，年均分别为19.7篇和1.8篇，后者占前者的比例为9.3%；2000～2004年间骤升至364篇和57篇，年均分别达72.8篇和11.4篇，后者占前者的比例上升至15.7%。而与城市空间或城市空间结构有关的文献则分别有1465篇和196篇，其中1994～1999年间分别有342篇和39篇，年均分别为57篇和6.5篇，后者占前者的比例为11.4%；2000～2004年间骤升至1123篇和157篇，年均分别达224.6篇和31.4篇，后者占前者的比例为14.0%。而且这种增长幅度明显大于其他领域，说明城市空间已一跃成为近几年我国学术界研究的热点，而直接以城市空间结构为研究对象的升温更加明显（表2－1、表2－2）。

1994～2004年城市空间（结构）研究论文数量增长 **表2－1**

		1994	1995	1996	1997	1998	1999	2000	2001	2002	2003	2004
城市空间	题名	12	12	16	25	22	31	53	55	67	87	102
	相关	29	33	47	60	73	100	246	172	197	287	321
城市空间结构	题名	2	2	0	2	4	1	3	11	13	12	18
	相关	3	5	4	7	8	12	15	30	33	36	43

2000～2004年与1994～1999年各类文献数量比较 **表2－2**

	全部	“城市”	“城市空间”	“城市空间结构”
2000～2004	6561166	36264	364	57
1994～1999	5306127	21103	118	11
年均比值（倍）	1.5	2.1	3.7	6.2

（1）城市地理学

城市空间结构首先是我国城市地理学的研究重点。1990年代以来，具有代表性的相关著作主要有：武进（1990）的《中国城市形态：结构、特征及其演变》，这是我国第一部研究中国城市形态的专门著作。胡俊（1995）的《中国城市：模式与演进》，沿着不同的历史时期，系统研究了中国城市空间结构模式及其演变特征。随着大城市的迅速发展以及城市化进程的加速，城市边缘区面临一系列新的问题，随着我国高技术产业的兴起，许多大城市纷纷设立高新产业园区，因此对边缘区和高新产业园区的研究具有很强的实践意义；顾朝林的《中国大城市边缘区研究》（1995）和《中国高技术产业与园区》（1998），则是最早对我国上述两种特定城市区域进行系统研究的专著；柴彦威的《中日城市结构比较研究》（1999）和《中国城市的时空间结构》（合著，2002），运用时间地理学的理论与方法，先是从居民日常活动和城市土地利用两个方面，对中日城市内部空间结构进行了比较研究，其后系统研究了中国城市的时空间结构特征；顾朝林等（2000）的《集聚与扩散：城市空间结构新论》，提出了城市空间结构研究的理论框架，并对城市内部地域结构、城市的向心与离心增长和城市空间结构演化规律等进行了总结；王兴中等的《中国城市社会空间结构研究》（2000）和《中国城市生活空间结构研究》（2004），主要以西安为例，着重从人的感知角度研究城市宏观社会空间与微观生活空间的结构与模式；吴启焰（2001）的《大城市居住空间分异研究的理论与实践》，以南京为例论述了居住空间分异的特征、历史演化、机制和主要模式；冯健（2004）的《转型期中国城市内部空间重构》，系统运用了第五次人口普查数据反映中国城市内部结构的最新动态；刘玉亭（2005）的《转型期中国城市贫困的社会空间》，以南京为例着重从社会地理学的视角分析了当前城市贫困阶层的社会空间；等等。这些著作分别对中国的城市形态、社会空间和内部空间的特征、模式、演变过程与规律以及机制等进行了系统研究。其中，胡序威、周一星、顾朝林等合著（2000）的《中国沿海城镇密集地区空间集聚与扩散研究》，可视为体现当代学术水平的经典之作。

在论文文献方面，据许学强等人（2003）对12种地理及相关中文期刊的统计，1980～2000年有关城市空间结构的论文共191篇，占城市地理论文总数的23%。其中，包括城市地域结构及演化、城市土地利用与评价、城市边缘区以及市场空间/商业空间等在内的实体空间结构研究仍然是主体，有136篇，占城市空间结构研究论文总数的71%（表2－3）。

1980～2000年城市空间结构研究论文分布 **表2－3**

		1980～1985年	1986～1990年	1990～1995年	1996～2000年	小计
城市实体空间结构研究		3	28	37	58	136
其中	城市土地利用与评价	1	12	11	22	46
	市场空间/商业空间	1	8	14	14	37
	城市地域结构及演化	3	13	10	11	37
	城市边缘区		2	2	9	13
	其他研究			1	2	3
城市社会空间结构研究		1	8	8	38	55

资料来源：许学强，周素红（2000）

其中，周一星、武进、王兴中等对城市地域结构进行了系统研究，发展了城市地域结构研究的理论与方法；姚士谋、武进等对城市空间形态理论作了较系统的综述，为城市形态的实证研究提供了一定的理论依据。与此同时，更多的学者加入城市地域结构、城市空间形态实证研究的行列，为城市规划提供参考。崔功豪等学者对城市边缘区进行了实证研究。1980年代以来第三产业的高速发展，市场空间、商业空间开始成为城市地理学研究的热点之一，内容涉及商业网点的布局、CBD、消费者行为等。宁越敏较早对上海商业空间进行实证研究，随后大量开展的城市商业网点布局的实证研究，为规划决策和商家选址提供借鉴。1990年代关注CBD的分析，介绍学习国外的研究方法和技术路线，探讨了北京、上海、广州等城市CBD的职能特征、内部结构和整体演变的机制、过程等（许学强，周素红，2003）。我国的城市社会空间结构研究虽然兴起于1980年代，但近年来才得到重视，其中较具影响的是顾朝林等（1997，2003）、王兴中等（2004）对北京、西安等城市的实证研究。同时，学术界也强化了对国外最新理论的引进与应用，比如顾朝林（2000，2001）、张京祥（1999）等人的城市管治等社会学理论，帅江平（1996）、刘安国（2001）等人的自组织模型等等。

（2）其他学科

规划建筑学界几乎完全专注于城市实体空间的研究，而且与地理意义上的城市空间结构分析更多涉及与城市功能活动有关的地域结构变迁不同，主要将城市空间结构作为城市存在的理性抽象，更多的是强调空间场所的概念，偏重于视觉艺术及形体秩序的城市形式分析（石崧，2004）。其代表性的著作及文献包括：段进（1999）的《城市空间发展论》、黄亚平（2002）的《城市空间理论与空间分析》、朱喜钢（2002）的《城市空间集中与分散论》、刘武君（2004）的《大都会：上海城市交通与空间结构研究》，以及唐子来（1997）的“西方城市空间结构研究的理论和方法”、张庭伟（2001）的“1990年代中国城市空间结构的变化及其动力机制”等。其他文献还探讨了信息时代城市空间结构的变化，对一些城市城市空间形态演变的实证研究，以及建筑设计、交通、居住等对城市空间结构的影响，等等。

城市经济学界则偏重于解释城市空间结构形成的经济机制，并且以南开大学为主要学术阵地，其代表性的著作主要包括：蔡孝箴（1998）、饶会林（1999）的《城市经济学》、郭鸿懋等（2002）的《城市空间经济学》以及江曼琦（2001）的《城市空间结构优化的经济分析》。其中江曼琦利用其城市规划、人文地理与经济学多方面的知识背景，较为系统、全面地研究了城市经济运行与城市内部空间结构的内在关系和机制。其他文献一般以探讨城市财政、外商投资、商务成本等经济要素对城市空间结构的影响为主，以及城市空间结构中的集聚效益、密度优化、租值理论应用等问题。

（3）问题与展望

但我国城市空间结构的研究明显缺乏学科之间的交流，尤其是城市地理学和城市经济学以及社会学、生态科学等缺乏密切有机的交流，跨学科的研究成果寥寥无几，这必将成为今后努力的方向。展望未来，对城市空间结构特征的研究仍将继续，但会从单纯的景观角度向社会的、生态的、信息化的等多维视角转变，而对城市空间结构演化的规律及内在机制的研究则将成为重点，即从“描述性”向“分析性”转变。

近年来已经表现出了这种趋势，即研究“因子”、“机制”等分析性文献开始增多。但与国外从经济学、社会学、文化—政治学、政治经济学等不同领域的众多学派解释城市空间结构动力机制相比（张庭伟，2001），我国相关研究的系统化、理论化还有所欠缺。相关文献多数集中在交通、居住、信息技术、产业发展等单一要素对城市空间结构的影响分析，部分结合了上海、广州、深圳、武汉、西安、长春等大城市的实证研究；一些学者对开发区影响城市空间结构的效应及动力机制进行了分析（王惠，2003；张晓平，刘卫东，2003）。张庭伟（2001）则从整体上分析了1990年代经济、社会、文化、政策诸项因素对中国城市空间结构的动力机制。石崧（2004）从行为主体、组织过程、作用力、制约条件等多层次逐步探讨了城市空间结构的动力机制。甄峰等（2004）对信息时代空间结构的影响因素进行了分类和分析，并对传统因素和新因素之间可能的互动进行了解释。

2.2.2.2 城市空间结构中的土地利用研究

（1）概述

我国的城市土地利用研究主要集中在城市土地使用制度改革、城市土地估价与经济区位、空间结构与扩展形态等三个方面。其中，对第一个方面的研究吸引了地理学、城市规划、经济学与社会学等诸多学界的注意，并已基本达成土地使用制度改革市场化取向的共识，但对土地制度改革的最终目标和政府应起的作用还存在一定的分歧。对第二个方面的研究强化了对城市土地区位经济价值的认识，城市土地估价已成为一个专门的行业。第三个方面的研究内容属于城市经济学和城市地理学的交叉，各种方法与理论的应用层出不穷，有代表性的如：形态学方法（武进，1990）、生态因子分析法（许学强等，1989）、廊道效应理论（宗跃光，1998）、历史形态分析法（刘盛和等，2000）。

近年来随着城市的迅速发展和土地使用制度的改革，城市空间结构研究中有关土地利用的成果也逐渐增多，包括城市土地利用的现状评价与定级分析、土地利用演化及动力机制、土地利用管理等几大类。其中，1980 年代中后期以土地利用的现状评价与定级分析为主要题材，多停留在介绍相关理论上，实证研究以描述性为多；进入 1990 年代，特别是 1990 年代后期，引入 GIS、遥感等技术，关注土地利用的演化机制、生态建设以及市场化配置等问题（许学强，周素红，2003）。

（2）主要不足

由于我国城市地价资料的不系统、不延续、不公开且可信度差等客观局限，土地利用的区位经济研究大多侧重于宏观性、政策性的描述和分析，较为零星和肤浅；重视静态而轻动态研究；多为单纯的形态分析和类型比较方法，而不能将形态与地价的空间变化进行复合分析。尤其是我国正处于城市土地使用制度改革的转型时期，土地供给的秩序、方式及规模均比较混乱，隐性土地交易现象比较严重。只有加强对土地开发过程进行政治经济分析，才能够准确把握我国房地产市场诸多问题孳生的内在动力与本质原因。但是，目前大多数政治经济学模型只是提供了一个概念性分析框架，普遍呈过分简单化和决定主义的倾向，解释力不强（刘盛和等，2001）。

因此，与国外的研究注重通过分析地租、区位与土地利用，以及企业和家庭等市场主体的选址与土地利用之间的关系，来阐明城市空间结构形成与演化的原因相比，我国城市空间结构中的土地利用研究还以空间特征和模式总结以及演化规律的简单概括为重点，深入研究其内在机制的尽管近年来有所增加，但所占比例仍旧偏低，尤其对土地制度涉及甚少。如在前述 68 篇文献中，属于特征、模式描述和过程、规律总结的有 23 篇，属于机制、调控分析的仅有 7 篇，后者不及前者的 1/3；而研究制度对城市空间结构影响的仅有 3 篇，其中 2 篇与城市规划及管理有关，与土地制度有关的仅有 1 篇，即邵德华（2003）的“土地储备制度对城市空间结构的整合机制研究”。尚未发现有全面论述土地制度对城市空间结构影响的文章，与此类似相关的也仅有 1 篇，即刘美平（2004）的“统筹城乡空间结构的土地制度安排”。而且这 2 篇文章发表的学术刊物级别不高，也不属于城市地理学的范畴。针对城市土地利用结构的研究同样如此，利用遥感、GIS、分形分维理论或信息熵等技术方法对城市土地利用结构的形态即图形信息特征进行描述的居多，对土地利用结构变化机制的深入分析较少。城市经济学界尽管不乏城市土地经济及土地利用等方面的研究，但却很少将其与城市空间结构相联系。

其他一些相关研究，比如葛幼松（1992）对中国城市土地的空间经济研究尽管较早，但由于年代局限，内容深度还显粗浅，而且仅限于对土地行政指令性无偿划拨的批判性研究。江曼琦（2001）主要在传统城市土地经济学理论框架下对聚集效应、地租与城市空间结构的关系进行研究。其他学者一般主要在探讨改革开放以来我国城市空间结构演变的动力机制中，将土地使用制度改革作为其中的一个组成部分给予一定的关注，比如顾朝林等（2000）、冯健（2004），等。期刊文献中探讨土地相关制度与城市空间关系的也是寥寥无几，其中，朱才斌和陈勇（1997）探讨了土地使用制度的变化对城市空间扩展的影响；王冠贤和魏清泉（2002）对广州城市空间形态扩展中土地供应动力机制的作用进行了实证研究。相对而言，侨居国外的一些华人学者对土地制度变迁与城市空间的关系更为重视，如英国的吴缚龙（1999，2001）、新加坡的朱介鸣（2000）、美国的F. Frederic Deng & Youqin Huang（2004）等，但他们的研究仍然偏重于城市土地使用制度改革方面，具有基础地位的土地产权制度均只作为一种前提条件缺乏应有的研究。

对土地制度的相关研究尽管很多，但基本上是就土地制度而论土地制度，相关的实证研究匮乏，现有不多的实证研究也主要集中在农村土地的经济绩效分析，对城市土地关注明显偏少。因此在这方面，城市地理学和城市规划学界应该可以作出更多的贡献。

3

土地制度影响城市空间演变的理论研究框架

3.1 关于土地制度的深度解析

3.1.1 土地制度的多维考察

3.1.1.1 纵向比较——基于产权经济学的历史考察

中国古代的土地制度，以战国中叶的商鞅变法、魏晋时期的占田荫客制和中唐两税法为标界，可分为四个发展阶段（图3－1）。其中：西周是以村社小共同体为基础的多级贵族所有制；商鞅变法使土地产权向单级所有制过渡，公田与私田开始分离；西晋占田制后，对土地所有权的争夺从暴力形式转向平和、从法外形式转向规范；唐两税法后，国家对土地所有权由诸多限制变为更加尊重和放任，匿田漏税与查田均税的争夺代替了兼并与反兼并的斗争。这四个阶段尽管各有特点，却是土地产权结构不断调整的连续过程，也是土地产权不断明晰化的发展过程。尤其是官田与私田的分野日趋明显，各自的所有权也渐趋强化（魏天安，2003）。

（1）夏商周

夏、商时期尚处于游耕或游农社会，西周则进入定居锄耕的农业社会，形成以灌溉

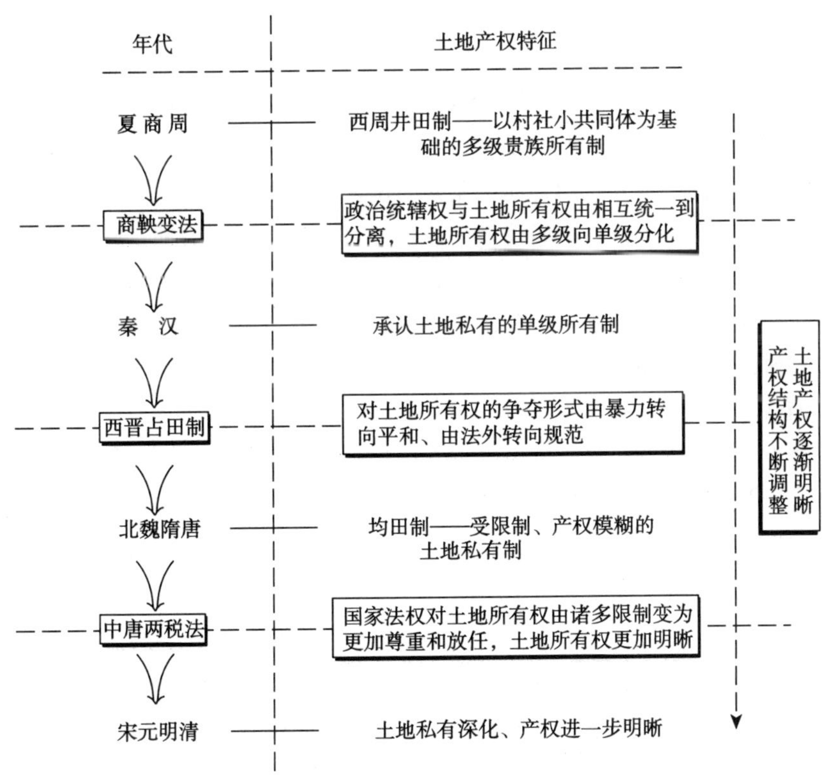

图3－1 中国古代土地制度演变

整理自：魏天安（2003）

沟洫为基础的井田制。所谓井田制，就是将土地划分成小块在村社内部各家庭之间定期平均分配的制度。具体而言，就是将村社土地划分成共同耕作的大块公田和各个家庭使用的小块私田。村社成员对“私田”没有所有权，只有使用权和收益权。各级贵族作为凌驾于村社之上的所有者，其所有权也是不完整的：在互不从属的贵族之间，土地具有排它的私有性质，在相互从属的等级贵族之间（如天子与诸侯、诸侯与所属的卿大夫），则共同享有土地的所有权，形成以国有制为表象的、土地所有权层层分割的多级贵族所有制。这不是完全的公有制，也不是完全的私有制。政治统辖权与土地所有权的统一，是三代土地制度的根本特征。

（2）商鞅变法

自春秋以降，由于农奴的负担越来越重，以劳役地租为主要剥削形态的井田制难以维持，加之铁制农具的使用使一家一户为单位的农业生产成为可能，于是各国相继改进原来定期分配土地的制度，允许耕者长期占有固定的土地，使土地成为他们的“恒产”，即强化劳动者土地占有权、促进村社土地私有化。商鞅变法废除了分封领主制，进一步强化了个体一极（自耕农和地主）的土地所有权，从此确立了土地私有制的主导地位。尚未授给民户而由国家经营的土地和可耕荒地，则成为国有土地。土地私有成为秦国逐渐强盛的主要经济原因。但商鞅“开阡陌封疆”所建立的土地所有权仍是不完整的、不明晰的，如土地要经国家分配和确认，占田多少受严格限制，因此土地买卖没有发展起来等。

（3）秦汉

秦始皇统一中国，“使黔首自实田”，在全国范围内承认了私有土地的合法性。土地产权不再由国家授给，标志着以村社小共同体所有制为基础的土地多级所有制向单级所有制转化的过程已基本完成。但国家对土地产权的保护却处于软弱无力的状态，地权的流动转换呈现出强烈的法外色彩，地主兼并与国家反兼并的斗争十分激烈。秦始皇迁徙天下豪富十二万户于咸阳，以削弱他们的政治经济实力。西汉后期，许多豪族地主开始公开拥有武装，以迁徙豪强等暴力手段抑制土地兼并的措施已无法推行。东汉刘秀依靠豪族地主的支持夺取政权，增强后者特权身份的凝固性，导致形成两晋南北朝时期的世族门阀统治和地主庄园经济。

（4）西晋占田制

由于世族地主在西晋国家政权中占有支配的地位，因此，西晋占田制中有关等级占田的规定，表明国家公开承认身份性地主的政治特权与土地占有相结合的合法性。土地私有权的深化，使“王者不得制人之私”成为社会公理，国家田制的目的是使土地占有制度化、规范化，维持土地占有的稳定性。占田制规定官僚、贵族和先贤、士人子孙按品位的高低贵贱占田占客，使世族、官僚的大土地私有制法典化。与此同时，也承认小农土地私有的合法性，把农民占耕的屯田私有化，并按丁之多寡而不是按田之数量课税，以强化对自耕农的人身控制。西晋占田制中荫亲属和荫佃客的基本精神，为东晋十六国和南北朝所继承。

（5）北魏隋唐

北魏隋唐的均田制，是在中央集权统治得到恢复和强化、农民对地主的人身依附关系大大削弱的条件下实行的。均田制把保护小农的土地所有权提高到一个新高度，以维持土地产权结构的稳定性。除了承认小农原有的土地为世业外，对无地和少地的农户视当地土地宽窄各授田有差，并允许授田“不足者买所不足”。地主限外买田和未经官府认可的私相交易，均受限制。这一时期存在着大批荒田，土地的占有并不十分困难。国有土地（尤其是官荒地）的所有权极易受到侵蚀说明国家土地所有权尚不太明晰，而国家对私田占有的限制与土地买卖的不发达，说明私田的所有权虽较前代强化，但也处于不明晰状态。

（6）中唐两税法

在中古田制经济的制约之下，土地制度仍带有浓厚的身份化、等级化色彩，土地兼并和地权转移被限制在一定的速率和范围之内，土地所有权在得到国家明确承认的同时，也受到国家法权的强力扭曲。然而，土地私有制的经济力量不断地冲击国家的政治权威，使国家田制屡遭颠覆，而每次重建，土地所有权就有所深化，国家干预也相应减弱。农民授田数量的逐步减少，允许进入流通领域的土地范围逐步扩大，土地买卖的禁律越来越宽。两税法将各种杂税统一归并为户税和地税两种，并按土地和财产的多少一年分夏秋两次定时收税，征税标准也由以人丁为主逐渐向以田亩为主过渡。这实际上是中国封建社会经济关系特别是土地（均田制）关系变化的产物，适应了当时丁口转移、商品货币经济有所发展的新情况。

（7）宋元明清

宋元明清为筹措军储都实行过较大规模的集中屯田，但最终都允许占有者输纳低额租税，甚至据为永业。包括屯田在内的国有土地成了土地私有制发展的源泉，而不再作为保证小农授田的手段，这是“不抑兼并”政策的必然结果。此外，土地买卖手续的严密有助于减少法外侵夺和产权不明等弊端，为解决“田讼日炽”的地权争夺提供了判断是非的法律依据，是畅通地权流通的重要措施。产生了土地永佃权，可以买卖、典质、继承，导致土地产权结构发生变化。国家对土地所有权的保护，在继承权上有明显的体现。宋代以后，宗祧继承不再是财产继承的惟一标准，遗嘱对财产处分的权力扩大，遗嘱法律地位的提高其实是土地私有权进一步明晰化的体现。

3.1.1.2 横向比较——基于所有制形式的国别考察

（1）美国

美国私有土地与公有土地的面积比例大致为6:4，而公有土地中的绝大部分为中央政府所有。美国的土地源于政府通过战争和购买来自于土著或其他国家，因此最初的领土大部分是国有土地，从1787年开始出售国有土地逐步实现土地私有化，直到1867年公有土地比例仍高达79.4%。出售的土地绝大部分是耕地，因此现在政府拥有的主要是森林、草地、沼泽、山地、水域等；同时，国家也留出部分土地给州政府，以保证州政府的用地需要和支持其财政支出。

（2）英国

英国自1066年以来，英王（国家）拥有法律上或名义上的土地所有权，土地的实际所有人在法律上是指拥有永业权的土地持有人。土地持有人拥有的土地产业权，按程度可分为：无条件继承、限定继承、终身保有、限期保有四种，其中前三种属于永业权（freehold），第四种属于租业权（leasehold）。

（3）日本

在1868年之前，日本的土地为封建领主所有制，明治维新以后逐步允许私人可以拥有土地，解除土地买卖禁令，并在法律上承认和保护土地私有。目前已形成以个人私有为主体，国家所有、公共所有、个人与法人所有（私人所有）并存的土地所有制度。其中公共所有是指都道府县市町村等地方公共团体所有，大部分是山林、河川、海滨地，按面积计占全部的35%，按市价计则仅占6%弱。日本的人地矛盾远甚于中国，其人均耕地面积还不到中国的三分之一。

（4）加拿大

作为英联邦成员国，土地名义所有权属英皇。从实际所有权看，由于地广人稀，私有土地的比例较小，但主要分布在国土南端土地肥沃的地带，城镇土地、良田、牧场等经济效益较高的土地，大部分归私人占有；公有土地主要是林地、未开发地、水域、公园、自然保护区、印第安人保留地及政府和公营企事业建筑用地。

各国土地所有结构一览表 **表3-1**

国别	土地所有结构（%）		
	私有（其中个人）	公有（其中中央政府）	说明
美国	59	39（32）	印第安人保留地2
日本	65（57）	35	
英国	84.6（65.5）	15.4（2.6）	
瑞典	60（40）	40（30）	
加拿大	11	89（41）	
新加坡	20	80（53）	
以色列	5	95（77）	18为国民所有

资料来源：柴强（1993）；毕宝德（1994）

从上表可见，国外均为私有与公有混合的土地所有制，而且除有特殊原因之外（比如加拿大地广人稀、新加坡为城市国家且注重社会平等、以色列长期处于战备状态国土安全尚无切实保障），私有土地的比例一般大于公有土地。而且公有土地一般为市场价值不高的土地，如美国联邦政府所拥有的土地多位于阿拉斯加（该州96%土地属联邦政府拥有或控制，占其土地拥有量的一半左右）和其他边远地区（绝大部分在最西部的11个州）。即使在奉行社会民主主义、倾向更多政府干预的斯堪的纳维亚国家，城市政府通过土地储备等方式拥有相当大份额的土地，如芬兰首都赫尔辛基，政府控制的土地也只在一半左右。而且从1990年代以来，随着普遍的政治右倾化、地区间竞争加剧和有效公共资金减少带来的财政压力，注重私人投资、弱化公共控制的“房地产导向”的开发有所增加（利维，2003）。

有学者将其当今世界的土地所有制形式划分为14种，并认为其复杂性主要是由社会制度、政治经济体制、法律体系、传统风俗、历史残留、思维方式等不同所造成（表

3－2)。总的来说，土地公有是社会平等的象征，土地私有则是市场经济的基石和个人自由的象征。

当今世界主要土地所有制形式　　表3－2

编号	土地所有制形式	基本内涵	存在地区
1	全民与国家所有	由国家代表全体人民共同拥有	社会主义国家
2	国家与中央政府所有	国家所有仅指中央政府所有	日本、新西兰等
3	国家与各级政府所有	国家所有包括各级政府所有	中国台湾等
4	各级政府分别所有	各级政府独立拥有，不称国家所有	美国等联邦制资本主义国家
5	国王与国家所有	法律上全部土地归国王或国家所有	英国、加拿大等
6	上级所有权归国家所有	上级所有权归国家，包括大部分的管理、支配权及小部分使用收益权	中国台湾、德国等
7	合作组织集体所有	合作组织内的全体成员共同所有	社会主义及部分奉行社会主义的发展中国家的农村地区
8	公共事业部门或团体所有	带有某种公共服务、社会救济、福利慈善等性质机构团体所有	资本主义国家
9	部落、氏族、村社、宗族等所有	属于原始或封建土地所有制的残余，集体所有、分配给成员家庭使用	集中在非洲撒哈拉以南地区，散见于亚非拉，美国印第安保留地
10	数人合有	共同所有者之间的生存者取得所有权	美国等许多国家
11	数人共有	每个共有人拥有各自所有部分所有权	各国
12	股份公司式所有	不属于某个人，而属于公司全体股东	世界各地
13	区分所有建筑物持分所有土地	每一单位房屋区分所有人，享有同比例的房屋基地所有权	世界各地，特别城市中
14	个人所有	某个个人单独所有	世界各地

资料来源：柴强（1993）

事实上，各国私有与公有土地的比例一直在随经济发展和社会需要而变化，公私转化成为一种调节土地利用的杠杆。同时很重要的一点：公有与私有在法律面前是平等的。

我国据1996年全国土地资源调查数据分析，国有土地面积占53.17%，农村集体所有的土地面积占46.18%，尚未确定土地权属的面积占0.65%。其中，国有土地除城镇土地之外，大多分布在西北和东北高寒地区，如西藏、新疆、青海、黑龙江、甘肃、四川等省国有土地面积的比例分别高达99.58%、97.56%、88.59%、71.24%、58.16%、55.59%。

3.1.2　土地市场的特殊性

3.1.2.1　土地的特性

土地的特性是土地市场不同于一般要素市场的根源。关于土地特性的表述，不同时代的学者，由于研究的出发点与侧重点的不同，就显得更加混乱（表3－3)。“土地”这一核心概念及其特性的不统一，多少也反映了土地科学作为一种“前科学”的性质特征。

关于城市土地的特性见诸于文献的不多，有学者将其总结为五点：位置的重要性、对交通运输和基础设施的依赖性、面积制约性较小、使用方向上的固定性、土地与其附着物价值的可分性（张跃庆，1995）。

关于土地特性的各种表述 **表 3－3**

	李嘉图	马克思	马歇尔	伊利	雷·巴洛维	歌得伯戈等
国外	（1）自然生产力 （2）数量的有限性 （3）质量的差异性 （4）肥力（报酬）递减性 （5）收益的级差性	（1）财富的物质源泉 （2）自然生产能力 （3）劳动资料和对象 （4）自然材料和要素 （5）两类富源特性 （6）肥力递减 （7）所有权的垄断性 （8）价格的垄断性 （9）所有权的经济体现——地租 （10）地租的级差性质	（1）广袤性 （2）效用性 （3）生产力 （4）物理化学性质 （5）报酬递减 （6）资本性质 （7）城市土地的位置价值 （8）直接财富性	一、法律特性： （1）不动产特性 二、自然特性： （1）不动性 （2）肥沃程度与位置优劣的差异性 （3）耐久性 三、经济特性： （1）报酬递减 （2）供应稀缺 （3）土地利用适应物价变动的缓慢性 四、社会特性： （1）依附地权的政治、社会权力 （2）社会控制必要性 （3）地权推动储蓄	（1）空间：数量上的固定性 （2）自然界：各种物理化学特性 （3）一种生产要素 （4）一种消费物品作为价值特性 （5）位置：自然的固定性和经济社会的相对比 （6）财产：占有权和使用权 （7）资本“耐用性”	（1）三维立体性 （2）自然、劳动属性 （3）空间的固定性 （4）供应的固定性 （5）独特性
	林英彦	曹振良等	林培等	毕宝德等	马克伟等	夏明文
国内	一、自然特性： （1）积载力 （2）养力 （3）不可移动性 （4）数量固定性 （5）生产力永续性 （6）个别性 二、人文特性： （1）用途的多样性 （2）社会经济位置的可变性 （3）合并及分割的可能性	（1）自然经济特性 （2）数量有限性 （3）位置固定性 （4）质量差异性 （5）永续利用性	（1）数量固定性 （2）位置不可移动性 （3）空间的立体性及时间的变异性 （4）再生性 （5）多用性 （6）增值性	一、自然特性： （1）位置固定性 （2）面积有限性 （3）质量差异性 （4）功能永久性 二、经济特性： （1）供给稀缺性 （2）利用方式的相对分散性 （3）利用方向的不易变更性 （4）报酬递减的可能性 （5）利用后果的社会性	（1）位置不可移动性 （2）面积有限性 （3）永续利用性 （4）物质条件、社会关系的双重性	一、自然特性： （1）积载力 （2）资源力 （3）位置固定性 （4）数量有限性 （5）个别（多样）性 二、生态特性： （1）生产力 （2）生态性 （3）永续性 三、经济特性： （1）供给稀缺性 （2）用途多样性 （3）直接财富性 （4）自然增值性

资料来源：夏明文（2000）

3.1.2.2 土地市场的一般特殊性

由于土地本身所具有的特性，导致土地市场也有诸多不同于其他要素市场的特征，主要表现为以下几个方面（毕宝德，1994）：

（1）权利的主导性：由于土地位置的固定性和不可移动性，土地交易仅是土地产权的流转或其再界定。（2）交换客体的异质性：由于土地自然禀赋的异质性和区位的差异性，因此土地交易只能个别估价、个别成交，而没有固定统一的市场价格标准。（3）强烈的地域性：由于土地的不可移动性，也造成不同市场供需圈的土地难以互相替代，因此市场的分割也比较严重。（4）供求关系的特殊性：土地作为不可再生的稀缺自然资源，自然供给无弹性、经济供给弹性有限，因此地价主要取决于市场需求。（5）不完全竞争性：由于土地供求关系特殊，而土地又是几乎所有经济活动的空间载体，并且土地的利用后果具有较大的社会影响，因此政府出于各种目的对土地市场多有干预，再加上土地利用方向不易变更，即其利用方式对价格变化的适应性调整相对滞缓，导致其竞争受限制。（6）较大的投机性：由于土地资源稀缺造成人地永恒的矛盾，投资增加极易导致级差地租上涨，土地因此具有不断增值的特性，从而成为投机的主要对象；再加上有关土地的价格信息往往传递缓慢导致过时并且可比性较差，也助长了土地投机。（7）中介机构的参与性：由于土地交易的金额高、专业性强、复杂性大，因此一般需要银行和其他中介机构的参与。

总之，土地交易的实质是土地产权交易，并且只能个别估价、个别成交。土地市场是一种信息不完全、不对称，具有空间固定性和时间滞后性，地域性、投机性较强、供求关系特殊，并常常受公共目的等非经济因素干扰的、相对低效率的不完全竞争性市场。

3.1.2.3 我国土地市场的特殊性

我国的土地市场由一级（出让）市场和二级（转让）市场构成（图 3－2）。城市政府以征用的方式将农村集体土地转为国有土地，并将国有土地的使用权通过行政划拨或有偿出让的方式交给用地者。土地使用权的出让包括协议、招标、拍卖三种方式。据估测，我国的国有土地静态价值高达 25 万亿人民币左右，占全部 35 万亿国有资产总值的大半。而目前全国城镇有偿出让的土地中，以招标、拍卖等方式出让的仅占 5%，其他高达 95% 是协议出让。2004 年上半年，全国协议出让土地的平均价格为 10.88 万元/亩，而招标、拍卖、挂牌出让土地的平均价格分别为协议出让价格的 4.32 倍、6.03 倍和 3.34 倍。由此可见，行政划拨与有偿出让的“双轨制”供地以及有偿出让的不同方式，形成千差万别的土地成本，是造成我国土地市场复杂与混乱的主要原因。

2002 年 5 月 9 日国土资源部 11 号令公布《招标拍卖挂牌出让国有土地使用权规定》，规定自当年 7 月 1 日起，商业、旅游、娱乐和商品住宅等各类经营性用地，必须以招标、拍卖或者挂牌方式进行公开交易。2004 年 3 月 31 日国土资源部、监察部联合下发了《关于继续开展经营性土地使用权招标拍卖挂牌出让情况执法监察工作的通知》，即“71 号令”，要求各地在 2004 年 8 月 31 日前将历史遗留问题处理完毕，对 8 月 31 日后仍以历史遗留问题为由，采用协议方式出让经营性土地使用权的，要从严查处，即国家土地管理部门有权收回土地，纳入国家土地储备体系，这就是房地产业界所谓的“831 大限”。

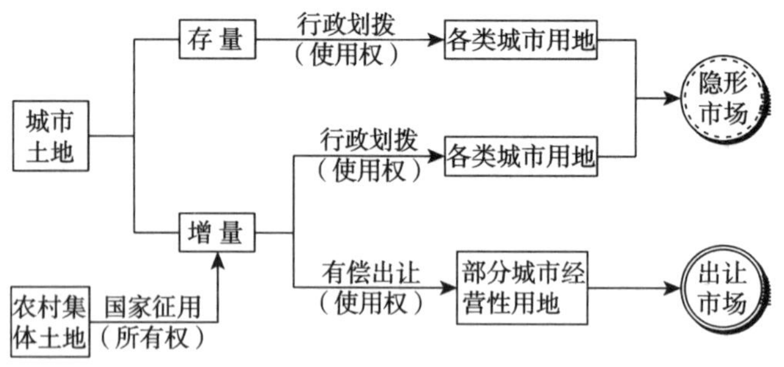

图3－2　我国土地市场基本模式示意

资料来源：毕宝德（1994）

3.1.3　我国现行土地制度的特点

我国现阶段的土地制度是以社会主义土地公有制为基础和核心的土地制度。在宪法第十条的基础上，《中华人民共和国土地管理法》对我国土地制度作了进一步的规定，核心内容是：中华人民共和国实行土地的社会主义公有制，即全民所有制和劳动群众集体所有制。全民所有，即国家所有土地的所有权由国务院代表国家行使。任何单位和个人不得侵占、买卖或者以其他形式非法转让土地。土地使用权可以依法转让。国家为了公共利益的需要，可以依法对土地实行征收或者征用并给予补偿。国家依法实行国有土地有偿使用制度。但是，国家在法律规定的范围内划拨国有土地使用权的除外。基本特征主要包括：

（1）所有权

城市市区的土地属于国家所有。农村和城市郊区的土地，除由法律规定属于国家所有的以外，属于农民集体所有；宅基地和自留地、自留山，属于农民集体所有。

（2）用途管制

国家实行土地用途管制制度。国家编制土地利用总体规划，规定土地用途，将土地分为农用地、建设用地和未利用地。严格限制农用地转为建设用地，控制建设用地总量，对耕地实行特殊保护。

（3）征地

建设占用土地，涉及农用地转为建设用地的，应当办理农用地转用审批手续。征收土地的，按照被征收土地的原用途给予补偿。其中征收耕地的补偿费用包括土地补偿费、安置补助费以及地上附着物和青苗的补偿费。征收耕地的土地补偿费，为该耕地被征收前3年平均年产值的6至10倍。征收耕地的安置补助费，按照需要安置的农业人口数计算。需要安置的农业人口数，按照被征收的耕地数量除以征地前被征收单位平均每人占有耕地的数量计算。每一个需要安置的农业人口的安置补助费标准，为该耕地被征收前3年平均年产值的4至6倍。但是，每公顷被征收耕地的安置补助费，最高不得超过被征收前3年平均年产值的15倍。土地补偿费和安置补助费的总和不得超过土地被征收前三年平均年产值的30倍。

（4）建设用地取得方式

建设单位使用国有土地，应当以出让等有偿使用方式取得；但是，下列建设用地，经县级以上人民政府依法批准，可以以划拨方式取得：（一）国家机关用地和军事用地；（二）城市基础设施用地和公益事业用地；（三）国家重点扶持的能源、交通、水利等基础设施用地；（四）法律、行政法规规定的其他用地。

（5）有偿使用

以出让等有偿使用方式取得国有土地使用权的建设单位，按照国务院规定的标准和办法，缴纳土地使用权出让金等土地有偿使用费和其他费用后，方可使用土地。新增建设用地的土地有偿使用费，30%上缴中央财政，70%留给有关地方人民政府，都专项用于耕地开发。

（6）对农地非农建设的限制

农民集体所有的土地的使用权不得出让、转让或者出租用于非农业建设；但是，符合土地利用总体规划并依法取得建设用地的企业，因破产、兼并等情形致使土地使用权依法发生转移的除外。

3.1.4 本书关于土地制度的划分

就本书研究的目的和重点而言，笔者倾向于将土地理解为一种具有生态价值和利用后果社会性的“自然—经济综合体”，是“地球表面陆地部分的垂直剖面系统”。土地既是一种不可再生的自然资源和基础性的生产要素，也是一种商品，同时也可视为一种资产或资本。土地具有若干独特的属性，包括：数量有限性和供给稀缺性；质量差异性和用途多样性与个别性；位置不可移动性和利用方向的不易变更性；报酬递减性与级差收益性；利用的永续性和后果的社会性；生产性、财富性和自然增值性；等等。

结合前述观点与土地市场发展的趋势，本书将土地制度分为三大类（图3-3）：

一是土地产权制度：所谓土地产权是指存在于土地中的一系列排他性权利束，实现土地财产权利离不开产权的界定、保护、流转和限制。土地产权制度包括土地所有权以及土地的使用、收益与处分等权利，其中所有权具有特殊的地位（“产权”一词源于英美法系，完备的产权在权利构成上相当于大陆法系中的“所有权”），所有权既可以是一种名义所有权，也可以是一种实质所有权，后者相当于使用、收益和处分权利的总和。土地产权制度是土地制度的核心，是体现土地财产权利及其真实价值的制度安排。

二是土地市场制度：包括土地的征收、收购、储备、出让、流转、交易、金融、抵押、担保、典当、租赁、估价等诸多方面，是与土地市场交易直接相关的制度安排的总称。在土地市场发展的不同阶段，其制度类型与发育程度也有所差别。同时，土地产权制度是土地市场制度的基础，后者作为实现土地产权价值的主要方式，又对应于一定的土地产权制度。

三是土地管理制度：主要包括土地规划与税收管理制度，以及用途管制、调查、统计、地籍、地价、资源信息管理等。中国与西方国家在土地管理制度方面存在较大的差异。土地管理制度是国家作为土地产权保护人，基于自己的政治、经济、社会等宏观考虑，对土地产权所做的限制和收取服务费用，主要通过调控市场制度对土地的实际产权价值具有重要影响，而国家则通过管理制度来体现其保护产权的价值。

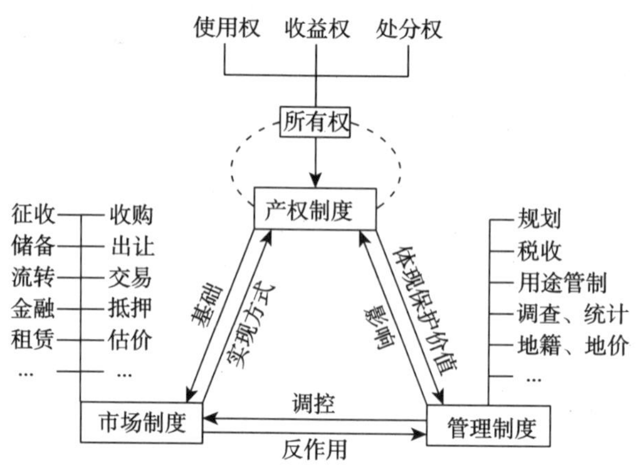

图 3 – 3 土地制度构成及其关系示意

3.2 本书研究导向

3.2.1 论证前提

3.2.1.1 抽象前提：和谐社会下的效率与平等

土地不仅是一种基础性的经济要素，而且从政治经济学的角度来看，土地和城市空间都是稀缺的经济资源和权力资源。土地制度所影响规范的土地利用模式及其空间表现——城市空间结构，绝不仅仅是简单的物质形态关系，还深刻反映了人与人之间复杂的政治、经济和社会关系。因此，土地制度的完善与否、城市空间结构的合理与否，在很大程度上能够体现我国构建和谐社会的实现程度。

现在，我国的改革与发展处于关键时期，改革在广度上已涉及经济、政治、文化等所有领域，在深度上已触及人们具体的经济利益，发展方面已由单纯追求 GDP 上升到追求人文 GDP、环保 GDP，实现人口、资源、环境统筹协调发展。国际经验表明，当一个国家人均 GDP 进入 1000 美元到 3000 美元的时期，既是黄金发展期，也是矛盾凸显期，处理得好，能够顺利发展，经济能够很快上一个新台阶，处理不好，经济将停滞不前或倒退。目前我国已进入人均 GDP2000 美元阶段，为了避免可能出现的经济社会问题，巩固改革发展的成果，推动经济可持续发展，应积极维护社会稳定，促进社会和谐，重构社会结构，完善社会组织，调整社会关系，最大限度地激发社会各阶层、各群体、各组织的创造活力，化解各类矛盾和问题，构建社会主义和谐社会，全社会形成合力，努力实现我国经济与社会的协调发展。

和谐社会一定是公正与自由的社会。因此要达致和谐社会，必须妥善处理效率与平等的关系。十五大提出“效率优先，兼顾公平”，曾在当时引发了争论。十六大的提法则为“一次分配注重效率，二次分配注重公平”。十六届四中全会则先讲“激发活力”，再讲“注重公平”。这些提法及所强调的重点的变化，反映出我国政治决策层对公平与效率问题认识的不断深化。

但从严格的语言意义上讲，“公平与效率的矛盾”其实是一个伪命题，与“效率”

相对应的概念应该是“平等”而非“公平”。因为“平等”有广义和狭义之分，狭义的“平等”仅指“结果平等”（经济意义上的平等），而广义的“平等”还包括“法律平等”（政治意义上的平等）和“机会平等”（社会意义上的平等）。也就是说，广义的“平等”几乎涵盖了人类理想的所有方面，从某种意义上讲，人类发展史也是不断“平等化”的历史，而所谓“平等与效率的矛盾”仅指狭义上的“平等”。公平（机会平等）是效率的保证，并能促使形成更为实质和持久的平等。因为普遍繁荣首先要求福利最大化（效率），不讲效率只讲结果平等的福利平均化，由于遏制竞争、保护落后，最终只能导致“普遍贫穷”。一定程度的结果平等只能作为保障社会稳定的调剂措施，而且只有在社会普遍繁荣即福利总量增加的前提下，才有可能在不过分损害公平与效率的同时，进行适当地财富二次分配与调剂，才能真实有效并可持续地促进结果平等（图3-4）。

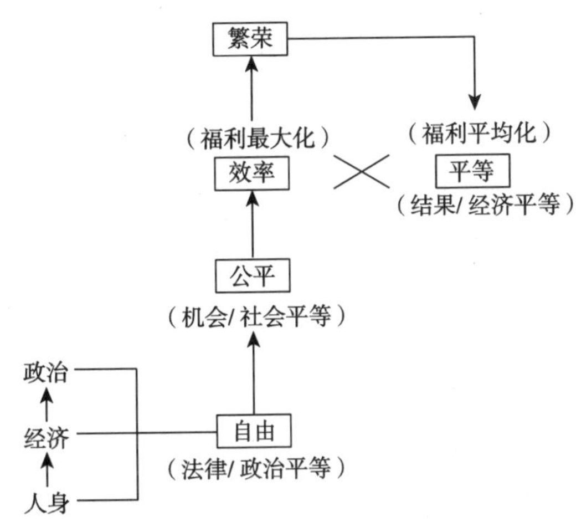

图3-4　效率与平等及相关概念关系示意

人类的多样性和差异性是自然形成的，正是这种个体的多样性与差异性构成了互补的社会，并带来了个体和社会的创新与进步。如果无视个人之间在天赋条件、后天努力、冒险精神、生命周期阶段以及对社会贡献等方面的差异，过分强调结果平等，那么这是有违公平的“平均主义”而非真正的“平等主义”。这种违反自然规律只能通过人为干预维系的结果平等，不仅抑制个人能动性和进取动力从而阻碍效率发挥与社会进步，进而无法保障结果平等的真实性和持续性；而且由于外部强权的加入，不可避免会带来新的和更大的不平等，如政治上的不平等。比如改革开放前的中国，居民收入均等化的背后既是一种“普遍贫困化”，也暗藏了福利、补贴、特供的等级差别，更是以城乡二元隔离和个人选择自由的丧失等为代价，并且最终是不可持续的。

就平等与社会公正关系的主要理论来看。罗尔斯从一种社会契约论的视角出发，认为达成公正社会契约的前提包括自愿和讨价还价能力的平等。而只有在“无知之幕”的后面，理性而自利的立约人才能不偏不倚地就他们的利益冲突达成协议，从而对所有人都是公平的。正是从这种无知之幕的初始状态下，罗尔斯通过严密的逻辑论证推导出两条公正基本原则：

（1）第一原则

对于和相类似的人人自由的体系相容的这个有着平等的基本自由的最广泛的整个体系，每个人都享有平等的权利。

（2）第二原则

对社会和经济不平等要做出这样的安排，使得

a. 符合处境最差者的最大利益；

b. 公共职位在机会的公正、平等下对所有的人开放。

当然，要使基本自由得到实际的享受，必须首先满足每个人的基本物质需要。因此，完整意义上的罗尔斯公正原则，按其优先性可以归纳为：满足基本需要──→基本自由平等──→社会（机会）平等──→经济（财富）平等。值得一提的是，后两项原则并不表明罗尔斯赞成平均主义，而是指针对不平等，应尽量采取措施增加处境最不利阶层的机会和最贫穷阶层的财富，这种建基于决策论中最大的最小值原则的“差别原则”，既符合无知之幕后面立约人的理性（因为任何人都无法知道自己是否属于这两种阶层），也是一种社会保险的政策措施，这其实是罗尔斯对福利国家的理论辩护。

诺齐克以“个人是目的而不仅仅是手段”这一“康德律令”为论证基础，否认存在能够合法牺牲个人权利的“社会利益”，也否认为了使其他人或更多人获利而伤害个人行为的公正性。因此，主张国家仅仅承担制止暴力、盗窃、诈骗和契约履行等十分有限的职能，尤其反对国家利用强制权实行经济再分配；认为这种“最小国家”才是“既有生气又公正”，构成一个“有利于乌托邦的架构”。在诺齐克看来，只要是自由地交易或交换，所谓“按……分配”的模式化原则都与个人的选择自由不相容，从而失去了公正的意义。

诺齐克的经济公正理论可概括为由三条原则构成的“完整链条”：首先是获取（acquisition）公正，其次是转移（transfer）公正，第三是对不公正的矫正（rectification）。只有当每个人获得他们所拥有的东西符合公正获取和公正转移的原则时，分配才是公正的。而只要是公正的，即最初财产的来源清白，其后每次财产增值又都来自公正的自由交易而无任何欺诈与强取，哪怕他富可敌国，国家也无权作任何强制性的再分配，否则这种行为在道德上无异于奴役或盗窃。当然，富人可以自愿帮助穷人（如慈善），这无疑是值得称赞和尊重的。但只要财产的分配是公正的，而且占有行为并没有恶化别人的境况，那么富人没有任何义务帮助穷人，穷人也没有得到帮助的任何权利。

一般而言，罗尔斯与诺齐克分别代表了自由主义左派与右派的公正观。他们的共同之处在于保证基本自由和过程公正，其区别在于：前者强调自由优先、兼顾平等，即在过程公正的基础上限制结果不平等；后者则认为自由即公正，过程公正即结果公正，因此反对强行限制结果不平等。哈耶克出于对个人自由和“自发秩序”的极力维护，反对社会公正的提法。他认为在自由的市场经济社会中，“不公正”是指个人对契约即公正行为规则的违背，仅仅是一种个人行为的属性。而所谓的“社会”公正或不公正的问题，

只可能出现在财富人为分配和维持的社会，不会出现在由无数个别交换行为自发形成的市场经济社会中。但笔者认为，完全自由的市场经济在现实生活中是永远也无法彻底实现的。因此，从逻辑上讲，只要是非完全市场经济，只要存在人为地干预，就一定会出现社会公正问题。尤其是对正处于利益分配机制和格局大变革的当今中国来说，社会公正问题就显得更为突出了。

总而言之，注重分配的结果平等是一种静态的、现时的、僵化的平等，而建基于效率的机会平等才是动态的、进步的、可持续的平等。从社会公正的角度而言，最终结果的平等只是社会发展中一个合理范畴之内的“副产品”，并非其刻意追求的目标，假如试图通过人为努力强求结果平等，这反而是有违社会公正的。另一方面，由于市场的不完善，追求效率过程中产生的负外部性（尤其对平等的侵害）难以通过市场机制有效地解决或内部化，而必须通过政府或社会加以纠正。这其实是多数社会坚持“效率优先、兼顾平等”原则的理论依据，以及西方资本主义国家以私有制为基础但又对私有产权进行适当限制并在一定程度保留公有产权的主要原因。土地制度是关于人地关系及其人与人关系的法制规范，一个理想的土地制度，也应该能够体现“效率优先、兼顾平等”的原则，求得更高的土地利用效率和城市空间结构效益，这样才能有利于达致社会公正、实现和谐社会的目标。

3.2.1.2 具体前提：理想的城市空间结构

现实中不存在完美的城市空间结构，但从追求的目标而言，一个理想的城市空间结构应该满足以下几个条件：

一是具有适宜的密度。城市相对于乡村的优势与价值就在于它的聚集效应，城市人均用地水平过低，即过度密集不仅会带来拥挤，还会造成公共设施供给的不足；城市用地盲目扩张，即密度过低、结构过于分散，不仅同样无法发挥城市的聚集功能，还会带来土地资源浪费、能源过度消耗、生态环境破坏扩散等弊病。

二是具有合理的布局。合理的城市功能布局一方面有利于充分发挥土地的区位效益，做到优地优用；另一方面有利于产生组合效益，既克服功能混杂所带来的交通、环境等外部负效应，又可以通过使城市各要素在组合的方位、数量上处于最佳状态，缩短整个社会再生产的过程，增加城市的外部正效应（江曼琦，2001）。

三是具有理想的形态。城市形态是城市密度和内部空间布局的综合反映，理想的城市空间结构并非指一种万能的城市布局图形，而是指具有足够的弹性、较大的应变能力和多样性，能够因应功能变化的需要进行自我调节更新，以适应城市的正常发展而不会产生畸变和变异（武进，1990）。

总而言之，理想的城市空间结构就是要达到土地高效利用、节约能源、交通通信便捷、人居环境优良的目标，实现人与自然和谐与可持续发展（顾朝林等，2000）。而要形成理想的城市空间结构，必须充分发挥市场机制的作用，以及在一定程度上依靠政府合理的调控以消除由于土地市场的特殊性而引起的负外部性，由于土地产权制度的基础性作用，因此这两者都必须建立在有效的土地产权制度基础之上。尤其在我国产权制度改革的滞后，产权制度的缺陷不仅自身影响城市空间结构的优化，而且还影响了土地市场制度和管理制度的进一步完善，从而成为我国城市空间结构中诸多问题的根源。因此，强调有效的土地产权制度是形成理想城市空间结构的基础保障，在我国具有特别重要的意义。

3.2.2 论证方式

针对我国土地产权、市场与管理制度的各自特点，本书相应采取了不同的论证方式。

3.2.2.1 土地产权制度：基于缺陷的逆向式论证

土地制度对城市空间结构及其演变的影响，本来就包括积极和负面两方面的作用。土地产权制度在土地制度中具有基础性的地位，与土地市场制度和管理制度息息相关，因而土地产权明晰化对城市空间结构的优化作用，在后者尤其是在我国土地使用制度改革对城市空间结构优化的促进作用中有间接体现，而这部分内容将在相关各章中专门探讨。因此，着重从土地产权制度缺陷的角度研究其对城市空间结构的负面影响，是多角度全面论证的需要。

更重要的是，我国土地产权制度改革是一种渐进式的改革模式，在初期改革的正面效应充分释放之后，由于改革不彻底所导致的缺陷日益明显，不仅对城市空间结构的负面影响越来越大，而且阻碍了土地市场制度和管理制度的进一步完善。事实上，对土地产权制度的进一步改革已迫在眉睫。但学术界至今对土地制度与城市空间结构演变的研究，还大多集中在制度改革对城市空间结构优化的正向促进作用方面，对制度缺陷的负面效应却重视不够，尤其缺乏这方面的系统研究。因此，本书着重研究土地产权制度缺陷对城市空间结构演变的负面影响，揭示前者对后者的作用机制，有助于深入清晰地认识土地产权制度的内在弊病，从而为土地制度的进一步改革完善提供理论依据。

3.2.2.2 土地市场制度：基于变迁的过程式论证

伴随着土地使用权与所有权的分离，城市土地从无偿使用到有偿使用的转变，我国土地市场制度也逐步建立和完善起来，而且这一过程仍在不断地进行之中。可以说，无论是土地使用制度改革还是当前的土地储备制度和土地招拍挂的供给方式变革，都已经或正在对中国的城市空间结构带来巨大的变化。而且相对于土地产权制度内在而隐性的影响，土地市场制度变迁及其缺陷对城市空间结构演变的影响，通过市场机制的直接作用是外在而显性的。因此，本书对土地市场制度影响城市空间演变的研究，主要是对其不同历史时期的制度变迁特征分别进行论证，试图在过程之中探求其中合理与不合理、实质与非实质的成分，以期梳理出真正有利于土地高效利用和城市空间结构优化的土地市场制度变迁脉络。

3.2.2.3 土地管理制度：基于借鉴的对比式论证

在从计划经济体制向市场经济体制的转轨之中，管理体制也必须从僵化固定的模式向更加灵活和开放的模式转变，我国的土地管理制度也是在这种宏观背景下，因应土地产权制度和市场制度的变迁，不断进行相应的调整和探索。在这方面，西方国家积累了丰富而成熟的经验可资借鉴。但由于国情之间存在较大差异，包括社会经济发展水平、人地矛盾程度以及制度环境等方面的不同，一方面简单盲目地照搬很可能产生“南橘北枳”的效应，因此必须在中外对比的基础上强化对西方经验的适应性分析，以便增加借鉴吸收的合理性与有效性；另一方面也不能完全囿于现状条件而无视或舍弃其中显得“暂时无用”的一些精华，而应该在符合社会经济发展趋势的条件下勇于创新，加以预见性地学习借鉴。

3.2.3 理论基础

除了经典的城市地理学和城市经济学理论，本书还注重吸收新制度经济学的相关理论以及博弈论的思想与理念，以便能够更准确地反映“真实的世界”，尤其是能够适应我国现阶段正处于转型时期，以制度大变迁为重要特征的宏观背景。

3.2.3.1 城市地理学与城市经济学

正如上一章所言，城市土地利用和空间结构研究是将城市地理学和城市经济学紧密联系在一起的“纽带”。区位论、城市地域结构研究理论和城市土地经济理论尤其是阿隆索的竞租曲线理论，既构成了两个学科相互交叉的理论源泉，也是本书研究所主要依赖的理论基础。这些内容本书前面已有详细讨论，此处不再赘述。而城市地理学中主要针对土地利用类型的地图判识法，城市经济学中的演绎分析法，则是本书研究所主要采用的分析方法。

3.2.3.2 新制度经济学

（1）概述

一般演绎经济学尽管擅长简洁清晰地揭示事物的内在机制，但存在严格约束条件假设与复杂多变现实之间的矛盾，使得经济模型的实用性大大降低；因此越来越多的学者转向社会行为研究，尽管突出了实证色彩和相对接近现实，却更加变化莫测而降低了理论性。也就是说，传统演绎分析与当前所注重的行为分析在理论及其应用上是各有利弊。新制度经济学以综合、逻辑分析见长，兼具经济、社会与政治分析，并以制度变迁为研究重点，这对转型期的中国尤为适宜。

由科斯所开创的“新制度经济学”，其基本观念是：制度结构以及制度变迁是影响经济效率以及经济发展的重要因素。尤其重视产权制度的作用，认为产权制度是一种基础性的经济制度，不仅独自对经济效率有重要影响，而且又构成了市场制度以及其他许多制度安排的基础。新制度经济学有别于近代制度学的地方在于：并非仅以资本主义制度为研究对象从而更具一般性；不仅不反对新古典理论，而且利用其分析制度与现实问题。当然，新制度经济学也修正和发展了新古典经济学：一是强调人的有限理性和机会主义行为倾向，而并非新古典经济学所假设的总是追求效用最大化的完全理性的人；二是引入交易费用和产权作为其基本分析工具。因此是真实世界的经济学，因为真实的世界正是由“实际的人”（而非“理性的人”）所组成、交易费用为正（不为零）的世界，在这样的世界里，产权界定等制度安排具有核心意义。

“制度”，按照新制度经济学派的解释，是涉及社会、政治及经济的一系列“行为规则”（舒尔茨，1968）；是“一系列被制定出来的规则、服从程序和道德伦理的行为规范，旨在约束追求主体福利或效用最大化利益的个人行为”，制度“提供了人类相互影响的框架，建立了构成一个社会，或更确切地说一种经济秩序的合作与竞争关系”（诺思，1981）。可以说，制度作为行为规范和社会关系的总和，构成了社会经济发展的基础环境和制约条件。土地制度作为土地市场的行为规范和激励框架，其构造和变迁必然会影响和改变政府、开发商、个人、中间机构等市场行为主体的利益分配格局，形成有差异的成本—收益曲线，从而影响各方的行为意愿与方式，最终影响土地利用和城市空间演变。

（2）新制度经济学对产权的认识

①产权的内涵界定

“产权”是新制度经济学中的一个最基本的概念，但并无统一的定义。阿尔钦认为：“产权是由社会强制执行的对资源的多种用途进行选择的权利。”诺思强调：“产权本质上是一种排他性权利。”尼科尔森将产权描述为：“所有权和所有者的各项权利的法律安排。”德姆塞茨认为产权是：“使自己或他人收益或受损的权利”，“在一个人与他人做交易时，产权有助于他形成那些他可以合理持有的预期”，其主要功能之一是“引导人们实现将外部性较大地内在化的激励”。富鲁布顿和佩杰威齐则认为：“产权不是关于人与物之间的关系，而是指由于物的存在和使用而引起的人们之间一些被认可的行为性关系，……社会中盛行的产权制度可以描述为界定每个在稀缺资源利用方面的地位的一组经济和社会关系。”

综观上述西方新制度经济学家的产权定义，归纳起来，可以从三个方面理解产权的含义：第一，产权是对“稀缺资源”，或对可以“交易”的对象物的一种权利，即对财产的一种权利。简言之，产权即财产权，并且这种权利具有排他性。第二，产权不是单项权利，而是“一组经济和社会关系”，是“各项权利”，即一组权利，所以在英文里，产权（Property-rights）一词是复数名词。这一组权利至少应包括对财产的所有权、占有权、使用权、支配处置权及其相应的收益权或索取权。这些财产权利是可以作不同的安排的，既可以统一于一个产权主体，也可以作不同的分解分属于不同的产权主体。第三，产权是“一些被认可的行为性关系”。产权主体的行为是指产权主体行使其权能（权力和职能）的行为。产权是由一定的权能和相应的利益构成的。产权主体只有具有有效地行使其权能的行为能力并付诸实施，才能实现或充分实现其利益（陈淑英，1997）。

②产权的经济价值

产权制度的最基本功能是界定产权主体对产权客体的关系，以及产权主体之间的关系，即明确谁所有、谁支配、谁受益和谁受损。产权是私人谋取自我利益的社会性制度约束，不同的产权约束对一个经济的交易费用水平有决定性的影响。交易成本理论是科斯在1937年发表的《论企业的性质》中首次提出的。他认为，自由价格制度的运行是有成本的，正是这种成本导致企业的产生。交易成本包括使当事人碰到一起的费用、搜集信息的费用、讨价还价的费用，以及签约和履行合同的费用。交易成本与一定社会的产权制度有关。在鲁滨逊的孤岛上没有交易成本，因为交易至少要发生在两个人的世界里。

在一个没有产权制度的世界里也没有交易成本，因为根据定义，交易是权利即产权的交易。相反，假定交易成本为零，产权的设立就是不重要的，即对经济效率没有影响。这就是所谓的“科斯定理”。然而，没有交易成本的世界是不现实的，就像没有摩擦的自然界是不现实的一样。所以，产权对经济效率是有影响的，甚至是决定性的。明确界定产权会产生一种激励，激励人们有效地利用资源，包括外界资源和自身的资源，以提高经济效率，增加社会的总产出。

一个有效的产权应该是将成本与收益内部化，减少交易成本和扩大规模经济的产权。要实现这几个要求，就必须实现产权的全面性、排他性和可转让性。产权的全面性要求所有有价值的资源都应是有主的资源，因为无主的资源容易遭到无节制地利用或浪费。其意义在于，使所有的有用资源都通过法律界定，得到有效的利用。产权的排他性要求排除他人对资源的利用和对利用资源所产生的收益的享用。财产权越专有，投入资源的刺激就越大，产权的效率就越高。其意义在于将成本与收益内部化，并产生对经济活动的激励。产权的可转让性要求财产可以在不同的所有者之间转移。财产在不同的主体下，有不同的使用方式，因而会产生不同的效益。财产的自由转让，有利于财产从较低价值的用途转向较高价值的用途，有利于实现产权重组，从而使财产增殖，并提高整个社会的产出（武安青，2001）。

③产权的历史意义——破解李约瑟之谜的钥匙

为什么工业革命发生在西欧，而没有发生在当时经济总量和人均收入水平与欧洲大致相当的中国？迄今围绕这一所谓李约瑟之谜的解释，大体可分为五类（姚洋，2004）。

一是戴尔蒙德为代表的中央集权说，将中国的落伍归咎于其完整的地理环境所造成的大一统的国家体制，扼杀了创新。二是林毅夫为代表的技术创新说，认为现代技术不是建立在经验，而是建立在科学实验的基础上，中国人多不能保证更多的技术创新，而且科举制度使中国读书人远离自然科学。三是李约瑟为代表的思维方式说，认为中国人重实用、轻分析的思维方式，阻碍了现代科学的产生。四是伊懋可为代表的资源—经济约束说，认为中国受到人口众多、资源匮乏的限制，从而陷入“高农业水平、高人口增长和低工业水平”的高水平陷阱之中。而欧洲由于人口密度低，较低的农业水平也足以支撑人口的增长，工业回报因此高于农业回报，资金向工业集中，欧洲因此向一个高水平的均衡发展。五是黄仁宇的制度说，认为中国的社会等级制度，平等的财产所有权没有得到应有的尊重和保护，扼杀了社会的商业动机。

笔者以为，在上述五种解释之中，黄仁宇的制度说具有最强的说服力，应是破解李约瑟之谜的关键所在。因为中国在近代的落伍其实是一种相对落后，在世界范围是一种普遍现象，真正的奇迹是“西方世界的崛起”，也就是说，我们真正该探寻的秘密不是为什么工业革命没有发生在中国，而是为什么仅仅发生在西欧？黄仁宇的解释其实是借用了诺思对此问题的回答。针对前四种解答，其实中央集权最大的弊病就在于缺乏制度的竞争与创新；产权保护是对技术创新最有效的激励；没有思维方式一成不变的人种，近现代杰出的、具有世界影响的华人数学家、物理学家层出不穷；而同样的资源—经济约束，完全有可能产生不同的制度类型和发展效果。西欧崛起的关键在于工业发生了“革命”，而这种革命绝非通过逐渐积累就能够自然产生的，它是在“制度革命”强力推动下的产物，这其中极其重要的就是形成了受宪政保护的平等的私有产权制度。简而言之，有效的产权保护，正是破解李约瑟之谜的钥匙。

④产权的政治性——产权与国家的关系

诺思通过对西方国家经济增长和制度演变历史的研究，认为一个有效的经济组织（产权）是经济增长的关键。而产权的有效执行离不开国家的保护，但国家的介入又很容易导致所有权残缺（the truncation of ownership）。具体而言，产权只能依靠国家这一惟一能够合法使用暴力并具有“规模经济”的组织，通过纳税来购买国家的保护，以确保有效执行和长期稳定。但同时国家也具有自利倾向，尤其是国家代理人的生命、任期和理性程度的有界性，使得他们往往难以拒绝短期租金最大化的诱惑，哪怕是以经济的长期衰退为代价；比如凭借其惟一合法使用暴力的地位索取远高于所提供服务的垄断租金，甚至干脆完全剥夺私人产权以聚敛财富等。换言之，国家既是经济增长的关键，也是人为经济衰退的根源。诺思认为这是由于在国家租金最大化与有效降低交易费用以促进经济增长之间存在着持续的冲突，只有当两者一致时才能确保成功。从历史和现状来看，相对于有效的产权安排，更多的是无效或低效率的经济组织，因此这种一致性并非普遍存在而常常显得是偶然的巧合。

那么如何才能制约国家这种过分追逐短期租金最大化的冲动，摆脱陷入无效体制的长期困境，走向保护有效产权从而导致经济稳定增长呢？哈贝马斯（Habrmas，1989）认为：早期西欧社会向现代化的成功转型，关键在于产生了一个由私人市民阶级集合组成的公共空间——“市民阶级公共领域”（Bourgeois public sphere），能够监督、约束、抑制和对抗国家可能侵犯社会的行为。也就是说，只有当新兴产权及其代理人的集体行动，足以强大到可以迫使国家及其代理人必须通过保护有效产权来谋求自身利益，才可能出现一个对双方互利的结果。国家在此基础上追求租金最大化，产权则在此基础上成为逐利行为的规范。但这并不意味国家与社会之间权利关系能够一次性地界定清楚，而只是开辟了二者之间对话即不断进行讨价还价的制度化的新途径。Mann（1984）也认为基础结构权力（infrestructural power）的加强是政治现代化的基本趋势，即国家权力有能力渗入市民社会，但必须而且越来越依靠与市民社会之间制度化的协商和谈判来执行政治决定，这种管治模式相对于传统的强力统治，能够更有效地动员公共资源。

私有产权制度对扩大公民或社会权力、限制政府或国家权力具有至关重要的作用。在税收—宪政的交易费用政治学分析框架中，对私有产权的绝对保护正是产生成熟税收国家从而奠定宪政体制的基础和前提。一般来说，越是依赖于从社会领域和私人部门汲取税收作为国家财政收入主要来源的国家，其政府越有可能形成权力受社会有效制约的有限政府，越有可能建立代议制的民主宪政制度。在私有产权不稳定和无保障的社会，国家完全可以利用手中掌握的强制性国家机器对个人和群体财产予以掠夺。而在国家垄断了几乎所有生产资料的社会，国家的收入来自于本来就属于自身财产的增殖，国家不依赖于任何群体，反倒是所有的个人和群体都依赖国家。这种不平等的状况使得国家可以名正言顺甚至是无条件地无限扩大自己的政府公共权力，形成全能政府，而绝无达致宪政的任何契机。

3.2.4 实证基础

本书研究的主要实证城市是广东省汕头市。

汕头市地处广东省东南部的韩、榕、练三江出海汇合处，市域总面积2064km²，2003年行政区划调整之后，除南澳海岛县之外，其余均为市区范围。但为了研究的代表性以及资料的延续性和统一性，本书研究仍以区划调整以前的汕头市区为对象，即本书所称的“汕头市主城区”，面积298km²，主城区现状人口约120万人，建成区面积约100km²（图3－5）。

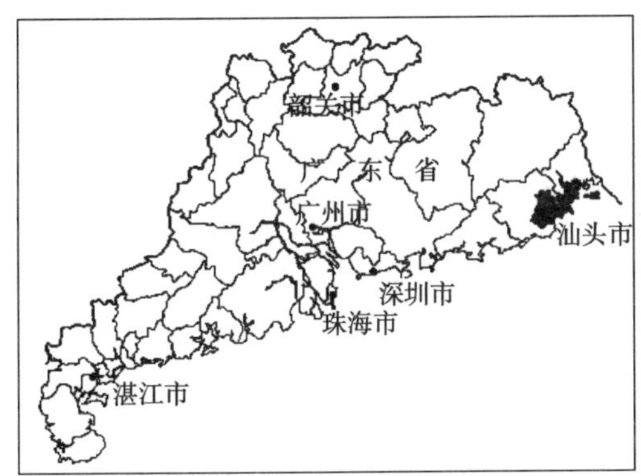

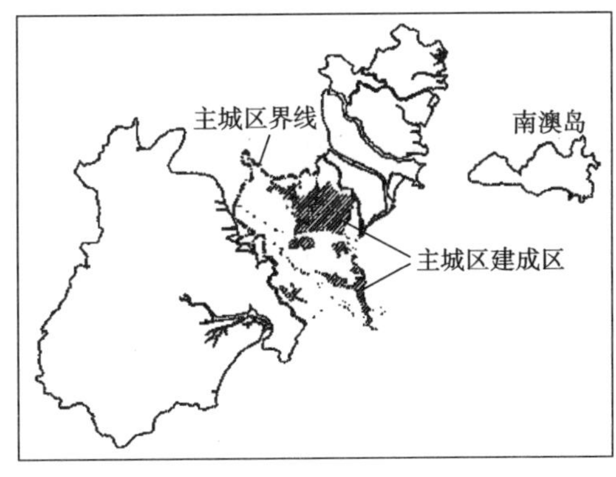

图3－5　汕头市区域位置及区域空间关系示意

汕头首先是作为潮州的外港形成发展起来，自清同治元年（1862年）正式辟为通商口岸之后，商贸海运及对外贸易讯速发展，城市建设与商贸的发展互为促进，汕头一跃而成为粤东、闽南、赣南货物的主要集散地以及全国重要的海港城市。港口吞吐量一度仅次于上海、广州，居全国第三位。至建国前，汕头已取代潮州成为潮汕地区政治中心和闽粤赣三边区域商贸中心，并成为重要的海港城市。1981年11月，汕头市龙湖区划出1.6km²创办汕头经济特区；1984年11月，特区的范围扩大到52.6km²（北岸22.6km²，南岸广澳片30km²）；1991年国务院批准特区范围进一步扩大到整个汕头市区，当时的总面积为234km²。

汕头市作为我国近代新兴沿海开放城市和改革开放初期的四大经济特区之一，并在土地使用制度改革方面走在全国的前列，土地制度变迁及其缺陷对城市空间演变的影响已有相对明显的体现，具有研究的典型性。再加上我国以往的城市研究重点过分集中在北京、上海、广州等中心城市，对快速崛起的沿海城市重视明显不够，这固然与后者缺乏足够的本地科研实力（如高等级的大学和科研机构）有关，但却不利于学术的整体发展和政策的综合研究，以汕头市为例，可以弥补这方面的欠缺。

3.3 土地制度影响城市空间演变的分析框架

3.3.1 理论假设及框图

国内外制度经济学的研究表明：制度对经济绩效具有决定性的作用。如果制度不能适当地反映资源稀缺性和经济机会，经济行为就会出现扭曲。

城市空间结构是土地市场各个行为主体在效用最大化激励下各自经济活动相互影响的结果，因此，土地市场机制的形成与完善，是影响土地利用效率以及城市空间结构演变最重要和最基本的要素。市场机制包括供需机制、竞争机制和价格机制，主要是通过提高土地资源配置方式的市场化程度，显化和正常化土地的市场价格。

土地市场机制的完善与否，又取决于土地产权制度，同时也离不开土地管理制度的调控。取决于土地产权制度是因为：土地交易的实质是土地产权（束）的交易，没有明晰的、独立的、连续而稳定的土地产权，土地不能随意进入市场或即使进入了也容易扰乱市场，市场主体就会缺乏利润最大化的内在动力，也形不成稳定的投资预期，这些都会严重阻碍市场机制的正常发挥。而离不开土地管理制度的调控则是因为：土地以及土地市场的特殊性，尤其是其非完全竞争的市场特性和与公共利益密切相关的社会性，使得城市规划和税收调节等土地利用的管理措施，成为消除负外部性和维护公共利益促进社会平等的必要手段。

对于任何一个社会而言，制度的基础总是一组关于产权的法律规定，界定了社会成员运用特别资产权利的范围。产权一般包括资源的排他性使用权、通过使用资源获取租金的收益权、通过出售或其他办法转让资源的转让权。因此，产权不仅提供了影响经济绩效的行为的激励，而且决定谁是经济活动的主角并因此决定着社会资源和财富的分配（周其仁，2004）。而在政治经济学派看来，土地与空间属于稀缺的权力资源，城市土地利用模式和空间结构的形成其实是有着不同目标、不同权力及影响力程度的各个利益集团之间相互冲突、相互妥协而合理化的结果，具体而言是由土地市场中各利益集团讨价还价的结果。因此，产权尤其是土地产权的制度安排，对于土地资源的分配和利用具有基础性影响，从而深刻影响城市空间结构的形成。

土地制度对城市空间演变的影响也是以土地产权制度为基础。产权明晰化一方面可以增加土地价值、提高土地利用效率，结合政府职能转变（比如土地一级出让市场的规范化），可以促进土地市场的成熟与完善，从而加快城市空间结构的调整优化；另一方面可以缩小土地市场上的寻租空间、减少博弈损失，结合构建宪政体系（突出表现为政府意志在宏观和微观层面对市场和社会的尊重），可以促进土地管理的规范化和法制化，从而避免城市空间结构在人为干扰下的畸形发展（图 3 -6）。

产权明晰化的主要动力是外部效应内在化的要求，随着外部性严重程度或重要程度的上升，其要求越强烈，建立和调整产权的收益也越大；而产权变迁需要付出相当的代价，包括确定、调整、监察和执行产权的成本，其中还包括放弃原有产权的机会成本以及既得利益集团的阻挠成本等等。产权变迁的最终方向，取决于成本—收益比最大的路径。

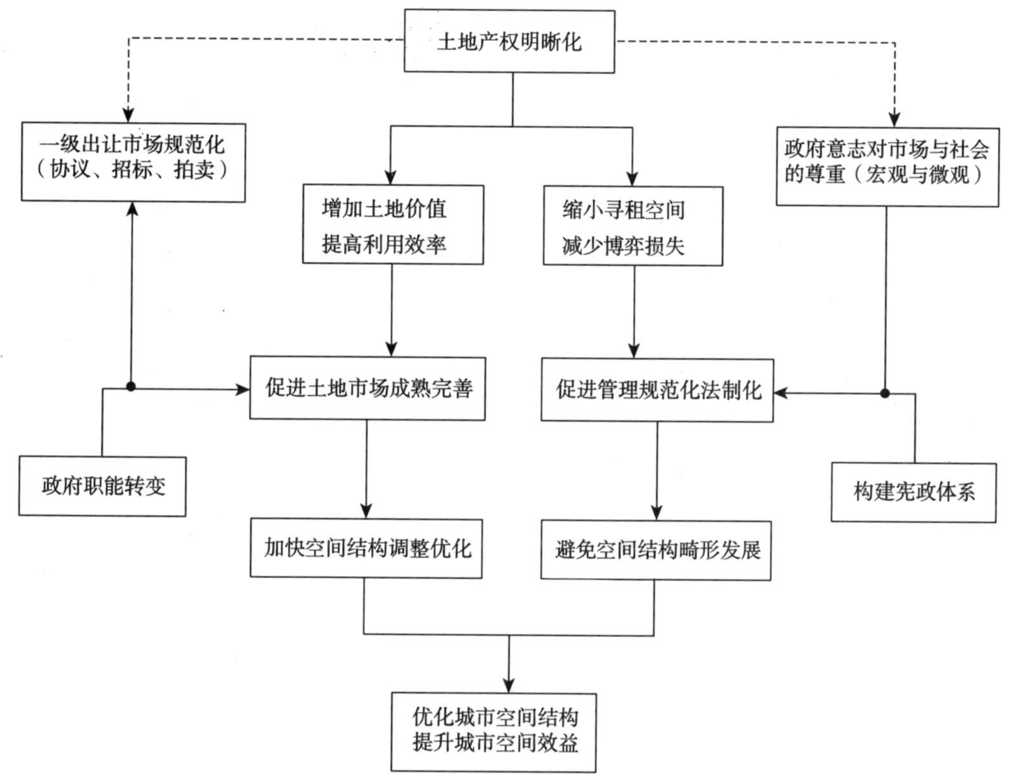

图3-6　土地制度影响城市空间演变的理论分析框架

在理想状态下，产权明晰化的过程一旦进行，就会形成加速效应和自我完善效应。但在市场环境（主要是要素市场体系）不完善的条件下，产权变迁的成本与收益变化趋于复杂，会延缓产权明晰的进程，但最终会通过市场的自我调节机制达到目标，因为当制度不均衡带来的预期收益远大于潜在费用时，理性自利的个人总是会努力接受新的价值观、道德和习惯，而不管这些规则看上去是如何的根深蒂固。而在有政治决策干扰的情况下，由于产权变迁的成本与收益不以经济绩效为惟一标准，市场价格体系本身也受到政治因素的扭曲，因此，外部性尽管严重但也同时存在内在化的障碍，产权变迁存在不确定性风险，有可能导致偏离明晰化方向的路径依赖，形成长期无效或低效的产权制度安排，或者形成正式与非正式两套制度安排并行的局面，通过非正式制度弥补正式制度的无效或低效。

总之，产权制度的变迁是产权主体之间在有限理性和存在机会主义倾向条件下，追求各自效用最大化的博弈，具体的产权制度形式则是一定时期内特定约束条件下的博弈均衡。而在解决外部性的内在化问题时，应更多地采取市场化的协商谈判还是政府管制，取决于两者交易费用的差异。

3.3.2　自由竞争的完全市场模型

只有在自由竞争的完全市场条件下，土地所有者才会因追求土地资产的收益最大化，而使土地分配给出价最高的投标者，才能使土地资源得到尽可能高效的利用，城市空间也才会呈现阿隆索竞租曲线理论所揭示的经典结构模式（图3－7）。此外，由于市场主体之间的充分竞争，导致经济利润（即会计利润扣减包括股权和债务在内全部资本成本的剩余收益，也是投资资本增值的收益）为零；因此，这也完全杜绝了寻租腐败的可能。

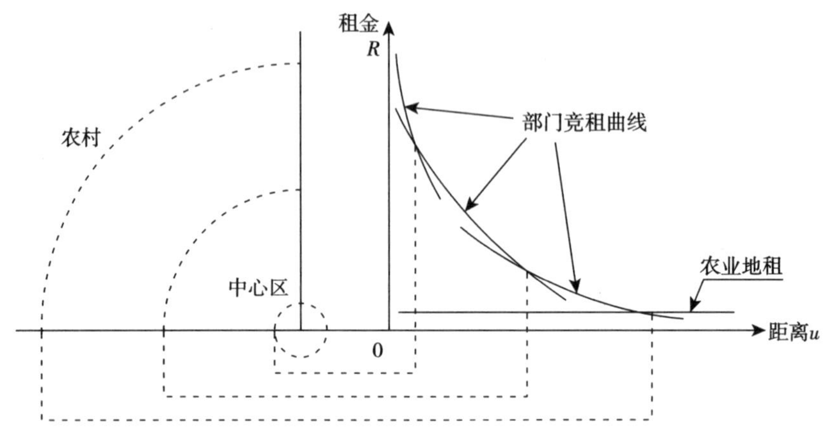

图3－7　阿隆索竞租曲线模型

而在理想的竞争市场环境下，城市化地区的区域空间结构即城市核心区、边缘区、影响区的边界则分别由区位价值、转换价值、发展溢价所决定（图3－8）。

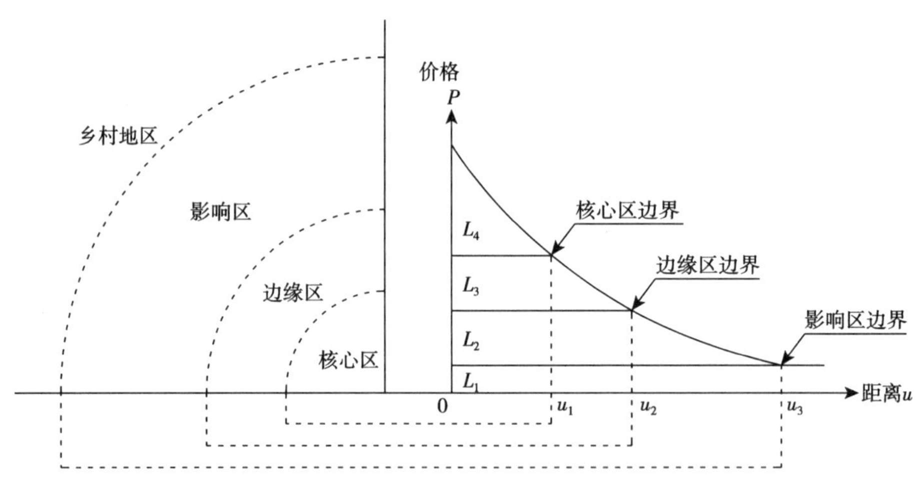

图3－8　城市土地价值决定的动力学模型

模型的函数公式可表示为：

$L=F$（$L_1 \cdot L_2 \cdot L_3 \cdot L_4$），其中：

L——城市土地价格总水平；

L_1 为农用价值——农业地租和资金贴现率所决定的土地农业收益现值；

L_2 为发展溢价——由城市发展主要是人口和经济增长带来的集聚效应所产生，其大小既取决于城市规模，更取决于城市发展速度和前景；

L_3 为转换价值——土地由农地转为市地所耗费的转换成本，包括小配套成本（地块

"几通一平")、大配套成本(大范围的城市设施投入)、城市运行成本(保持配套正常发挥效用的经常性投入);

L_4 为区位价值——包括城市内部不同地段的区位价值和同一地段不同产业的区位价值。

并且这四者不是相互独立的,而是相互影响,有时甚至产生乘数效应(夏明文,2000)。

3.3.3 不完全市场模型

任何降低土地市场竞争性的行为,都会导致土地资源配置的效率降低和城市空间结构的扭曲。不完全市场也可以视为存在交易费用的市场。借用科斯对公司的分析——公司因为节约市场交易费用而存在,并且其边界(即规模)取决于节约的交易费用和所需的组织费用在边际上趋于相等——城市也可以采取类似的分析框架。即城市的产生与发展同样源于对市场交易费用的节约,并且当节约的交易费用大于组织费用时,城市表现出活力与增长;反之则衰退。但城市与公司的区别在于,它的规模更大、结构更复杂,是一个结构性的大型有机体,因此更多情况下城市不会像公司那样整体性地扩张、衰退甚至倒闭,而是往往表现为在城市内部某个或某些区域增长的同时,伴随另外一个或一些区域的衰退——换句话说,就是表现为城市内部空间结构的变化。

在土地产权明晰的条件下,由于土地的供给有限(市场成本较高),其供给曲线的弹性较小,地价对需求状况的变化较为敏感。而在土地产权不明晰的条件下,地权通过两种方式影响土地价格:一是产权私有化程度低造成土地权利价值降低,地价整体水平偏低,降低了城市集约发展和结构调整的总体收益(图3-9)。

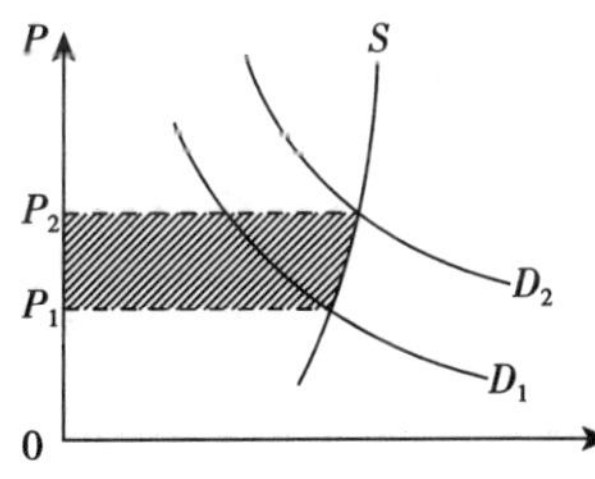

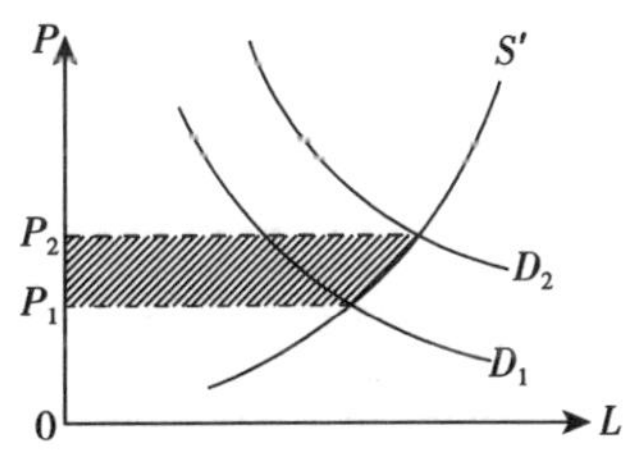

图3-9 不同产权形式对地价的影响

其中:P 为地价;

L 为土地面积;

D_x 为土地需求;

S 为产权明晰条件下的土地供给;

S' 为产权不明晰条件下的土地供给。

二是产权不明晰及土地流转不畅降低了农地收益即农业地租水平,导致土地的低成本供给和城市规模的过度扩张(图3-10左下),而城市土地的产权不明晰导致土地供应的多头和不规范,一方面降低了需求变化引起的地价梯度和城市空间结构调整的位势差,另一方面加大了成本偏差，都扭曲了土地市场的价格机制，延滞了结构调整的步伐（图3－10右下）。因此，我国近些年来土地产权不明晰尽管降低了城市化的发展成本，但这种成本减少是以土地资源的浪费和低效利用为代价，突出表现为城市的盲目扩张和内部空间结构混乱不合理及调整优化进程受到滞缓。

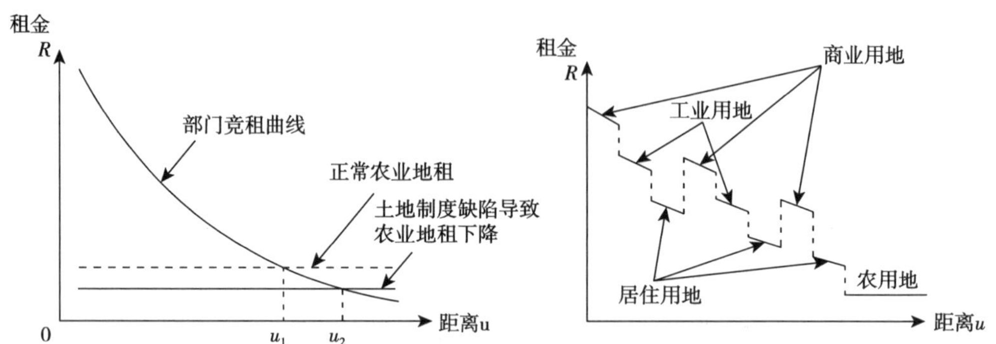

图3－10　不完全市场模型

3.3.4　政治干扰模型

在土地产权明晰的条件下，成本与收益都最大限度地内在化了，因此，土地所有者有极大的积极性高效地利用土地资产，并使其效益和效用最大化，最终也促使城市整体功能结构的优化和社会总福利的提高。而当土地产权模糊时，比如在土地公有制下，成本与收益的外部性程度较高，作为公有土地产权各级代理人的政府官员与部门，其追求自身效用最大化与社会整体福利最大化之间必然存在差异，往往更多地从政绩和私利而非社会公共利益或整体利益的角度出发，再加上其有限理性即自身认知水平的制约，许多主观上为社会整体利益服务的政策措施，比如引导或限制发展的空间管制等，常常无法起到预期的效果。

中国土地制度所造成的一个主要弊端就是政府的多重角色导致职责不清。政府通过国有土地出让和集体土地征用，垄断了土地一级市场的增值收益，使得政府不仅仅是土地的管理者，还是土地的经营者并且是垄断经营者。在政绩、财政及部门、个人利益的驱动下，政府作为管理者的角色常常让位于经营者或者为经营所服务，导致与民争利和管理混乱的局面。

如同中国其他领域的改革一样，土地制度改革也是循着渐进式的道路。比如农村土地制度从人民公社制到家庭联产承包责任制。城市土地制度从行政划拨到有偿使用，从“双轨制”到经营性用地的全部招标拍卖。渐进式改革的好处是可以避免可能的动荡，和带来短期收益的快速增长，阻力小、成效大，有利于维持社会稳定；但其短处是可能导致对长期社会经济良性发展基础的侵蚀，尤其是因为长期的不规范创造大量寻租空间，会形成偏离市场自由竞争原则的以“权钱交易”为特色的既得利益集团，阻碍市场化改革的深层次推进。其对城市空间演变的影响主要表现为各种形式的扭曲与异化以及对进一步优化完善的阻碍。

3.3.4.1 对制度变迁的影响：基于新制度经济学理论

以诺思为代表的“诱导性制度变迁假说”认为，相对价格的变动为建立更加有效的制度创造激励。与此相近的制度变迁的“效率假说”更进一步认为，制度是朝着获取更多经济利益的方向演进的。而后来诺思则承认，由于忽略了现实中决定制度变迁的政治过程，效率假说显得有些幼稚。即效率假说是一个功利主义的命题，其基础是个人剩余的总和最大化，但是忽视了当事人之间的福利分配，而后者正是受非生产性因素的影响（姚洋，2004）。也就是说，效率假说只在完全市场条件下成立，在意识形态和政治目标的持续干扰下，制度变迁往往偏离更加有效的演进方向，除非意识形态和政治目标在制度费用的压力下，出现有利于市场目标的变化。

周其仁（2004）结合对中国农村改革尤其是国家与土地所有权关系变化的研究，提出一个类似的假设：只有当社会与国家的对话、协商和交易中形成一种均势，才可能使国家租金最大化与保护有效产权创新之间达成一致。具体地，个别新兴有效产权有可能响应资源相对价格变动的诱导而自发产生，但却无法单独做到让国家来保护它，并且国家通常也不会自动这样做，因为其租金最大化与保护个别新兴产权常常不一致。打破这一僵局的惟一可能，是新兴产权超越个体水平的集体行动，它们同时提高国家守护旧产权形式的成本和保护产权创新的收益，直至重新建立国家获取租金的新的约束结构，使国家租金最大化与保护新产权之间达到一致。

换句话说，国家只有在制度维持费用远大于其收益的状况下，才会不顾忌既有权力结构和意识形态的连贯性，以及对原政策制定人权威甚至国家合法性的不利影响，被迫作出经济政策的改弦更张，进行适度的制度变革。从图 3－11 可见，在 1952 至 1982 年期间，国家控制农村的费用增长明显快于收益增长有两个高峰期。第一个是在 1957～1961 年间，由于大跃进造成农业大歉收和严重饥荒，导致随后国家不得不在农村经济政策上作出调整，尤其是承认了家庭副业的合法地位和确立以生产队为基础的体制。第二个发生在 1972～1981 年期间，由于农村长期贫困尤其是落后地区改变制度的迫切需求，与文革之后国家希望以政策上的让步换取农民政治支持的愿望基本一致，促成了包产到户和土地承包制的迅速推广。

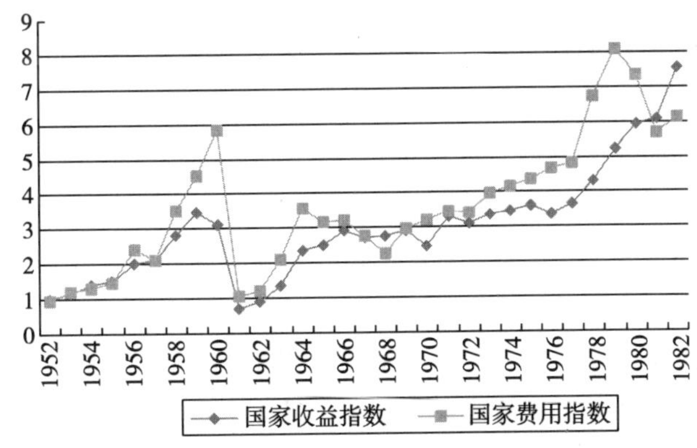

（图中纵轴数值取 1952 年为 1，曲线主要反映收益和费用各自的增长速度，而非绝对值的直接比较）

图 3－11　国家控制农村的收益和费用指数（1952～1982 年）

本图数据引自：周其仁（2004）

笔者基本认同周其仁的观点，但认为还需要有几点修正与补充：

第一，国家不会主动提供对个别新兴产权的保护，其原因的复杂性和多样性，绝非仅仅“其租金最大化与保护个别新兴产权常常不一致”这么简单。事实上，个别新兴产权由于数量小，对国家租金最大化的影响微乎其微，其真实的影响在于对旧产权形式的潜在冲击，可能导致未来租金收入的不确定性。其次，不能忽视国家行为中的意识形态因素；即如果新兴产权形式与国家意识形态相左，即使其可能带来租金增长，但国家从政权合法性与稳定角度考虑（这是长期租金收入的保证），极有可能做出经济上的牺牲，这在国家意识形态单一而僵化的情况下尤为如此；除非国家在经济上已难以为继，为接纳新兴产权而不得不在意识形态上作出让步。

第二，个别新兴产权并不会自动地上升为集体行动，尤其国家对新兴产权采取敌视态度或态度暧昧（往往导致产权的不稳定）的状况下，个体产权变迁的收益很难远远超过其相应的成本。因此，许多有效率的个别新兴产权常常在初期就遭到国家的扼杀，或在局部效应的驱使下产生新的寄生利益集团，扭曲了产权变迁的正确方向。因此，要使个别新兴产权能够顺利地上升为集体行动，国家应该采取足够的宽容态度，放弃“一刀切”的统治政策，允许和鼓励地方与民间的产权试验与创新，鼓励相互借鉴与学习，才能在比较的基础上迅速扩大最优产权的示范效应，最大限度地获取其他个体的认同与模仿；国家也才有更大的信心保护新兴产权（因为这已是实践所证明了的）。

第三，国家基于自己的垄断地位不会主动让权，而在已经有成功及成熟经验可资借鉴的条件下，如果再像西欧国家那样通过漫长的斗争逐渐争取平等权利，显然成本过于高昂而不明智。因此，理想的和平、快速过渡如果说是现实可行的话，关键是要找到国家与社会互利的基础即共同利益所在，并寻求建立制度化协商机制的契机。

3.3.4.2 对空间结构的影响：基于城市政体理论

由斯通（Stone）、罗根（Logan）和莫罗奇（Molotch）所创建“城市政体理论”（Urban Regime Theory），从政治经济学的角度，对城市发展的动力——市政府（所谓“政府的力量”）、工商业及金融集团（“市场的力量”）和社区（“社会的力量”）三者的关系，以及这些关系对城市空间的构筑和变化所起的影响，提出了一个理论框架。在西方国家，市政府一方面为了赢得选举，必须促进城市发展、提供就业机会、增加税收以便用税收收入改善城市面貌、提高公共服务的质量，以赢得市民的支持；另一方面由于市政府能支配的资源有限，为了做出政绩而不得不借助于私人集团的财力，通过作出让步和提供优惠条件等吸引投资。这样，掌握着权力的市政府就必须和控制着资源的企业集团结盟，出现在管治城市中的“权”和“钱”的同盟，或称为“政体”（regime）。这种结盟不是为了某一私人（如市长）的个人利益，而是为了代表统治者群体的共同利益，并同时受制于社会的约束。因为权钱的结盟若是以牺牲过多的社会利益作代价，或者城市发展带来的利益未能被市民所分享，则市民在选举时可以用更换掌握权力的人——改选市政府的办法来拆散现有的权钱同盟，而代之以新政府。新政府虽然会更多考虑市民的利益，但一旦掌握权力，就会发现向控制资源的集团让步是吸引投资的必须，于是新一轮的政体变迁就产生了。因此“政体理论”关注的中心，就是如何在“吸引投资促进经济”和

"让广大市民分享到经济发展的利益"之间找到平衡。由于"权"和"钱"的力量总是大于社会的力量，故其中的关键是加强社会的监督作用，培育社区参与决策的能力。城市空间的变化则是政体变迁的物质反映。

张庭伟（2001）认为，城市政体理论的模型框架也可以解释1990年代以来中国城市空间结构的变化。具体而言，由于中央政府权力下放，市政府的独立决策能力上升，成为城市发展问题上决策的主因力，并大多采用促进经济增长的战略。为了经济增长就需要吸引国际、国内的投资。而土地是市政府能控制的最大资源，因此从土地中汲取收入，借规模效应提高效率，成为市政府在城市发展问题上的基本思路。市政府通过利用土地级差地价来重新配置用地，推动了中心城内部空间结构的重组；通过改善市政基础设施带动新区开发，以吸引投资、收取土地费，从而引发了城市向外扩展。又根据因收入、族裔不同造成更多同质性组团的理论，在城市空间重组和扩展时，高收入者及为其服务的设施向市中心聚集，使CBD的功能齐全、质量提高。与此同时，低收入者迁向城市内圈的边缘，外来人员则集居在城郊结合部，形成特定的"移民区"。由于低收入者和外来人员影响力有限，故城市边缘区的城市面貌和质量不如城市中心区。但由于这部分人的存在和社会舆论对他们的关注，也约束了完全忽视他们利益的偏向，在近郊地区发展起有相当质量的廉租住宅，在城郊结合部则出现少量供流动人口居住的公寓。价格较低的新居住区，以及外迁的工业区和原有的郊区工业区构成了大多数城市外扩的部分。

笔者认为，中国城市的发展决策更接近于政府力一手主导的覆盖模型，但城市发展的实际最终结果则更接近于三种力量博弈的合力模型（图3－12）。而在三种力之中，社会力还显得异常薄弱，并非一种直接的推动力，主要采取不合作或"用脚投票"的方式来表达意愿，通过影响市场力而间接形成对政府力的制约；也就是说，市场力本身体现了社会力一定的作用，即开发商必须顺应社会公众的消费需求才能获取最大利润。当政府力与市场力基本一致时，城市的发展往往能够取得预期的成功；当二者的目标迥异时，则很容易导致失败并造成城市空间结构的扭曲与社会经济资源的极大浪费。

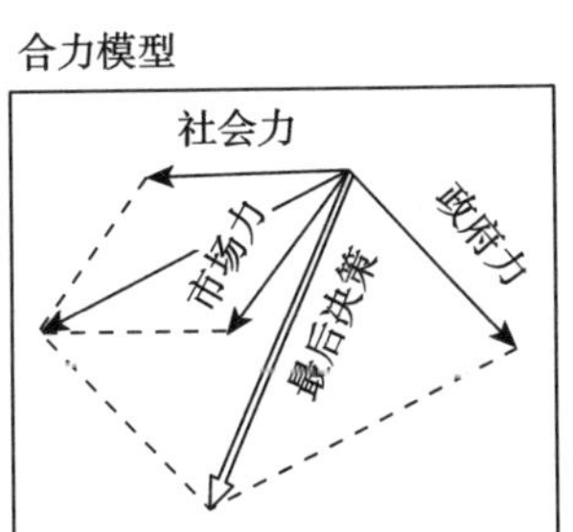

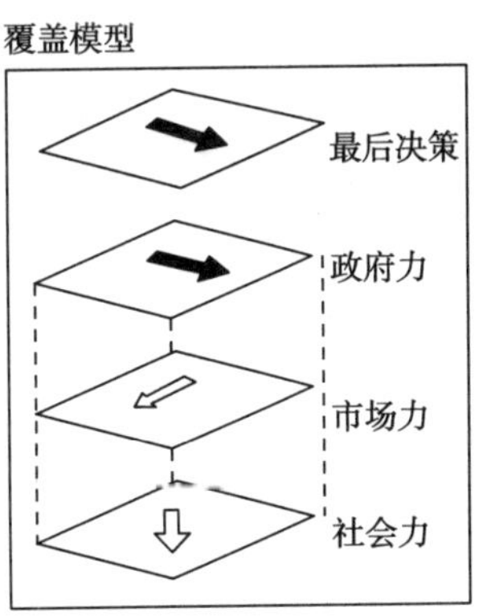

图3－12　政府力—市场力—社会力相互作用模型

资料来源：张庭伟（2001）

4

土地产权制度缺陷与城市空间演变

4.1 土地产权制度缺陷

按照本书的界定，所谓土地产权是指存在于土地中的一系列排他性权利束，实现土地财产权利离不开产权的界定、保护、流转和限制。土地产权制度包括土地所有权以及土地的使用、收益与处分等权利，其中所有权具有特殊的地位，所有权既可以是一种名义所有权，也可以是一种实质所有权，后者相当于使用、收益和处分权利的总和。土地产权制度是土地制度的核心，是体现土地财产权利及其真实价值的制度安排。

4.1.1 有效的土地产权制度

4.1.1.1 何谓有效的土地产权制度

一个有效的土地产权制度，是实现理想城市空间结构的重要制度性保障。但有效的土地产权制度究竟有何特征?

根据新制度经济学的解释，产权是一种排他性权利，必须加以界定和安排，使之明晰化。如果产权不明晰即产权模糊，就会造成财产纷争，不能有效行使这种排他性权利，财产便不能有效地被利用，导致资源配置效率低下。因此，产权的界定和明晰化是十分重要的。“科斯定理”就旨在说明产权安排与资源配置效率的相关性，强调明晰产权的重要性。在私有制条件下，私有产权的所有权主体和经营权主体都具有追求自身利益最大化的“经济人”人格。二者通过不断地讨价还价的谈判、签约和监督履行，只要不存在明显的信息障碍，最终大致能在不损害对方权益的基础上实现各自的权益，达到产权明晰。而在公有制条件下，由于不同投资来源形成的资产产权不明，加上公有资产的所有权主体虚置，即作为资产所有者的全民或集体不具有行使所有者权能的行为能力，而其代表或代理人既不独立享有公有资产收益，又不对公有资产真正承担风险，因而它们并不具备追求公有资产收益和增值最大化的“经济人”人格（却具有追求私利最大化的“经济人”人格，而这种私利往往是以侵蚀公有资产来实现），这种双重经济人格（再加上信息）的不对称性，不可能形成有效的制衡机制，必然导致经营者机会主义行为的泛滥，侵蚀和损害公有资产权益，无法做到产权明晰。

此外，产权由于必须得到国家权力的保护才能有效实施，因此产权形式其实是一个国家或地区在政治条件约束下利益主体各方追求权益分配最大化的博弈结果。在政府具有垄断性的经济和行政资源的体制下，产权安排具有利益分配单向最大化的倾向，这不仅不符合社会的整体利益，而且由于抑制其他各方的积极性从而降低资源利用效率与社会整体福利增长，最终也会影响政府利益的持续性与稳定性。因此，有效的产权形式必须是在破除政府垄断的前提下，利益主体之间自由竞争、平等交易的基础上产生。

因此，一个有效的产权制度必须符合明晰、分立和稳定等条件。其中，产权分立可以促进市场自由竞争，是产权有效的经济保障；产权稳定有助于产生理性而长期的心理预期，是产权有效的政治保障；产权明晰则有利于外部性的内在化从而形成良性行为激励，是产权有效的基础。而要兼顾产权的明晰、分立与稳定，迄今最理想的形式就是形成宪政保护下的私有产权制度。围绕产权公有与私有利弊的争执，最终体现于对效率和平等的价值判断。

具体而言，私有产权更有利于提高效率，并促进达致长远、可持续的平等。但由于市场的不完善，追求效率过程中产生的负外部性（尤其对平等的侵害）难以通过市场机制有效地解决或内部化，而必须通过政府或社会加以纠正。这是发达国家普遍以私有制为基础，但又对私有产权进行适当限制并在一定程度保留公有产权的主要原因。这于其土地产权制度也有相当一致的体现，因此尽管由于土地市场的特殊性而对土地产权公私利弊颇有争议，但除少数特殊情况例外，发达国家一般私有土地的比例还是大于公有土地，并且多属于更需高效利用、市场价值也更高的土地，即使对部分土地利用具有公共物品性的城市土地亦然。

欧洲大陆法中的土地所有权理论将土地所有权划分为两类：土地私人所有制（不分离的所有制）和土地国家所有制（分离的所有制）。在土地私有制下，自然人或法人是土地的所有者。作为土地的所有者可以是所有的个体，无论是个人家庭，还是股份公司，都享有相同的权利，在相同的法律规定和市场条件下处理他们的所有权客体。国家作为法人也是以一个私人所有者的身份出现。在土地私有制下，土地属于大量的相互独立的个体所有。与私有制相反，国家土地所有制是分离所有制，国家是一个国家所有土地的上所有者。它与不分离的土地所有制的根本的区别是，在国家土地所有制下，土地所有权是不可以买卖的。因为没有私人土地所有权的存在，所以土地所有权不可能向任何人出卖。上所有者可以转让土地使用权，接受土地使用权的人就成为土地的下所有者（占有者）。

就世界各国的实际情况来看，除了少数社会主义国家从消灭私有制的目的出发，实行了土地公有或国有化，绝大多数国家采取的是土地私有制。只是这种私有制并非完全个人所有和不受任何限制的绝对私有制，而是一方面采取土地公有与私有并行的形式，但国家或者各级政府作为法人也是以一个私人所有者的身份出现，政府、团体、个人所有的土地在法律上的地位是平等的。另一方面，出于公共利益或其他政治需要，国家或政府对个人与团体的土地私有产权有所限制，比如可以实施警察权、征收权、区划权等；在税收调节上也吸收了土地公有论的一些思想，对土地自然增值的收益征以较高的课税。

4.1.1.2　建国后土地产权制度的变迁

（1）农村土地产权制度的变迁

自中华人民共和国建立以来，我国农村土地产权制度已经历了四次大的变革（孙翠兰，古辉洪，2002）。

第一次变革是将地主的土地私有制变为农民的土地所有制，从而实现了农村土地的农民私有经营。这次所谓的“土改”仅用了三年时间就基本完成，使3亿多无地少地的农民分得了4600多万公顷土地，从而废除了几千年来在我国农村普遍存在的封建土地所有制。

第二次变革是通过迅速的农业合作化，即由互助组到初级形式的半社会主义的农业合作社，再到完全的社会主义农业生产合作社，很快又在1958年开始搞“政社合一”的人民公社运动。以公社作为基本生产和分配单位，无偿平调各生产队的劳动力、生产资料、资金及其他物资，全部自留地和社员家庭副业转归公社所有；办集体食堂，实行吃饭不要钱的伙食供给制，等等。其实质是对农民土地所有权、占有权、使用权和收益权的一种剥夺。

第三次变革是改革开放初期的家庭联产承包责任制。但直到1986年《民法通则》中才确认了农民的土地承包经营权，1993年，中央为稳定土地承包关系又提出：“在原来的耕地承包期到期之后，再延长三十年。”（这被称作我国农村的第二轮土地承包）。2003年的《农村土地承包法》对土地承包经营权按照《民法通则》的规定，给予了充分的财产权利的保护，实现了土地承包经营权从合同权向物权的转化。

第四次变革是目前正在进行中的土地承包权流转的试验。各地的方式各异，包括农地使用权入股、荒地使用权拍卖、规模经营等，主要是对家庭联产承包责任制中土地平均分配和对土地流动权诸多限制，造成对农业产出率提高形成规模与技术瓶颈的进一步发展。但这种变革在“大稳定、小调整”的政策原则下，有多大的创新空间还有待时间和实践的检验。

（2）城市土地产权制度的变迁

新中国成立以来，我国城市土地制度经历了从私有逐步转为国有，并禁止一切土地交易，又在两权分离和国家保留所有权的原则下，重新界定使用权和逐步强化使用权交易市场化的过程；由于两权分离实际上是国家将土地所有权的一部分有条件地赋予土地使用者，因此后面这一过程其实也是部分恢复并逐步加大土地产权私有化程度的过程（表4－1）。

中国城市土地制度历史演变一览表 **表4－1**

时间	主要措施	基本特征
1949年以前	实行土地私有制	土地的所有权和使用权在相当程度上是分离的。由于土地市场发育不健康，投机盛行、巧取豪夺时有发生，导致地产集中，引发一系列社会矛盾
1949年以后	先是没收外国人、国民党政府所拥有的土地，并征用城郊土地	形成国有与私有土地并存的局面
1956年以后	开始对城市中的私营工商业进行社会主义改造	至1958年城市中的绝大部分土地已归国家所有
大跃进与“文革”期间	个体劳动者和少数城市居民拥有的房产权及地基权也受到冲击	房地产主们自愿或被迫放弃房租，甚至将房地产转让给政府的房管部门代管，尽管无明文规定这种转让的性质，实际都自动成为国有资产
1950年代中期以后我国对城市土地实行的是无偿、无限期使用和使用权不准转让的行政划拨制，城市土地国家所有徒有虚名，其所有权在经济上不能实现。由于用地者支付的征地补偿费通过财政拨款实现，不仅对用地单位构不成经济约束，使本来就匮乏的土地资源浪费严重，而且还日益构成国家财政的沉重负担。改革开放以后，由于外资的逐渐进入，从向涉外企业征收场地使用费，逐步向国内企业征收土地使用费，打破了传统土地无偿使用制度，并开始国有土地出让与转让的尝试		

续表

时间	主要措施	基本特征
1982 年	《宪法》确认城市土地的国有制	由于只对城市土地的所有权作出了笼统的规定，对与所有权有关的财产权却未予说明，不能适应当时经济体制改革尤其是土地使用制度改革的需要
1987 年	深圳首先对国有土地使用权实行“两权分离”的出让制度	9 月 9 日以协议方式出让第一块土地，揭开了城市国有土地有偿出让的序幕。9 月 29 日以招标方式，12 月 1 日又进行了公开拍卖方式的试验
1988 年	相关法律修正	删除《宪法》中土地不得出租的规定，增加“土地的使用权可以依照法律规定转让”；《土地管理法》据此规定“国有土地和集体土地所有的土地使用权可以依法转让”
1990 年 5 月	国务院颁布《城镇国有土地使用权出让和转让暂行条例》	规定“国家按照所有权与使用权分离的原则，实行城镇国有土地使用权出让、转让制度，但地下资源、埋藏物和市政公用设施除外”
1994 年 7 月	《城市房地产管理法》出台	对出让和划拨土地使用权的含义、适用范围以及责权利进一步明晰化，规范土地使用权出让、划拨、抵押和出租行为，为建立制度化、规范化的城市土地市场奠定了重要基础

4.1.1.3 我国土地产权公有对城市发展的影响

对于处在从计划经济向市场经济过渡阶段的中国，在大多数经济要素通过私有化和产权明晰化纳入市场化轨道的背景下，作为最基础的生产和生活资料的土地，却依然保留完全的公有产权以及国家对土地市场的严格限制和某种形式的垄断。由于在公有制条件下，土地产权并未得到清晰地界定，因此，无论是城市居民还是农村居民，无论是在立法还是在司法过程中，与土地相关的权利，不仅未能得到应有的尊重与切实有效地保护，反而极易遭到国家行政权力的侵犯，并且这些被侵犯的权利许多并未转化为公共利益，而是被少数特权阶层所掠夺。这是近年来在农村征地和城市拆迁中出现大量社会不公现象，并且是社会两极分化有所加剧的根源所在，与产权公有旨在维护平等的初衷背道而驰。

也有一种观点认为土地公有节约了城市开发建设成本从而加速了我国的城市化，似乎公有产权比私有产权更有利于促进提高效率，这种观点其实是似是而非的：首先，这种效率是建立在损害平等与公正的基础上，并最终会反过来影响效率的进一步发挥。其次，在地方财政增收与政绩最大化的动力下，和必须退出一般经济领域的压力下，政府有更大的激励在城市建设领域实现自己的目的，因此就会有意无意地利用圈地来获取土地收益，并通过扭曲土地的供给价格，造成房地产市场的虚假繁荣；但在同时不可避免会产生泡沫经济的诸多负面影响，从而降低社会的整体效率，危害经济的协调可持续发展。第三，在土地产权公有条件下，由于产权界定不明晰，政府拥有实际的资源控制权，一方面为达到某些政治目的，会以牺牲经济效率为代价；另一方面为追求个人或部门私利，会通过寻租等手段导致租值消散。最后，在土地产权私有条件下，尽管可能增加一定的开发建设成本，但一方面由于形成市场化的价格机制，会促进社会资源的优化与高效配置，也包括通过更有效率地利用土地来增加城市开发建设的收益，从而提高社会的总体经济绩效；另一方面由于破除了政府的垄断经营，会通过降低政府集中决策的风险和资源浪费，达到提高效率的目的。

因此，当前中国土地产权公有导致土地产权不明晰，对城市发展的影响可以简单概括为——效率与平等的双重损失。当然，没有任何一种制度是十全十美的，判断的标准是对其利弊的权衡。从某种意义上讲，土地公有与私有对城市发展的影响，就如同集权制与议会制对社会发展的影响。前者更容易做成事情，但也更容易做错事情，而且在缺乏有效产权保护与权力制约的条件下，由于盲目决策和重复建设等所造成的浪费和效率损失往往更大。即使城市土地由于具有公共物品性、外部性和社会性，西方国家对其施加了更多的产权限制，但所有试图从整体改变土地产权性质的努力都告失败，因为在市场机制的基础上适当辅以政府的调控，才是兼顾效率与平等的根本保障。

正如上一章所言，保留土地产权公有其实是我国渐进式改革的一种残留物。从新制度经济学的角度看，巴泽尔将科斯的“交易费用”定义成“为获取、保护和转让产权而支付的费用”，从而将交易费用与产权更为直接地联系起来，张五常则将交易费用概念扩大为“制度费用”，并将其一分为二：维持经济制度的费用和改变经济制度的费用，认为改变费用（包括信息费用和既得利益的反对）低于维持费用，是制度变迁的基本条件（周其仁，2004）。从这个意义上讲，渐进式改革其实是一种通过节约制度费用产生部分收益，从而改变制度变迁的成本—收益比的改革方式。但如果渐进式改革在节约改变费用的同时也节约了维持费用，或者节约的信息费用不足以抵消既得利益的增长，则很容易导致路径依赖，最终形成恶性而非良性的渐进式改革。这对保留和维护土地产权公有的中国土地市场的渐进式改革，不无警示意义。因为如果完全拒斥私有化这种根本性变革，没有土地私有制作基础，就难以真正导致产权的明晰化和形成有效的产权制度；而任何在产权不明晰环境下旨在提高土地交易市场化的努力，都可能为特权及其既得利益提供新的寻租机会，从而事倍功半甚至造成市场的扭曲，无法达到预期的目的。

4.1.2 当前土地产权制度的主要缺陷

4.1.2.1 农村土地产权制度的主要缺陷

（1）产权不明晰及流转不畅

这主要是指由于农村集体土地产权主体的不明确，即乡镇、村和村民小组到底哪一级集体是最终的产权主体，法律并没有清晰明确的规定，导致产权主体的权能和土地收益分配都不明确，存在行政权对所有权的排斥和侵蚀现象。事实上，由于农地产权长期不清，甚至连农民自己对土地所有权的认知也大相径庭，许多调研发现认为农地属于承包户和国家的比例超过50%，这从一个侧面反映了农地实际产权权利分配的现实（蒋文华，2004）。这一方面导致农民集体和个人在城市政府面前以及农民个人在集体面前始终处于被动、弱势的地位，这是农民在征地过程中权益得不到有效保障的根源之一；另一方面产权不明晰也是导致农村土地流转不畅的重要因素，因为谁来组织流动，在什么样的情况下流动，以及当事人的收益如何保障均缺乏依据。

而在我国长期的承包“均等”分配模式下，由于耕地划分愈加细碎且时常调整不稳定，因而难以实施规模经营甚至正常的翻耕和灌排水，无序、封闭和不稳定导致的土地流转不畅，又造成想多种田的人无田种、不想种田或无种田能力的人被逼着种。土地不能向种田能手有效地集中，大大降低了农业的整体绩效和土地的投入产出效益；也不利于劳动力向二、三产业转移。在前几年农业税费负担过重的情况下，甚至出现自农村实行家庭承包经营以来最严重的耕地抛荒现象。据调查测算，仅湖南一省耕地抛荒量即超过200万亩，占该省耕地总量的4.4%（刘顺国，周杰韩，2003），相当于全国一年的城镇建设占用耕地量。

（2）征地制度不完善

在宪政法治的社会，土地征用与财产权保护并不矛盾，只要政府的征用符合以下几个要求：公共利益的目的、公平合理的补偿、正当合法的程序。强调以公共利益为目的，是为了避免政府行为的任意性。强调公平合理的补偿，是因为相对于普通财富而言，物是难以衡量和不可完全替代的具有人格意义的财产，政府必须要尽量避免征用。强调正当合法的程序，关键是指在政府干预公民财产之前，要给他听证的机会。一方面，听证有助于正确发现事实，即由独立法庭主持的听证，可以保证财产不会被随意地、忽发奇想地或基于歧视性和无关的理由而被征用；另一方面，听证的权利发挥了重要的尊严性和参与性功能，可以增强公民的安全感和对政府的信任感。

但目前我国的土地征用制度，显然都无法满足上述三个要求。一是征地范围过宽：越来越多的征地不再出于公益目的，而是为了房地产开发甚至仅仅为了“圈地”。二是征地补偿费用过低：首先，征用本身带有强制性，征地费不可能反映市场供求关系；其次，征地费过低是传统以农养工战略的组成部分，这是一个以土地替代资本的过程；再次，本来偏低的补偿费还有相当部分留存村级，也存在分配混乱甚至拖欠等问题。这从本质上是由农民、村干部、城市政府之间谈判地位即讨价还价能力的悬殊所造成的。三是缺乏正当程序保护：政府在决定土地规划时，缺乏公开的听证程序；在确定征用补偿时，缺乏中立的评估机构；在发生纠纷时，则缺乏独立的司法机关干预；结果，“强征强用”、“多征少用”、“早征晚用”、“征而不用”等现象层出不穷，土地征用不能由行政问题转为法律问题，就会由行政问题演变为社会问题，甚至于政治问题。这些问题的实质是公权侵犯私权，行政权侵犯财产权。

4.1.2.2 城市土地产权制度的主要缺陷

（1）所有权主体缺位

城市土地国家所有，作为产权所有者的“国家”主体虚置，即国有土地缺乏人格化的产权代表，一方面引起中央与地方政府以及政府各管理部门之间的利益博弈，大大增加了城市土地资源配置的管理成本或组织成本；另一方面城市土地“国有制”实际上演变为一种以审批权限为基础的地方官员“任期所有制”，为作为国家代理人的各级政府的违规行为大开方便之门，各级政府为解决拮据的财政经费问题和为追求招商引资的政绩往往大量低价出让土地，造成土地供应规模、用地结构失调。

（2）产权结构分离，权责不统一

国家拥有名义上的土地所有权，但只有相对较弱的处置权；通过行政划拨获得土地的用地者，有使用权和一定的收益权，但没有转让权；通过有偿出让获得土地的用地者，尽管有使用权、收益权和转让权，但无最终所有权而受使用期限的限制。这种产权分离的结果就是权责不统一，有收益权无所有权的人就会拼命追求收益而不顾及资源的损耗，有所有权无收益权的人就不会认真寻求提高收益的方法，从而导致土地资源过度利用与浪费并存，总体效率低下。

(3) 产权关系混乱，内容残缺

一方面土地使用“双轨制”造成产权初始配置不一，由于土地使用权利的不平等，即资格条件完全相同的土地使用者，若以划拨方式取得土地使用权的，无需向国家支付土地使用权出让金，且使用权是永久的；而以有偿出让方式取得土地使用权的，使用期则有从40年到70年不等的年限限制。不明晰的土地产权以房地产转让的方式合法流转，混乱了土地市场的产权关系，而土地资产增值的特性进一步加剧了这种混乱，因为很难确定自然增值与投资增值的界线。这实际上是从制度上创造了土地市场的“寻租”空间，违法批地、钱权交易、幕后操作等腐败现象盛行，也造成土地供应总量失控，土地资源极大浪费。另一方面目前城市土地的使用权，并没有明确其上下空间的范围，对依附于土地上产生的许多权利也没有相应设置和界定，影响城市土地的高效利用和土地市场的健康发展。

(4) 土地使用权出让年限的弊端

我国城市土地40~70年的使用期限，也容易导致包括短期行为在内一系列弊端的产生，主要包括：①抑制了投资者受让土地使用权以及投资于房地产和土地质量改善方面的积极性。一方面越是快到期的土地，越是加速利用，但不予投入，有可能导致建筑土地的供给和房屋供给过少，而建筑地段需求和房屋需求过旺，使建筑地段和房屋价格居高不下；另一方面使得民间缺乏足够动力营造可以流芳百世的经典建筑，导致城市的民用建筑景观平淡无奇。②住房土地的使用期为70年，按照终止期地上和附着财产要收回国有的规定，这种制度安排为以后剥夺私人财产，将消费资料和投资资料实行公有制改造埋下了制度性的伏笔（周天勇，2003）。③建筑物作为房产的物质实体与其他商品一样在使用过程中会不断的磨损、减值，即使不使用的建筑物，由于风雨侵蚀、功能不足等原因，价值也会降低。比如，钢筋混凝土结构的非生产用房耐用年限为60年，残值率为零。所以，通常所说的房地产的增值，其实是指土地的增值。因此，土地使有权的年限对房地产价格具有重大影响，而且很可能在交易过程中对房地产市场造成一定的混乱。

4.2 农村土地产权制度缺陷的空间结构效应

4.2.1 “圈地”型城市蔓延：结构松散

欧美国家二战以后出现的城市郊区化和城市蔓延现象，与中国20世纪末所出现的城市超速扩张现象，在形成机制上有本质的区别：前者是在经济长期繁荣以及世界汽车革命的背景下，自发市场力作用的结果；而后者则是在转型时期土地产权不明晰、土地使用制度改革以及各级政府以经济发展为首要任务的环境下，主要由政府力推动的结果。因此在表现特征上也有明显的差异：前者是人口和就业同时向郊区扩散，即使“蔓延”也是一种低密度的扩散，常常伴随着中心区的衰退，意即已经出现聚集不经济，并且以高档居住为导向的城市扩张主要发生在环境优良的森林草场，较少占用农田；而后者则主要是城市用地的盲目扩张，是在中心区继续繁荣、集聚效应仍处于上升时期，一种伴随大量土地闲置的“圈地运动”，并且圈占的对象主要是城郊的良田，以便于大规模地集中征地，以进行自上而下的行政主导的工业开发。正因如此，欧美国家控制城市蔓延的主要动力是保护生态环境，而中国则是保护耕地与粮食安全。尽管在城市蔓延的特征和机制上存在较大差异，但欧美国家对城市蔓延进行控制的理念与措施，仍值得我们借鉴参考。尤其是随着社会经济的发展，我国一些发达地区与城市已开始跨入小汽车时代，很有可能出现与西方类似的交通导向的城市蔓延。

4.2.1.1 空间特征

（1）欧美

欧美国家在20世纪下半叶出现了城市化地区过度蔓延的现象，被称为“城市蔓延”（Urban Sprawl），以区别于正常意义上的“郊区化”（Suburbanization）。与后者并不涉及土地开发的形态，主要是“中心城市以外地区人口的增长”不同，城市蔓延是“郊区化的特别形式”，是“以极低的人口密度向现有城市化地区的边缘扩展”（Downs，1994）。其特点是“低劣的用地规划，消耗土地多，依赖于小汽车交通，建筑设计不顾周围环境”，主要表现形式有两种：一是沿着主干道或高速公路转换口的商业开发区，往往以大型连锁店为主体；二是在现有建成区边缘地带，或孤单地插建在农田草场中的低密度居住开发区，往往以独立式住宅为主体（Moe，1995）。也有学者将其归结成三个特点：一是插入式、跳跃式地在农田草场中的发展；二是沿主干道、高速公路建立的商业开发区；三是低密度、单一使用性质的大型开发项目（Ewing，1997；见：张庭伟，1999）。但无论如何，欧美的城市蔓延仍属于郊区化的范畴，尽管“特殊”或有“过度”之嫌，但多有伴随中心区的衰退，人口、就业岗位从中心区向郊区转移的基本特征（图4－1）。

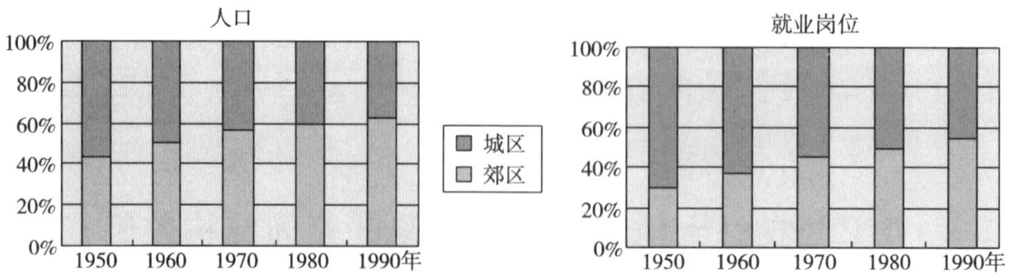

图4－1　美国城郊人口与就业岗位变化（1950～1990年）

资料来源：整理自顾朝林等（2000）

（2）中国

而中国的城市蔓延主要表现为城市用地规模盲目膨胀，各方向的建设强度均显不足，基础设施配套滞后，城市功能区组织不合理，城市各组团间彼此独立，并没能实现经济有效的功能互补，不仅组团本身功能不完善，而且相互间的联系也很薄弱，导致城市功能结构松散以及整体效益低下。Deng & Huang（2004）将其总结描述为：大量土地闲置并多进行与规定不符的房地产建设的开发区，与城市基础设施与服务匮乏，主要面向流动人口的低密度、低档次建设的半城市化村庄，在城市边缘地带两者并存的局面。

综合地看，我国城市蔓延主要有以下几大特征：

一是中心区繁荣与郊区化扩张现象并存。

二是城市扩张以占用郊区农田为主，并且可分为两种类型：一种是以四向蔓延或者先多向轴线延伸然后填充式蔓延；另一种是以开发区、大学城等名义的大规模圈地。

三是随着城市的快速扩张，大量村庄被纳入城市却得不到及时地“消化”，以“城中村”的方式成为城市中的异质空间，对城市的社会、经济、环境造成诸多问题。

我国人多地少的基本国情决定了在经济建设中必须注重对土地资源的保护和有效利用，必须处理好经济发展与资源环境的协调，走可持续协调发展之路。而事实上近年来我国城市是只重扩大规模、粗放经营的外延式发展，以大量牺牲耕地为代价来换取经济的高速增长。据有关专家研究，在1980年代我国城市人均用地60多平方米的情况下，城市用地增长弹性系数（城市用地增长率与城市人口增长率之比）为1.12较适宜，进入1990年代以来当人均用地已超过100m^{2}时，该系数应适当减小。但据统计，1986～1996年中国城市非农业人口只增加59.7%，城市建设用地却增加了106.8%，城市用地增长弹性系数为1.56，城市用地增长明显高于人口增长。而31个特大城市用地增长弹性系数达2.29，也是典型的粗放式增长（濮励杰，彭补拙，2002）。据杨保军、靳东晓（2008）的测算，1994～2004年全国的弹性系数为2.22，用地增长速度大大高于人口增长速度，其中江苏、浙江、福建的弹性系数甚至超过3。由以下两表对比可见，我国除特大城市之外，大中小城市的人均城市建设用地年增长率均远高于美国。

美国部分城市用地增长情况　　**表4－2**

城市	年份	城市人口增长	城市化地区增长	人均用地年增长
纽约	1960～1985	8%	65%	1.71%
芝加哥	1970～1990	4%	45%	1.68%
克利夫兰	1970～1990	－11%	33%	2.03%

资料来源：整理自张庭伟（1999）。

我国城市人均城市建设用地增长统计　　**表4－3**

		特大城市	大城市	中等城市	小城市	合计
人均城市建设用地（m^2/人）	1981	68.86	62.21	76.48	102.51	74.10
	1991	65.32	85.45	99.62	126.76	87.08
	1995	74.64	87.97	107.94	142.67	101.20

续表

	特大城市	大城市	中等城市	小城市	合计
1981～1995 年均增长率（%）	0.58	2.51	2.49	2.39	2.25

资料来源：《城市建设统计年报》，见：李德华（2001）。

尽管有关保护耕地的政策措施接连不断，“闸门”越收越紧，但是圈地现象却似乎愈演愈烈、圈地名目越来越多、圈地手段也越来越精，采取“世界上最严格耕地保护政策”的国家成为世界上农地最易被“征用”的国家（杨保军，靳东晓，2008）。

据统计，1991～1996 年全国设立各级、各类开发区 4210 个，开发区闲置土地 406.7km^2；而至 2003 年底，我国各类开发区达 6015 个，规划面积 3.54 万 km^2（相当于 5300 多万亩），超过现有城镇建成区的总和，其中相当数量是耕地，而且有的是高产农田。由于开发区的虚热，大量被圈占的耕地并没有真正开发。相当多的耕地长期闲置、撂荒，表层土壤和配套的农业生产设施遭到破坏，对耕地资源造成无法挽回的损失。另外许多地方违法授予园区土地供应审批权，园区用地未批先用、非法占用、违法交易的现象十分严重。据 10 个省（市）的统计，在 458.1 万亩园区实际用地中，未经依法批准的用地就达到 314.6 万亩，占 68.7%。据对 22 个省（区、市）的不完全统计，截至 2003 年初，在建和拟建的大学城有 46 个，占地面积超过 40 万亩。初步统计，目前全国已建、在建和拟建的高尔夫球场多达 306 个，遍及 26 个省（区、市），占地面积 48.8 万亩，其中也占用了不少耕地。有的甚至以建大学城和高尔夫球场为名，大搞房地产开发。

（3）以汕头市为例

汕头市区的城市建设用地总量，1991 年为 3112hm^2，人均 43.2m^2（含暂住人口）。2000 年的建成用地为 8293hm^2，比 1991 年增加 5181hm^2，平均每年增加 575.7hm^2，年均增速为 11.6%；人均 75.4hm^2，比 1991 年增加 32.2m^2，提高了 74.5%，平均每年增加 3.6m^2，年均增速为 6.4%。同期汕头市的人口由 72 万人增加到 110 万人，年均增长率为 4.8%，城市用地增长弹性系数高达 2.42。

汕头市地域范围狭小并且人地矛盾异常突出，因此不可能在市区范围内圈占农田大搞开发区。从图 4－2 可见，汕头市区 1991～2000 年间城市建设用地扩张以四向蔓延为主，其中在北岸主城区以轴间填充式蔓延为主，南岸新区则以开发区扩张为主。1991 年在北岸东基本以龙湖沟为界，并沿珠池路向东呈指状分布；北沿梅溪河两岸和大港河东岸呈指状展开；南岸在广澳、礐石、东湖等地呈组团式布局。至 2000 年城市建设用地发展，北岸建设用地发展呈现出一种无缝隙连续扩张的方式，在指状空间中进行填充式蔓延。其中向东拓展至泰山路西侧，这是扩张趋势最为明显的区域，其新增用地以居住用地为主，向北仍沿梅溪河、西港河呈指状拓展，其用地比较混杂，多以居住、工业为主，向西沿大学路沿线呈线型发展，重点以工业用地为主。南岸用地则以分散组团式布局方式为主，广澳组团由于深水港、保税区的建设，东湖组团由于房地产开发热的影响，扩张趋势显著。而伴随城市快速扩张与蔓延的，是大规模的征地和土地闲置。据城市规划部门统计，截止到2000年，汕头市区仅已征未建用地的面积就高达33.46km²，相当于城市建成区的40%左右；如果加上13.01km²的未利用地，空置用地存量总计为46.47km²。

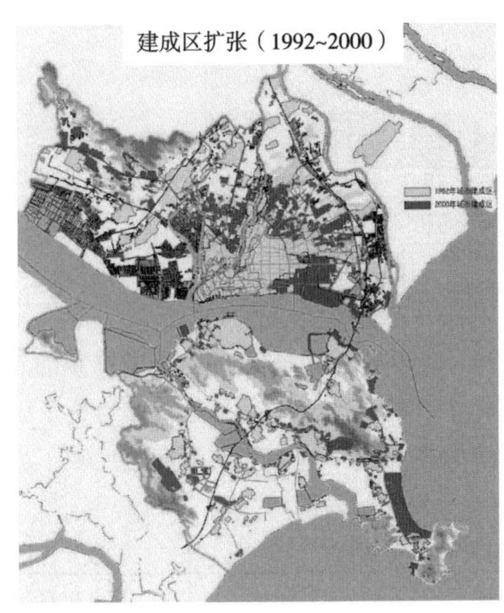

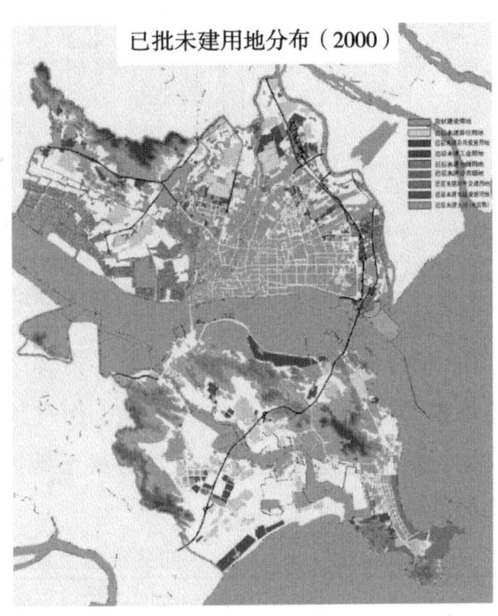

图4－2 汕头市建成区扩张及已批未建用地分布比较

汕头市区的空置用地北岸与南岸基本各半，而在各区的分布不均，概括起来，各区闲置用地情况如表4－4所示。

汕头市区城市建设用地闲置一览表（2000年） **表4－4**

地区		已征未建用地（km²）	未利用地（km²）	空置用地存量（km²）	在空置地总量中的比例（%）
市区		33.46	13.01	46.47	100
北岸		19.67	4.34	24.01	51.7
其中	升平区	4.97	0.05	5.02	10.8
	金园区	3.65	0.08	5.43	11.7
	龙湖区	11.05	4.21	15.26	32.8
南岸		13.79	8.67	22.46	48.3
其中	达濠区	10.15	7.66	17.81	38.3
	河浦区	3.64	1.01	4.65	10.0

从上表可以看出，大量空置用地集中在龙湖区和达濠区，两个区的面积合计达到33.07km²，在整个市区空置地存量中所占比例为71.2%。已征未建土地也集中于这两个区，合计所占比例为63.4%。而汕头市1992～2000年统征土地近50km²中，龙湖区和达濠区合计所占比例也高达59.6%（图4－3）。两个数字基本相当，后者略低不到4个百分点，属于开发建设滞后于征地的正常区间。

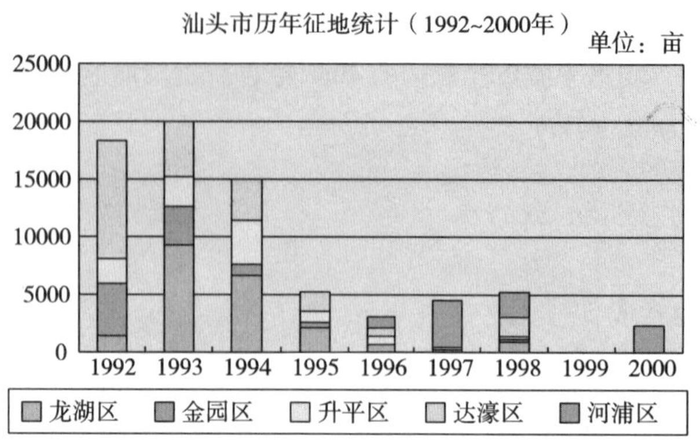

图4－3　汕头市分区历年征地统计（1992～2000年）

由以下两个图表可以看出，汕头市各区1992～2000年间的征地规模与2000年的土地闲置规模与比例有着较大的相关性，而且越在城市外围的新区（比如龙湖区与达濠区），闲置比例甚至超过征地比例，表明其土地闲置情况越严重，这在很大程度上反映了城市扩张的圈地性和粗放性。

汕头市区土地征用与闲置情况对比　　　　**表4－5**

	征地面积（hm^2）	征地比例（%）	闲置面积（hm^2）	闲置比例（%）
龙湖区	1419	28.8	1105	33.0
升平区	691	14.0	497	14.9
金园区	661	13.4	365	10.9
河浦区	636	12.9	364	10.9
达濠区	1519	30.8	1015	30.3
合计	4926	100.0	3346	100.0

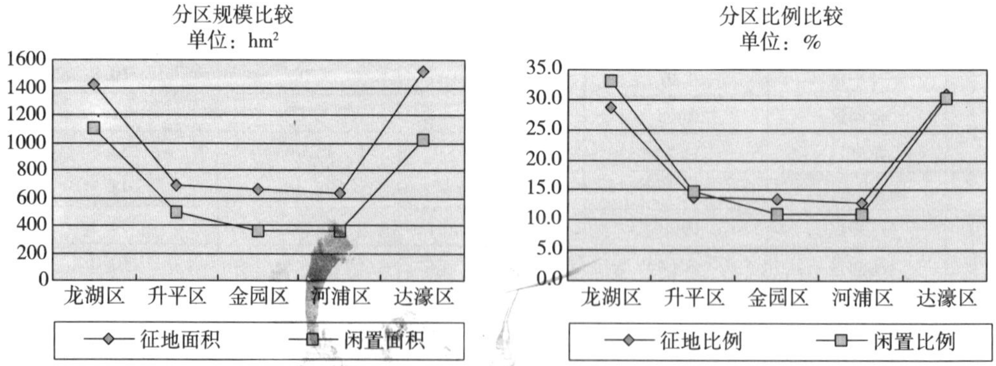

图4－4　汕头市区土地征用与闲置分区比较

圈地所造成的土地大量闲置，产生了诸多不良影响。一是土地低效利用和资源的直接浪费；二是由于很多闲置土地处于被众多分散市场主体在经济困难情况下被动持有的尴尬境地，政府和土地持有者均难以顺应城市发展实施必要的土地盘整措施，许多良好的规划意图无法得到贯彻落实，影响了城市空间结构的优化和城市功能的整合提升；三是不利于空置房消化和房地产市场的复苏。据统计，在市区商品房空置最为严重的1999年，空置量为276.43万m^2，现房空置率高达68.3%，远远超出国际通行的10%或者国内14%的空置危险标准，而按当时的在建规模和房地产开发经营存量用地规模，即使停止供地以及划拨土地不入市，至少还需5~6年的时间，商品房的空置量才能回归合理区间。

土地大量闲置的经济学含义就是土地供给远远大于需求，而造成汕头市土地供求失衡的原因，包括开发建设的滞后性和项目安排的盲目性，尤其是为适应特区扩大后超前发展的指导思想，以及市场主体在乐观预期下的过度土地投机，导致政府和开发商均大量盲目“圈地”、“抢地”；加上在具体操作中的决策失误和政策偏差，包括时序颠倒和项目论证的欠缺，以及为了超前建设而盲目地财政透支，或者单纯依赖“卖地”和“以地抵费”、“以地补路”等政策来弥补资金缺口等，在数量和空间上进一步加大了处置闲置土地的难度；而土地制度本身的缺陷，则为上述“盲目”与“失误”创造了条件：一方面是土地出让方式以协议而非招标拍卖为主，获取土地的方式和成本并未市场化，大大扭曲了市场的真实供求关系，加剧了房地产市场的“虚热”；另一方面是大量具有较好区位条件的农村自留用地在巨大利益诱导下违规入市，不仅干扰了房地产市场的正常秩序和规划的顺利实施，也为现有闲置土地的消化设置了障碍。

4.2.1.2 形成机制

（1）欧美

一般认为，欧美城市蔓延主要是市场经济下自发市场力作用的结果，是市场各行为主体包括个人、企业、开发商与城镇政府出于各自利益决策的产物。中心城区的负面品质日益显现，比如破旧的住房、种族冲突、过高的税收、犯罪率偏高和教育质量相对较低等，对郊区化形成推力，这在美国尤其突出。而郊区对于企业来说可以获得启动成本更低、可达性更高，以及更加功能化的空间；对于个人来说则可以拥有更好的生活质量、价格更低廉的住房，以及对独立居住空间的向往。战后西方国家经济的长期持续繁荣创造了巨大的住房需求，低廉的能源价格加快了小汽车的普及，收入与生产率的提高也允许人们在房地产和交通上投入更多的金钱和时间，这是推动郊区化加速的宏观背景。当然，政府政策追随市场力，比如美国联邦政府对各州建造高速公路给予补贴，创建抵押贷款的二级市场以及有利于房主的税收优惠政策鼓励民众购买更大、更好的房屋，再加上中心区与郊区在行政与税收上的分离与差异，都客观上推动了远郊的开发，从而助长城市蔓延。

（2）中国

我国的人均GDP直到2003年才刚刚突破1000美元，城市化水平近十年平均只在30%左右，正处于城市化加速的初始阶段，除极少数特大城市出现一些郊区扩散的典型特征之外，中国城市从总体上看仍处于中心区持续繁荣的集聚发展阶段，因此在用地向外扩张的同时，并没有出现人口与就业岗位的相应迁移，反而是扩张用地的大量闲置。也就是说，现阶段的城市蔓延并非郊区化的结果，而主要是在经济增长模式、政绩考核、财政与土地制度等多重缺陷下所导致的具有中国特色的“圈地运动”。因此，中国的城市蔓延难以用西方基于土地市场化利用的城市扩散理论或郊区化理论加以合理解释。就最新一轮最大规模的“圈地运动”所导致的城市蔓延而言，其内在因素至少包括：

① 工业化和城市化的加速，是其根本的经济推动力。

② 1997 年亚洲金融危机之后，中央政府实施积极的财政政策、扩大基础设施建设规模，是其宏观的政治经济背景。

③ GDP 至上的政绩观和只求速度不求效益的错误发展观，必然导致粗放的经济增长方式和土地利用方式。

④ 在政府退出一般经济领域的市场化改革背景下，通过土地出让招商引资和获取城市建设资金以提升政绩，成为地方政府的当然选择。据有关部门统计，1992 年至 2003 年，全国土地出让金收入累计达 1 万多亿元，其中近 3 年累计达 9100 多亿元，扣除成本后的纯收入约有 1/4，一些市、县、区的土地出让金收入已经占到财政收入的一半，有的作为预算外收入甚至超过同级同期的财政收入，成为各地政府进行大规模城镇建设的主要资金来源。

⑤ 农产品市场放开之后粮价长期低迷，加上农村税费高企，导致农地收益率下降，相对减弱了低价圈地的反弹。

⑥ 如果说我国土地有偿使用制度的建立，在为城市提供“自我复制”能力从而加快其开发建设的同时，也产生了以土地为目标的逐利动机；那么我国现行土地制度中的缺陷，却大大强化并扭曲了这种动机。

如果要比较中外城市蔓延形成机制的最大不同，那么欧美国家的城市蔓延可以归结为源于汽车革命的“交通导向”，中国的城市蔓延则可以归结为源于土地制度缺陷的“土地导向”。这从欧美城市蔓延主要沿交通干线尤其是高速公路，而中国的城市过度扩张主要发生在城乡交界可见一斑。

（3）城市蔓延中的土地制度缺陷

就土地制度因素而言，一般认为中国城市大规模圈地的动力源自征地制度与供地制度之间巨大的利润空间，导致地方政府热衷于利用征地制度中的缺陷“以地生财”。征地制度的缺陷包括：征地范围过宽，许多土地被征用的目的是商业开发而非公共利益；征地补偿过低，征地按原土地用途进行补偿，这种测算方法不符合市场经济规律，没有体现土地潜在的收益和利用价值，没有考虑到土地对农民承担的生产资料和社会保障的双重功能，更没有体现出土地市场的供需状况；对被征地农民的安置不落实；征地程序不规范等。征地费不仅剥夺了本应由农民所分享的部分农地城市化溢价收益，甚至低于正常农村经济所要求的地租水平（据测算，即使在实施新土地管理法后大幅提高征用费的 1999 年，江苏省单位耕地资源的政策性平均征地价格也仅及其实际所有权价格的 21.66%）。过低的地租对城市边界不仅未起到应有的调节限制作用，反而起到一定的牵引作用，即土地这一基础性经济要素成本低于市场正常水平，导致形成土地要素替代或土地依赖的经济增长模式，也导致城市的低成本快速扩张（图 4 – 5）；并且通过创造巨大的寻租空间，诱导开发商及政府行为扭曲的放大，人为加大土地市场的投机性，开发区“开而不发”、工业园“圈而不建”的现象极为普遍。

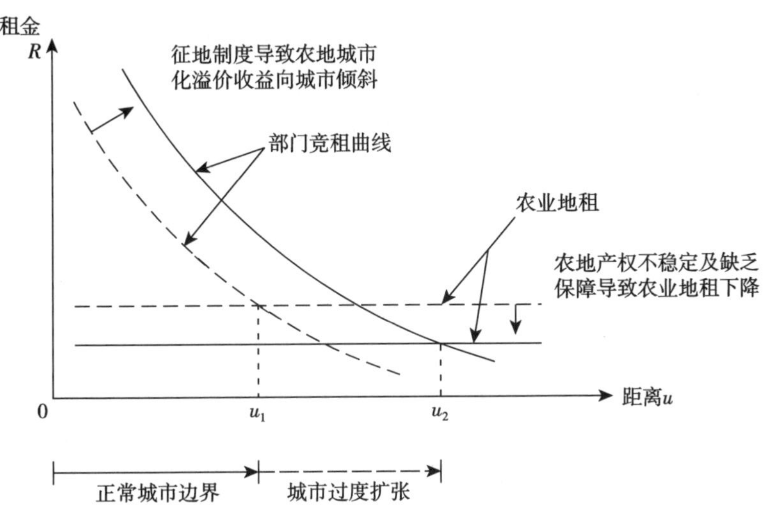

图4－5　土地制度缺陷与城市蔓延关系示意

（在一般情况下，城市的边界取决于城市部门竞租水平与正常农业地租相等的交点，农地转化的城市化溢价收益由农民和城市依市场供需条件所分享；但我国一方面由于农地产权不稳定和缺乏保障等缺陷导致农业地租下降，另一方面由于现行征地制度过多剥夺农民利益，导致农地城市化收益向城市倾斜转移，相对提高部门竞租水平，人为推动城市快速扩展）

而在征地制度缺陷的背后，则是中国土地产权的不明晰，即产权支离破碎和缺乏有效保障，以及由此而派生的土地管理与收益制度的不完善（刘正山，2003；周其仁，2004；李恩平，2004）。

清楚而有保障的农地转让权是运用价格机制配置城市化进程中土地资源的基础，否则必然出现许多土地征而不用、多征少用、早征迟用的资源浪费现象。尤其是集体所有产权相对于国有产权的弱势，导致资源（财产）及其利益容易被强势群体所侵占。也就是说，当土地承包权与国家土地征用权发生冲突时，前者必须服从于后者，集体经济所有权相应的不得不让位于政府行政权。从某种意义上讲，我国农村土地的集体所有制具有“准国家所有制”的特征。

产权不明晰也包括土地名义所有权与收益权的不一致，导致形成国家对农用土地向建设用地转化的管理中，设租和控租利益不一致的土地管理体制，滋生和助长了地方政府的圈地冲动。即国家为了维持就业市场的稳定与农产品消费的安全，对农用土地与建设用地实行了二元管理体制，从而形成了分割的二元土地市场，由于两类土地之间产出的级差、社会功能负担和税费负担的级差，导致了农用土地对建设用地转换的巨大租金空间。由于土地批租权的下放，作为控租人的地方利益或个人利益与设租人的国家利益不一致（比如作为集体所有的农用土地，其对农村劳动力的就业吸纳是针对全国就业市场稳定的贡献，对粮食产出安全的贡献也是针对国家总体利益的贡献；而作为国有土地的城镇土地，与其有关的税收都属于由地方支配的地方税种，工商业繁荣的利益也属于地方城镇），激励着作为控租人的地方政府和官员扩大两类土地之间的转化。

此外，出让金一次性支付的土地收益制度安排，以及土地出让收益与成本没有完全对应地“内在化”，即在任官员获取全部收益而接任官员承担部分成本，必然激励每一届政府拼命卖地；加上我国尚未开征统一的不动产税，土地增值税由于征管难度大也微乎其微，政府缺乏改善存量的动力，更多借助低成本的增量扩张来维持经济与财税增长；因此，卖地冲动就直接转化为圈地冲动。

4.2.1.3 治理政策

（1）控制动力

①欧美

欧美的城市蔓延增加了人均土地开发用量，也增加了一系列的经济、环境、城市和社会成本，并且高度依赖小汽车交通。这些成本包括建设公路设施增加的经济成本，加大了道路的土地需求，增加了供司机使用的公共服务设施，因减少绿色空间而引起的环境和美学成本，以及因低密度开发而提高的人均市政和公用设施成本。城市蔓延在给使用者、住房拥有者和私人部门带来利益的同时，却从社会和环境两个方面给城市整体带来了外部负效应。由于城市蔓延一方面导致中心城区过度衰退，社会和经济问题凸显并陷入恶性循环；另一方面蚕食大面积的森林草地，影响生态环境；再加上 1970 年代石油危机之后，使得人们对节约能源和城市的可持续发展给予更多的关注，对过度依赖汽车交通的发展模式进行反思——这些都促使欧美各国开始控制城市蔓延。

②中国

我国控制城市蔓延的动力主要源于以下几个方面：

一是避免“三农”问题恶化，维护社会稳定。据了解，我国已有近 4000 万失地农民，其中一半左右因失地而“失业”，有不少失地农民由于补偿不到位、就业无门路等因素，危及基本生计。失地农民不再是个别现象，已成为一个弱势群体；失地农民问题不再单是经济问题，已成为影响稳定的政治问题。而目前土地收益过分向城市倾斜、忽视农村与农民利益的征地制度，只会日益扩大城乡差距，也不利于遏制腐败。

二是优化城市空间结构，节约并提高土地资源的利用效率。我国是人地矛盾突出的国家，但城市蔓延造成城市空间结构的松散与扭曲，在用地紧张的同时却又有大量土地闲置，土地资源的利用效率以及城市空间的结构效益均未得到充分的发挥。

三是保护耕地资源，保障国家粮食安全。我国的人均耕地面积严重不足而且一直呈下降趋势，目前仅及世界人均耕地的 2/5，耕地总量从 1997 年到 2003 年，短短 7 年时间锐减约 1 亿亩，人均粮食产量也从 1998 年的 411 公斤下降到 2003 年的 333 公斤，仅相当于 1980 年代初期的水平。尽管从统计数据上看，城镇建设用地占耕地减少总量的比例并不大（据统计，我国“十五”期间减少的耕地中，建设占用耕地 1641 万亩，占其中的 14.4%；而建设占用耕地中，新增的城镇建设用地仅占 18.8%，相当于占全部减少耕地的 2.7%），但比例却呈加速上升趋势，而且城镇建设所占耕地多属于区位条件好的优质高产良田，如在近年来粮食减产的 500 亿 kg 中，广东、福建、浙江、江苏四个完全没有退耕还林任务但工业化、城市化速度快的省份，就占了300亿kg左右（中国新闻网，2004）。

四是保护自然环境，防止生态进一步恶化。根据逾渗理论，当所有城镇的建成区面积达到该地区总面积的50%以上时，即会发生过量转变，城镇空间将会迅速连绵形成一体难以再实施区域生态修复。因此，尤其对于沿海城镇密集带，即使土地整体价值已经远远超过农业地租水平，即使从地区比较优势来看尽可能地城市化经济效益更高，即使粮食完全市场化之后从粮食安全的角度也已不需要其保留较多的农田；但是仅从生态而言，也不允许发达地区城市的任意蔓延。同样人多地少被称为“与大海抢家园”的荷兰，在莱茵河入海口由阿姆斯特丹、鹿特丹、海牙和乌德勒支等城市环形组成的Randstad地区，产出了该国60%的GDP和财政收入，但在这块精华之地中仍保留和控制由绿化带和郊区农田构成的城市“绿心”，无疑是这方面的典范。弹丸之地的“城市国家”新加坡，也非常注重生态用地的规划与保护，防止城市的无序扩张与过度蔓延（图4－6）。

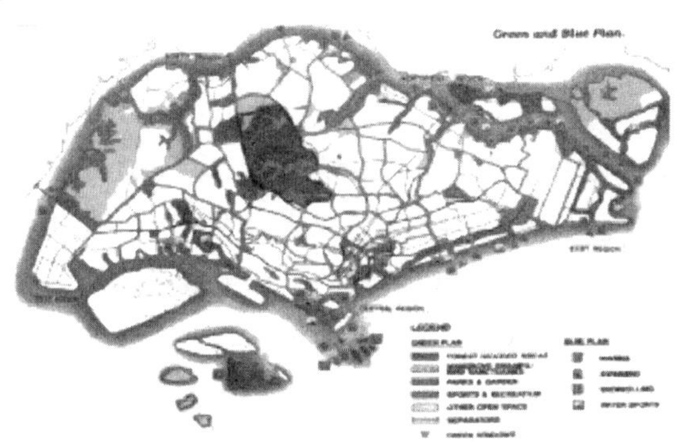

图4－6　新加坡绿地水系规划平面

（2）我国的政策措施及其探讨

①政策措施

有鉴于此，我国加强了对“圈地型”城市蔓延的控制。国土资源部在2003～2004两年间，核减全国各类开发区4813个，占原总数的70.1%；规划面积压缩2.49万km^2，占原面积的64.5%，恢复耕地13.24万hm^2，一些地方大量圈占土地、乱占滥用耕地的现象得到初步抑制（国土资源新闻网，2004）。2004年5月1日开始暂停农用地审批半年，期间国土资源部专门成立了“加强土地管理制度建设领导小组”，进行了为期3个多月的深化改革土地管理制度的研究，俗称“百日维新”，并最终形成了以《国务院关于深化改革严格土地管理的决定》为标志的“土地新政”。于2004年11月1日开始执行的《国务院关于深化改革严格土地管理的决定》，被视为落实最严格耕地保护政策和土地管理制度，进一步推进土地管理事业改革和发展，促进土地资源从粗放向集约利用转变的纲领性文件。该决定强调科学发展观和正确的政绩观，强调经济社会的可持续发展，其内容主要包括以下几个方面：

一是严格执行土地管理法律法规：其中特别提出严禁规避法定审批权限，将单个建设项目用地拆分审批；禁止非法压低地价招商，情节严重的追究刑事责任等。二是加强有关规划的实施管理：强调加强建设项目用地预审管理，和严格保护基本农田，特别提出禁止以建设“现代农业园区”或者“设施农业”等任何名义，占用基本农田变相从事房地产开发等。三是完善征地补偿和安置制度：包括完善征地补偿办法、妥善安置被征地农民、健全征地程序、加强对征地实施过程监管。四是健全土地节约利用和收益分配机制：严格控制建设用地增量，积极盘活存量；推进土地资源的市场化配置；制订和实施新的土地使用标准；严禁闲置土地；新增建设用地土地有偿使用费实行先缴后分，按规定的标准就地全额缴入国库，不得减免，并由国库按规定的比例就地分成划缴；探索建立国有土地收益基金，遏制片面追求土地收益的短期行为。五是建立完善耕地保护和土地管理的责任制度：包括建立耕地保护责任的考核体系，严格土地管理责任追究制，建立国家土地督察制度，强化对土地执法行为的监督等。

作为配套措施，土地垂直管理制度正逐步推进，国土资源的管理权力更加集中到中央和省一级国土管理部门的手里。为今后的国家供地计划作准备，全国的国土部门以2004年12月31日为基准日期，一直到2005年3月31日，对全国城镇的存量用地、闲置用地情况进行首次地毯式调查。

②完善土地新政之探讨

如果说完善征地制度以及允许集体建设用地使用权可以依法流转，主要是为了解决“三农”问题；那么，其他政策措施主要出发点都直接指向了保护耕地、遏制圈地，促进城市集约发展。土地新政能否达到预期的目的，避免重蹈以往管理时松时紧、问题周期性爆发的覆辙，还有待实践的检验以及制度的进一步完善。但从理论上分析，结合西方国家的相关经验，土地新政仍有一些值得完善的地方：

第一，土地新政只涉及了土地管理制度，基本没有考虑土地产权制度的改革，而中国土地产权制度的缺陷正是诸多土地问题的根源，明晰的土地产权是完善土地市场制度与土地管理制度的基础。在美国，土地产权不仅界定清晰而且划分很细，同一块土地由于使用资源和部位的不同，可以同时有几个承租者。为保护城郊农村耕地不被城市盲目蚕食，采取由政府单独或和私人资金合作建立“土地信托基金”，向耕地所有者购买“土地发展权”的办法，农民出售发展权后可继续耕种，但不能改变用途。如果城市规划已决定改变用地性质，则要么农民从政府赎回发展权，或自己开发或出售给开发者；要么政府购买这块土地的所有权。也有建立农田保护地带，在区划法规中加入“农田保护区”，只准农业使用。但这种保护区大多属于自愿而非强制性质。

第二，土地新政采取了强化集权的土地管理制度，但土地作为一种基础性的经济要素，高度集中的行政管理不可能正确及时地反映各个地区土地的供需关系，不利于市场机制的正常发挥，不利于土地资源的高效优化配置。从某种意义上讲，区域性强、缺乏流动性、供需反应滞后的土地，能否类比于可以自由流动和加以国家宏观调控的金融资本，成为与“银根”并列的“地根”，并非可以简单下结论的问题。因此，集中的土地管理与分散的地方经济发展必然出现摩擦与冲突，如果没有更好的利益分配与协调机制，则不会消除而只会改变中央与地方围绕土地收益的博弈格局，增加交易成本与租值耗散。美国的控制政策与中国由上而下的做法不同，基本上是自下而上的，即不是由联邦政府统一制订而是由各市、州政府自行制订。各地试验各种政策，修改可用的，放弃失败的，直至进化为得到全国公认的政策，即所谓的“达尔文式的过程”。

第三，土地新政体现了“管理导向”的单一性，而相对忽视了政策措施的多样性与综合性，对规划与税收制度改革也处于初步探索的阶段。美国的“精明增长”（Smart Growth）政策，除了倾斜农业的税收政策，强化区域规划协调，改变交通发展战略（从高速公路转向重视轨道等大运量的公共交通）之外，还有鼓励旧城改造与更新，强调功能混合与紧凑发展的土地利用，一些州采用“城市增长管理”的城市规划，加强城市土地利用规划、基础设施项目和财政预算之间的联系，有的还要求建立城市增长边界以及土地使用诉讼委员会等。欧盟为减少对小汽车的依赖，保护开敞空间，鼓励进行 TND 开发（Traditional Neighbourhood Development，传统邻里开发）和 TOD 开发（Transit Oriented Development，以公交为导向的开发）。土地稀缺的荷兰为了防止城市蔓延侵蚀开敞空间，以距离城市中心的距离划分三种开发区位：内填区（Infilling Location）、外展区（Expantion Location）、外围区（Outer Area），通过给予不同的补贴鼓励新住区开发尽量邻近中心区，以形成紧凑型的城市结构（Oliva，2002）。

当然，西方国家与中国的国情不同，其经验不可能完全照搬，但其中一些先进的理念与做法仍值得我们借鉴学习。除了上述政策措施之外，特别值得一提的是：美国城市规划协会于 1999 年推出的“精明增长的城市规划立法指南”，强调节约用地以及城市规划的民主决策过程。其基本理念是：不能允许任何一个单一的利益集团垄断土地使用的决策，因为单一利益集团的垄断往往是城市化土地蔓延的根源。在城市规划过程中应该提出各种用地方案，不同的用地方案应该在规划立法的过程中进行分析比较、公开辩论，最终反映全体市民的共同愿望，反映城市社会、经济、环境的全面效益（张庭伟，2003）。这对我国行政垄断土地使用决策所造成的城市蔓延，不无借鉴意义。

4.2.1.4　小结：中外城市蔓延及其治理比较

基于上述分析，将中国的城市蔓延与欧美的城市蔓延，从形成机制、表现特征、控制动力及政策措施四个方面进行比较，总结如图 4－7 所示：

总之，任何政策措施必须把握问题形成的内在机制，做到“有的放矢”才能真正有效。中国“圈地型”城市蔓延的形成，是众多复杂因素交织的结果，其中又主要是在经济发展、城市化加速的宏观环境下，土地产权不明晰以及政治体制改革滞后等多重制度缺陷综合作用的产物。而目前重在强化管理的治理政策，尽管“乱世用重典”能够很快取得立竿见影的效果，但也可能会减缓经济与城市发展的速度以及土地市场化改革的步伐，从而付出更高的长期代价，进而影响政策执行的有效性和持续性。因此，笔者更倾向于将其视为土地产权制度和政治体制综合改革之前的权宜之计，真正的长效之策还在于：一方面明晰土地产权，推进土地市场化改革，在市场化基础上改革征地制度，并逐步将耕地保护从行政手段向经济手段过渡；另一方面改革现有的行政体制和财政体制，切实将政府职能从经济促进型向管理服务型转变，为树立正确的政绩观和科学的发展观奠定制度基础；同时加强规划与法制建设，提高规划的科学性与权威性；此外，还应鼓励各个地方结合当地实际情况，借鉴国内外成功经验进行政策措施的探索与创新。

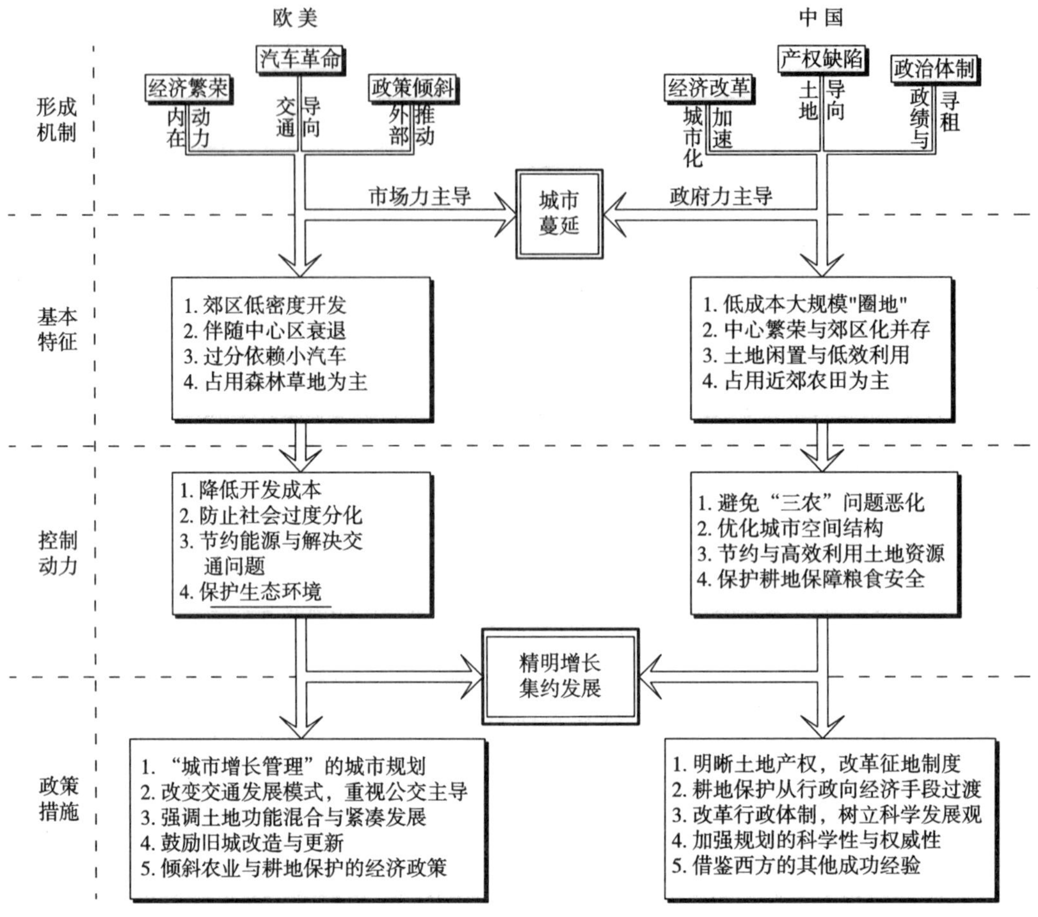

图 4－7　中外城市蔓延及其治理比较

4.2.2　内置型城中村：城市异质空间

4.2.2.1　空间特征

城中村问题是发展中国家快速城市化过程中的共性。一方面乡村受规模、实力所限，无法“主动城市化”；而另一方面城市受利益与外延扩张的驱动，不愿或难以及时地“消化吸收”，最终导致二者在相当长的时期内不能有机融合。究其实质，城中村乃是城市扩张型乡村城市化的初级形式，是一定历史阶段下，城乡二元结构在城市空间里的客观反映。但同为发展中国家的印尼和中国，由于土地产权制度的不同，其城中村的空间特征与形成机制也有微妙的差异。

（1）印尼

Ford（1993）在 McGee（1967）关于东南亚城市空间结构的模型基础上，所提出的印度尼西亚城市空间结构模型（图 4－8），更加强调村庄在城市空间结构中的地位，包括 4 种类型：内城村庄、中城村庄、农村村庄以及暂时性地擅占土地者村庄。

从印尼城市空间的简化模型可以清楚地发现：其城市建成区与城市村庄有着明显的分界，各种类型的城市村庄都主要位于城市建成区的边缘，也就是说，城市建成区不仅

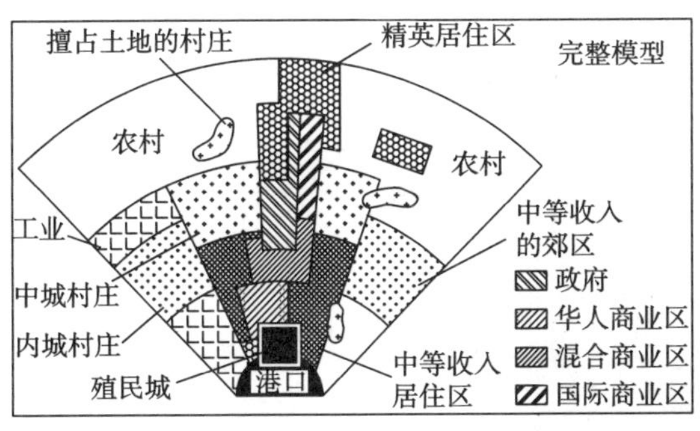

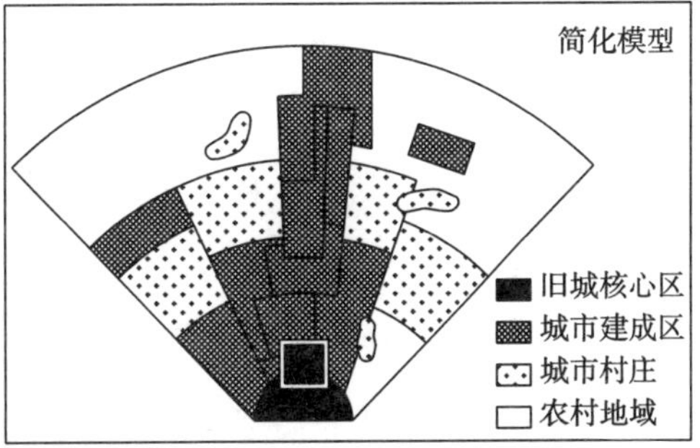

图 4-8　印尼城市空间结构模型

根据 Ford（1993）有关资料整理绘制

结构紧凑，而且主要是沿区位最好或者土地成本最低的路径呈轴线延伸。这表明土地成本在土地私有制的印尼构成了对城市空间扩展的重要限制。

（2）中国

与印尼“外缘型”城中村不同，中国的城中村明显表现出“内置型”的特点。即“城中村”是由于快速城市化导致城市建设用地急剧膨胀，将以前城市周边的一些村落纳入城市用地范围，为降低城市开发成本，只是将部分乡村用地征用转为国有土地，而村民住宅用地以及在征地过程中返还给乡村的用地则维持集体所有制性质不变，从而形成以居住功能为主的“城市中的乡村”。由于城中村在空间特征以及社会经济发展上与周边城市存在巨大的反差，因此往往被视为城市的“异质空间”，在一定程度上妨碍了城市整体效应的发挥。

以汕头市为例，依据各个村庄所处的区位条件以及自身发展阶段的差异，可以将城市规划区范围内“广义”的城中村划分为三种四类（陈鹏，2004）。包括：

①“城郊村”——位于城市的郊区，尚未与城市建成区相连，基本保留乡村特点，也称“潜在型”的城中村；对应于印尼的“农村村庄”。

②“城缘村”——位于城市建成区的边缘，并与城市建成区相连，大规模的自发建设即将或正在展开，也称“起步型”的城中村；对应于印尼的“中城村庄”。

③“城中村”——被城市建成区所包围，也即狭义的城中村。又可分为“发展型”与“成熟型”两类，其区别在于：前者的内部还有发展用地，而后者的内部已无发展用地。对应于印尼的“内城村庄”，但并非位于内城边缘而是完全被建成区所紧紧包围。

总而言之，中国的城中村是城市蔓延的结果，城中村与城市建成区的空间关系是一种“嵌入”关系，而非“邻接”关系。并且城中村嵌入建成区的时间越长、区位条件越好，其原有土地被“侵蚀”的程度也越深，但在城中村面积缩小的同时其建设强度一般也更高，“一线天”、“握手楼”等典型的城中村景象也更为普遍。也就是说，城市用地扩张主要受农村拆迁补偿的影响，土地成本并未构成有效或显著的制约。各种类型城中村在城市内部的分布情况如图 4-9 所示。

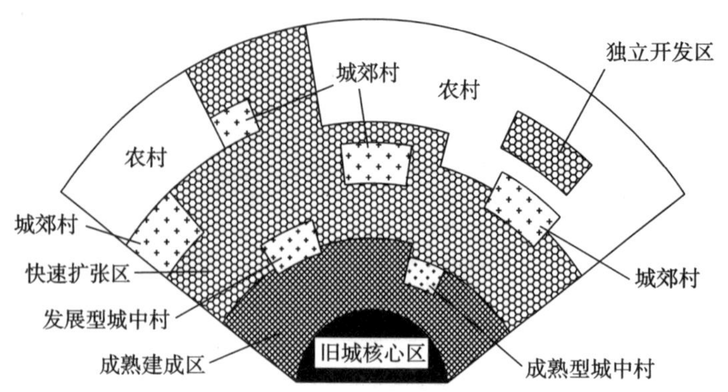

图4-9 中国城市城中村空间分布图谱

4.2.2.2 主要问题及形成机制

（1）概述

中国的城中村不仅问题多而复杂、牵涉面广，而且程度日渐深重，已成为城市肌体中迅速扩散“毒素”但却不能简单“切除”的“毒瘤”，必须从根本上尽快加以改造，否则积重难返。这些问题主要表现在环境、社会与经济三个方面：

① 环境问题主要包括：布局乱标准低，生活环境恶劣，加上事故隐患众多，生存环境堪忧，可简略概括为“脏、乱、差、险”；并且其不良影响会不同程度、不同范围地扩散，使城市的整体形象与系统功能的有效发挥受到相当损害。

② 社会问题主要包括：外来人口构成复杂，导致社会治安恶化，并毒化了城市的精神道德氛围；而内部原有居民又因城乡隔离状态导致观念意识落后，人口素质低下却长期难以得到有效提升；城中村不规范的房地产市场也催生了大量的钱权交易，腐蚀干部，助长不正之风的蔓延。

③ 经济问题主要包括：一是城中村自身单纯依赖土地及房租收入的经济发展模式，使长期发展陷入困境。二是城中村的土地由于没有成本约束机制，导致粗放型开发，利用率低下；加上缺乏统一的规划、建设与管理，档次难以提高，并且形成不了开发的规模效益，产出率也低，土地价值得不到应有的体现，造成了土地资源的严重浪费。

（2）土地制度缺陷

在城中村的环境、社会与经济三大问题中，恶劣的居住环境是城中村的直接表征，是人们认识城中村问题的起源；日益严重的社会问题是城中村主要的深层次后果，是真正引起社会上下各界人士重视并引发外部改造动力的重要因素；而制度政策缺陷下的利益驱动则是造成上述环境与社会问题的根本原因。可以说，经济问题才是城中村一系列问题的核心与实质，也是解决城中村问题的突破口与关键，而土地制度缺陷又是造成城中村经济问题的核心，即集体所有的农村型土地产权制度及宅基地政策，是其产生的根源性客观条件。因此，改革土地制度成为解决城中村问题的首要突破口。

集体所有的农村土地造成土地所有权主体不够明确，村干部往往以“集体”为名行个人或小集体之私，大搞各种任期内立见收益的土地开发，助长了短期经营；村民也通过建私房将集体土地实际上据为私有，坐享土地带来的收益。而宅基地的划分与分配，尽管在一定程度上满足了城中村居民改善住房条件与生活水平的需求，但也促成村民自建成风，不仅使已有的规划无法实施，而且限定了住宅、住区的建设水平，尤其是随着村民住宅由生活型向生产经营型转变，更掀起了开发建设的热潮，加快了城中村问题兴起的步伐。更重要的是，这种土地制度往往与户籍制度、计划生育政策、经济收入分配制度等缠绕在一起，形成城中村改造的强大阻力。

另一方面，城中村集体所有的土地产权制度，由于不是有偿使用，只需交纳与地价相差很大的宅基地管理费，即可进行房地产开发，在土地使用成本与利益分配上，和国有的城市土地迥然不同。因此，城中村土地常常成为村民及其合伙人手中博取超额利润、冲击城市房地产市场的工具，对城市整体的房地产市场构成不公平竞争，破坏了市场秩序。加上村民利用土地的稀缺性和不可迁移性，通过圈地抢建作为与政府讨价还价的筹码，造成城市建设征地难、交通干线长期受堵等重大弊端，严重阻碍了城市的进一步发展。

总而言之，我国土地制度中的缺陷尤其是征地制度缺陷所导致的城市蔓延，是形成城中村的根源；而城中村自身集体所有土地产权不明晰及与周边城市国有土地在产权、管理等方面的不一致，又是形成城中村问题的根源。城中村区位条件越好，面积压缩越小、建设强度越大，其实质正是土地制度缺陷，即在产权不明晰、管理不规范条件下，加上城乡二元隔离导致城中村形成单一经济发展模式的路径依赖，所形成的一种扭曲但却是必然的市场行为结果。土地制度缺陷与城中村及其问题产生的关系如图 4 - 10 所示。

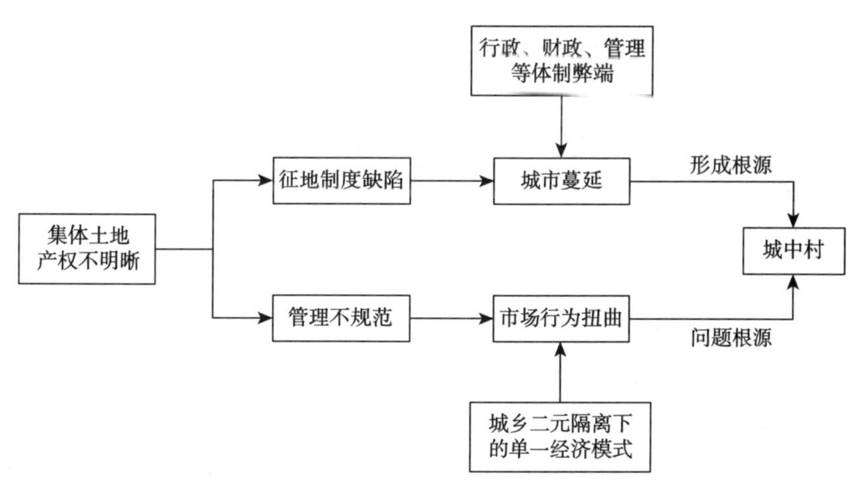

图 4 - 10　土地制度缺陷与城中村及其问题产生的关系

（3）治理政策：以土地制度为突破口

由此可见，尽管城中村问题具有系统性与复杂性，其治理是一项复杂的系统工程。然而，变农村型的集体所有制土地为城市型的国有土地，取消宅基地分配制度，应该是最终彻底解决城中村问题并实施全面改造的前提与根本。而许多城市开始给城中村房屋发放产权证纳入统一规范管理，也为城中村土地与城市土地的并轨创造了条件。

比如城市高速扩张从而城中村问题也很严重的深圳市，随着城市经济社会发展和对土地需求的提升，在国家土地供给收紧的宏观背景下，于2004年底全面展开城中村改造，并且要在3至5年内完成城中村改造。其基本改造思路中，城中村土地的彻底国有化，以完全消除产权障碍，这成为重要的基础性环节。具体地，就是通过将应补地价款与征地补偿费相抵的方式，对1999年3月5日颁布实施《关于坚决查处违法建筑的决定》前的违法用地及房屋予以确认产权，补办征地手续，使城中村土地成为真正意义上的有偿、有限期使用的可进入商品房市场的国有土地。而对其后的违法用地及房屋依法强制拆除，不予补偿（韩荡，2004）。

对于一般城市，为避免“一刀切”加大工作的难度，建议按照城中村的不同类型，采取相应的转制政策（陈鹏，2004a）：

成熟型与发展型以及耕地面积与实际农业就业人口比例低于某一基准值的起步型城中村，户籍人口整体性地转为城市建制，不再享有农村的宅基地政策和计划生育政策，原有收入分配制度通过股份制改造可在一定时期内保留；土地国有后在整体规划基础上，将部分土地的使用权返还给原村，或先统一建设后再根据可返还土地的地价和农民的建设及其他投入合计折算成建筑返还。

潜在型与耕地面积与实际农业就业人口比例高于基准值的起步型城中村，应首先提高宅基地申请的条件，并严格按规划进行控制，尤其要强化退红线与建筑间距等措施管理，使自建在用地上、经济上得不偿失，引导村民住宅联建，尽量采取先集资统一建设、再以多户为单位分配含建筑宅基地的方法；同时明确各村全面转制的最终期限与分步时间表，以提高政策的透明度和过渡工作的逐步开展。

4.3　城市土地产权制度缺陷的空间结构效应

4.3.1　土地产权不清与用地比例失调

4.3.1.1　主要表现特征

从总体看，我国城市建设用地不是绝对规模过大，而是内部结构不合理，具体表现在：工业、仓储等生产性用地比重过大；而道路广场、市政设施、绿地等公共物品性的基础设施用地严重不足。1994年，我国城市建设用地的构成中，各项用地所占比重与国外一些发达城市建设用地构成的比较详见表4-6。

由该表可见，我国特大城市的道路广场、市政设施、绿地这三项公共物品性的基础设施用地合计占城市用地的比例在20%左右（上海的数值过低主要由于统计口径的差异，部分相关用地计入“公共设施”所致），远低于欧美国家普遍40%～50%的水平，亚洲其他城市的数值尽管由于统计口径的差异，比如部分相关用地计入“居住”或“其他”而显得偏低，但仍然高于我国城市。从公共服务用地与生产用地的比值来看，中外城市之间的差距更为悬殊。我国城市的这一比值均小于1，广州甚至仅为0.55；而国外城市最低的也有4倍，高的甚至超过20倍。

中外城市建设用地构成比较（单位:%）　　**表4-6**

	北京 1994	上海 1993	广州 1994	纽约 1980	芝加哥 1980	伦敦 1971	巴黎 1974	汉城 1988	香港 1991
居住	26.3	33.0	30.0	28.1	24.1	36.9	38.0	62.5	33.1
公共设施	15.2	29.5	8.8	4.5	12.2	10.6	15.3	9.7	11.9
工业	17.8	17.9	26.0	7.5	6.9	2.4	4.8	1.5	6.0
仓储	5.4	3.0	9.0	—	—	—	—	—	—
对外交通	4.5	5.2	6.6	2.8	—	—	—	—	—
道路广场	7.6	1.1	6.8	23.4	24.6	16.9	11.4	22.6	14.6
市政设施	4.2	—	4.1	5.1	3.3	2.3	6.7	0.6	—
绿地	9.5	—	8.3	15.3	4.8	30.9	22.9	3.1	9.3
其他	9.5	10.3	0.4	13.3	24.1	—	0.9	—	25.1
生产用地小计	23.2	20.9	35.0	7.5	6.9	2.4	4.8	1.5	6.0
公共用地小计	21.3	1.1	19.2	43.8	32.7	50.1	41.0	26.3	23.9
公共/生产比值（倍）	0.92	—	0.55	5.8	4.7	20.9	8.5	17.5	4.0
合计	100	100	100	100	100	100	100	100	100

数据整理自：邓卫（1997）。

4.3.1.2 形成机制

(1) 历史遗留

我国城市生产性用地比例偏高而公共物品性的基础设施用地比例严重偏低的局面，主要还是因为建国以来长期实行重生产、轻生活的计划经济体制，政府的主要职能也在直接主导控制工业生产等经济发展，而将本应由政府承担的市政基础设施建设视为非生产性建设，在思想认识上和实际投入上都明显不足，造成城市基础设施长期短缺、滞后，用地比例严重偏低。改革开放以来随着经济体制和观念的转变，城市基础设施建设已逐渐从“还账型”向“功能型”转变，但几十年造成的后果加上用地调整的滞后性，这一局面只可能逐渐好转，还不可能得以彻底扭转。

以汕头市为例（表4-7），汕头市区公共服务用地的面积及所占比例在1991年底仅及工业仓储等生产性用地的1/3，而到2000年底，两者已大致相当。这一方面是近些年来汕头市产业调整的结果，即从生产性城市向服务型城市转变的发展战略，导致市区的公共服务用地增长速度远远高于生产性用地；另一方面也说明汕头市区公共服务用地的起点标准也过于低下，即便经过这些年的超常规发展，也只是达到一种低水平的相对均衡，而且对于像汕头市这种初始规模偏小、发展速度偏快的城市，即增量远大于存量的情况下，达到这种低水平均衡还相对容易，而对于其他存量较大的大城市和特大城市来讲，用地结构的优化则困难得多。

汕头市生产性用地与公共服务用地变化比较　　表 4－7

	面积（hm^2）			比例（%）		
	1991 年	2000 年	比值（倍）	1991 年	2000 年	增加值
生产性用地	1151.0	1629.1	1.42	37.0	19.6	－17.4
道路广场	270.2	937.9	3.47	8.7	11.3	2.6
市政设施	40.5	225.3	5.56	1.3	2.7	1.4
绿地	73.2	505.9	6.91	2.4	6.1	3.7
公共服务用地小计	383.9	1669.1	4.35	12.4	20.1	7.7
公共/生产比值（倍）	0.33	1.02	—	0.33	1.02	—

（2）土地产权不清

但值得注意的是，汕头市区近年来公共服务用地尽管在以前起点过低的基础上有较大增幅，但仍然远远跟不上社会经济发展和人民的物质文化生活需要，尤其是作为新区的城市东部，公共设施用地反而显得更为紧张，这就无法再用“历史遗留”加以合理解释。

随着汕头市城市建设的东移，东区成了近些年来重点开发的地区，居住区规模越来越大，人口迅速增长。但公共设施配套明显与住宅建设脱节，尤其是华山路以东、金凤路以南的广大片区，除了少数几个大型商场、酒店之外，市政基础设施、医疗、教育等公共服务设施、绿地公园均远远满足不了需求。与西区、南区以及下蓬、岐山等城市边缘地区不同，东区作为相对成熟的新城区，公共设施稀少与汕头市现代化城市的形象不相符合，并且由于用地几乎划拨完毕，对今后的规划调整也带来了较大的困难。

汕头市的这种情况或者类似情况，无疑在我国城市具有相当的普遍性。这其中除了规划管理滞后等直接原因之外，一个很重要的内在因素就是：土地产权的不明晰，为土地市场上的权力寻租创造了条件，在尚未明确界定政府与市场职能空间的条件下，增加了政府干预的额外收益，从而加大了政府职能从经营型向服务型转变的难度。在这种扭曲的行政干预体制下，政府不仅没有很好地履行严格按照规划提供或者监督提供公共服务设施的职责，反而常常导致规划的公共设施用地被经营性房地产项目用地所取代，造成公共设施与绿地等严重不足，城市用地与功能结构不合理。权力寻租的另一大弊病是大大增加了城市发展的隐形成本，据有关资料表明，中国的发展成本高出世界平均水平 1/4，除了资源与环境禀赋欠佳，腐败盛行也是重要因素。简而言之，公共服务用地比例偏低的实质是公共物品的供给不足，是在土地产权不明晰、政府职能不明确背景下的一种必然。

4.3.1.3　值得警惕的新趋势

近年来也有另外一种趋势，即在城市局部地区主要是新开发区出现道路等公共设施过度供给的现象，包括过分超前和不切实际的高标准，大马路、大广场比比皆是但大多并未得到充分的利用。究其根源，有的是属于政府决策失误，即高估了新区的发展速度和前景，甚至盲目开辟新开发区；但更多的还是出于政府官员热衷于追求政绩甚至私利，这其中除了自上而下的官员提拔任命制和过分强调经济增长的政绩考核制，所必然导致的以形象工程和 GDP 至上的错误政绩观，一个很关键的因素就是在现有的土地和财政金融制度下，土地（主要是农村集体土地）和资金（包括公共财政资金和银行资金）两大经济要素的获取成本过低，再加上缺乏有效的内部约束机制和外部监督机制，制度性地创造了收益大而风险低的寻租空间，提供了将政绩与私利相结合的双重激励，进一步强化和固化了错误的政绩观。

由此可见，同样是土地制度方面的缺陷，同样创造了寻租腐败的空间和条件，但却同时造成了公共物品的供给不足和过度供给两种截然相反的情形，产生了不同的空间结构效应。这主要是由于人的行为是受复杂而综合的因素影响，在不同的背景环境中，各种因素的不同结合方式可以产生不同的行为激励，从而导致不同的行为结果。由于公共物品的供给属于政府行为，有利于政府目标（包括政绩和私利）的公共物品容易导致过度供给，而不利于政府目标或者目标相矛盾的公共物品（比如增加供给政绩不明显但减少供给却会带来私利）往往倾向于供给不足。

4.3.2 土地产权割裂与功能布局混乱

4.3.2.1 主要表现特征

从理论上讲，由于城市内部不同产业部门的竞租曲线陡峭程度各异，因此在市场机制下均衡的土地利用形成同心圆型的分层结构模式。而在现实中，我国城市用地结构却比较混乱，形成碎片化的城市空间结构，尤其是工业用地布局过于散乱。在探讨这一问题之前首先需要明确的是：目前我国城市用地结构的混乱尤其是工业用地布局过于散乱，与当前西方国家“新城市主义”所倡导的功能混合，尽管在表面特征上有相似之处，但在发展阶段和形成机制上却有着本质的区别。

王铮等（2001）对上海市中心区工业用地的分布研究发现：1979 年以前为单峰结构，1979 年开始出现双峰结构，1988 年后用地出现三峰结构（图 4－11）。说明上海工业带与居住带交替出现，而不像伯吉斯等人的标准模式那样，认为只有单带出现。交替现象产生多峰结构的存在，揭示了城市空间结构的复杂性。

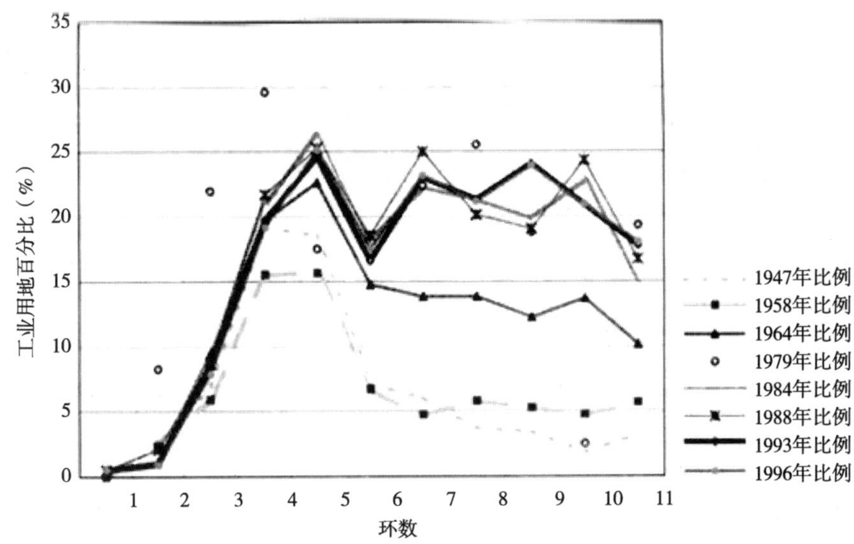

图 4－11 上海城市中心区工业用地比例变化

资料来源：王铮等（2001）

但王铮等仅将其归结为城市发展与扩张导致的正常现象，并以此作为经典同心圆模式的反证，这其实是有失全面的，尤其是忽视了中国城市的一些特殊条件，比如政府的人为干预、土地产权制度的诸多缺陷等，加剧了土地市场的不完全性，减弱、滞缓甚至扭曲了市场机制对工业用地布局进行空间调节的作用，导致工业用地过于分散而使结构长期复杂化。

从汕头市的情况来看：从1991年到2000年，除了汕头市主城核心地带由于“退二进三”而出现工业用地的置换和面积明显减少之外，市区整体而言工业用地在增加的同时布局也更加分散。甚至有“工业包围居住”的趋势，总体规划分片布局的意图并未得到有效的实施和体现。

冯健（2003）通过对杭州城市分形的实证研究发现：杭州市绿化用地的维数下降明显，工业用地的维数却上升幅度较大（图4－12）；这表明杭州市的绿化用地较以前更加集中和整体水平下降（主要是建成区“摊大饼”式蔓延蚕食郊区绿带所致），而工业分布更趋分散（“遍地开花”式的工业发展模式），这反映出城市土地利用结构在总体进化过程中出现了局部退化倾向。

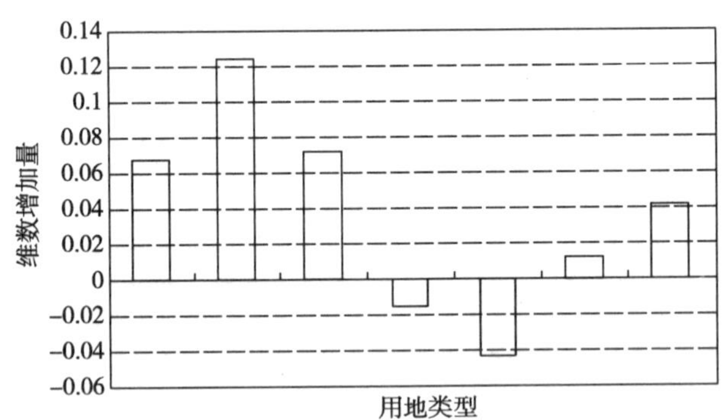

图4－12　1980～1996年间杭州市区各类用地维数的变化

资料来源：冯健（2003）

很显然，中国城市用地结构混乱尤其是工业用地布局极其散乱，固然有城市快速发展扩张过程中所必然导致的城市空间结构复杂化，但却绝不能将复杂化仅仅归于城市自然增长而将问题简单化，而应寻求其他深层次的形成机制。

4.3.2.2　形成机制

（1）不完全市场

一般认为（蔡孝箴，1998），这种城市用地结构的混乱主要由于土地市场并非完全竞争性市场，比如自然、经济等方面的垄断以及政府通过规划、管理对土地利用的人为干预，造成城市地租曲线并不光滑即土地利用的不规则性（见图4－13右上）。

（2）产权割裂

本书进一步认为，产权割裂也是导致我国城市空间布局碎片化尤其是工业区过于散乱的结构性根源，是政府得以通过行政手段过度干预市场的基础性条件（图4－13）。所谓“产权割裂”，是指既有所有权与使用权的分离，又有所有权（表现为批地权）

在各级政府间实质上的分割（伴随行政权力的下放和回收），导致产权的过度不完整。由于工业用地不像居住用地有较高的环境要求，也不像商业用地有较强的流动性和服务半径的限制，具有一定的独立性和自我强化性（由于集聚或集群效应），加上工业用地一般为政府优惠用地，因此，工业区的布局能够直接鲜明地体现政府在土地配置上的作用。

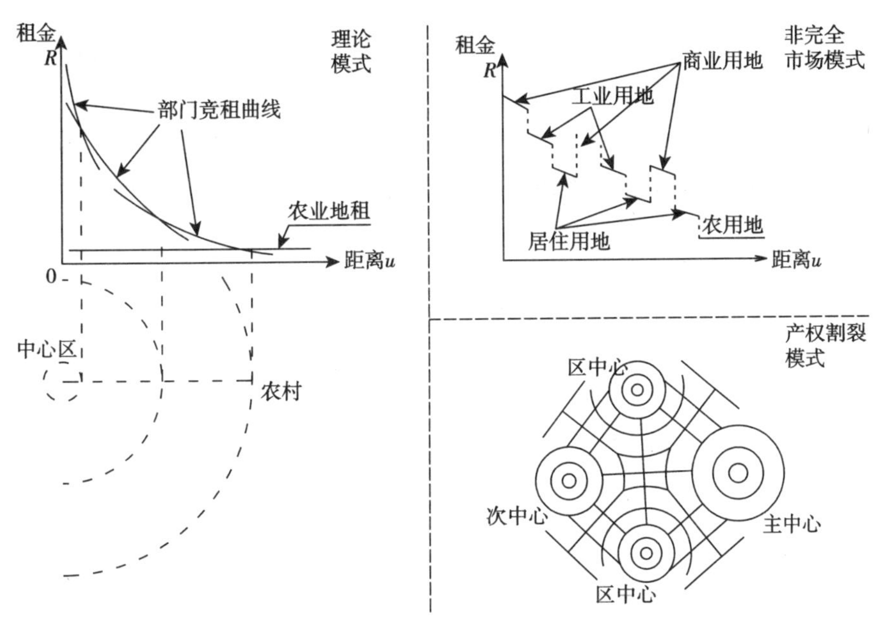

图4－13　用地布局混乱的两种解释模型示意

在市场机制发挥基础作用的条件下，现代工业用地对土地需求量较大以及以外向联系为主和自我强化的特点，一般是在城市对外交通便捷且用地相对充裕的扇区边缘地带集中分布。而在中国的各个城市，工业用地的布局普遍过于散乱，这其中既有城市快速发展中老工业区的遗留问题，但更主要的还是与土地产权的行政割裂即为鼓励各级地方政府发展经济而下放土地审批权与规划权有关。也就是说，除了市级政府，每个区甚至街道都利用土地优惠大力发展工业，导致工业用地布局过于分散，而分散布局又降低了集聚效应和集群效应的正常发挥，加上土地利用置换困难，致使这种格局形成路径依赖。因此，除了土地产权制度的改革之外，还要改变目前批地、规划权力过于下放的管理体制以及GDP至上的政绩考核体制，才能彻底扭转这种路径依赖并加快土地置换与结构调整的步伐。

土地成本是工业企业由中心城向四周扩散的主要因素，尤其对于用地密集型产业具有较大的影响。在纯市场经济条件下，城市的企业用地成本是由中心城向周边递减的趋势，从而促进占多数的用地密集型工业企业向外扩散即工业郊区化。但在中国土地产权制度缺陷下，各级政府常常自行规划建设工业区，以低价甚至零地租的土地优惠政策吸引企业，是造成城市工业用地布局混乱的主要因素之一。也就是说，在产权割裂、市区各级政府各行其是的制度条件下，即使从单一局部空间看大致符合城市空间结构演变的一般规律，比如呈现同心圆的结构模式，但从城市整体来看则不免陷入混乱、复杂化甚至碎片化（图4－14右下）。

4.4　本章总结

4.4.1　土地产权制度影响城市空间演变的动力机制

一个有效的土地产权制度应该满足明晰、分立和稳定等三个条件，土地产权制度对城市空间演变的影响可以从其缺陷对城市空间结构所造成的负面影响清晰地表现出来。由于土地产权制度在土地制度中具有基础性的地位，因此，土地产权制度的缺陷主要通过对其他土地制度的影响而间接作用于城市空间结构。具体而言，中国土地产权制度的缺陷主要通过三种方式或途径影响城市空间结构的演变（图4－14）：

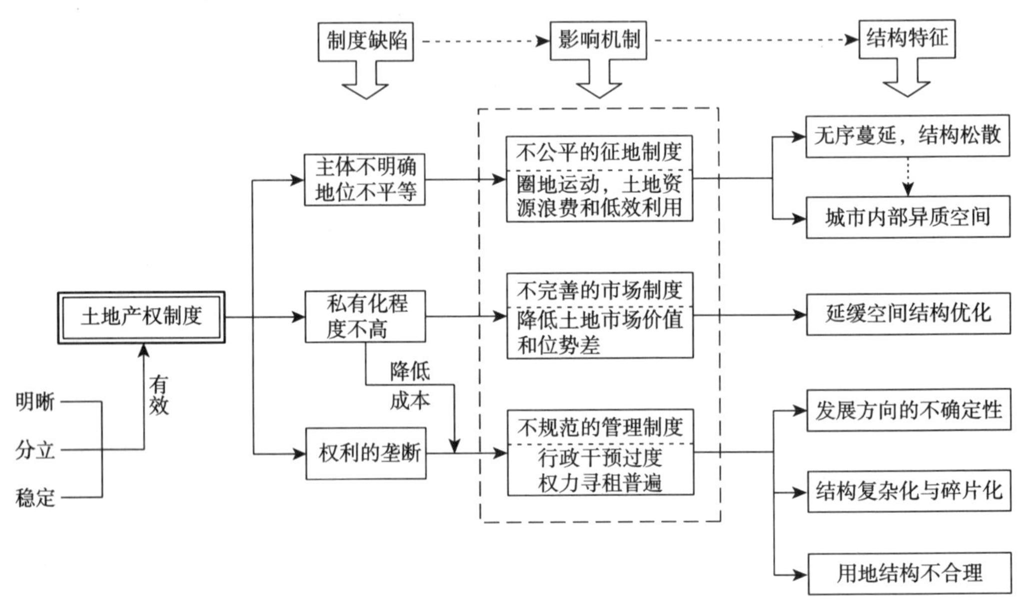

图4－14　土地产权制度影响城市空间演变的动力机制

一是由于集体土地产权主体不明确以及国有土地与集体土地产权地位的不平等，通过不公平的征地制度和大规模的圈地运动，造成土地资源的浪费和低效利用，城市空间无序蔓延、结构松散，并派生出大量城中村这种城市内部的异质空间。

二是由于产权的私有化程度不高，不利于市场制度的完善和市场竞争机制的充分发挥，导致土地权利价值的不饱和和价格梯度的平缓化，降低了土地置换的收益与位势差，延滞了城市空间结构调整优化的市场化进程。当然，从另一个角度来看，产权公有不利于市场自发的结构优化，但却由于降低了公共干预的成本而有利于政府强制性的结构优化，只是相对于市场优化，政府优化容易导致公平与效率的双重损失，在中国垄断的权力体制下尤为如此。

三是由于城市土地产权国有即产权权利的垄断，导致资源配置非市场化因素过多，尤其是行政干预以及权力寻租现象普遍，一方面导致城市发展方向的随意性和不确定性较大，另一方面由于市场因素与非市场因素相互交织也加大了内部空间结构的复杂化和碎片化，再一方面也导致公共物品的供给不足或过度，用地结构不尽合理。

4.4.2 完善土地产权制度的对策及建议

4.4.2.1 土地产权制度改革的思路

发挥市场在土地资源配置方面的基础性作用，最重要的是要形成有效的土地产权，才能将成本收益最大限度地内在化以及相应的责权利统一化，降低交易成本，这是整个土地制度有效的根本保障。而有效的土地产权要求产权的明晰、分立和稳定。因此在具体措施上，城市土地应改革目前“统一所有、分级管理”土地产权机制，明确城市政府作为城市土地所有权主体的地位，国家保留法律意义的终极所有权，将经济意义上的完整的土地产权赋予城市政府，一方面有利于强化地方政府实现土地资产增值和土地资源高效利用的内在激励，另一方面有利于消除由于产权主体不清所带来的中央与地方政府之间的博弈损失。可考虑逐步取消城市政府对审批土地面积的限制，通过严格的土地利用规划（由中央、省级政府制定）以及公众参与的办法对城市政府的权力进行约束，使土地配置能够反映国家和社会的利益。

对于农村土地来说，虽然土地的均分和调整是农民集体克服生存压力的一种集体行动（基于个人的理性选择），有其合理性。但这种选择只有在一定的条件下才是有效率的，这种条件现在已逐渐丧失。在工业化和城市化进程中，借助更有效的社会保障体系和更自由的土地流转机制来替代土地调整将是今后必然的政策选择（蒋文华，2004）。农村土地应明确产权的法律地位，使之在公平的基础上实现与购买者之间的市场交易，这是实现农地保护、避免城市对农村土地蚕食的制度性基础。

建立向所有市场参与者开放的土地产权市场，除国家明确禁止交易的生态、农业或其他战略性保护用地之外，城市政府和集体可以自由选择向企业或个人出售或出租土地产权。甚至可以考虑由国家直接向地方政府、企业、个人出售土地所有权，使真正使用并占有土地的人拥有土地的完整产权。

4.4.2.2 有效的土地产权不能回避所有制改革

产权制度就其本质而言是利益主体围绕权益分配的博弈结果，即一个国家或地区在政治条件约束下资源相关各方追求利益最大化的产物。所有权在产权体系中具有基础性地位，是产生利益主体行为激励的根本，因此要使产权有效最终无法回避所有制的改革。科斯指出“市场交易无非是产权交易”，实际上意味着在一切生产要素都互为投入产出的市场里，部分产权的市场经济总会扩展为全部产权的市场经济，人为划定只允许一部分产权可以自由市场交易，不仅是徒劳的，而且会阻碍市场机制的充分发挥，以效率损失为代价。理论和实践都充分证明了，迄今最有效（而非完美）的产权制度，就是宪政保护下的私有产权制度。

（1）土地产权私有化的理论与实践

①理论基础

给某人以安全保障的占有一块岩石地，他将使该地变成花园；如给他以短期租借的花园，他将使之变为沙漠。

——英国著名农业经济学家阿瑟·扬

按照西方的经济理论，土地私有化通过土地产权的物化，可以吸引土地投资和信贷资金，有利于土地流转，促进土地集中，实现资源配置的优化，从而提高经济效益（杜吟棠等，2002）。从另一个角度而言，公平有效的土地制度，应是在自由契约下自发形成的多样化制度，而“多样化”在目前中国的公有土地产权制度环境下，意味着允许“私有化”，并且应像保护公共财产权一样平等地对待私有产权。所有自由契约下自发形成的土地制度，都是在特定条件下风险分担和提供激励的两难冲突之间的最优折中，而基于良好愿望的人为限制土地制度的自发变迁，不仅会损害效率与经济发展，而且往往事与愿违——比如在“耕者有其田”理念下的平分土地，立足“减少剥削”的设定最高地租比例，“保障粮食安全与社会稳定”的限制土地私有与自由流转，等等，都没有取得预期的效果甚至事与愿违。

②前社会主义国家的转轨实践

前苏联解体后，在前社会主义国家广泛地掀起了私有化浪潮。从政治上看，私有化是对曾经长期实行的过度集权制度的放弃；从经济上看，是为了完成从计划经济到市场经济的转变的一个步骤，要旨在于建立或培育完备的要素市场。私有化包括三个方面：除了国有企业和住房私有化之外，首先是土地的私有化，即把单一的土地国有制改造为多元的土地所有制，承认除国家外，集体和个人也可作为土地所有权的主体，尤其是承认私人可以拥有土地。

（2）西方私有土地产权制度发展的历史分析

作为重要的经济资源，土地往往同其所有者的经济权利乃至政治权利有着密切的联系。土地产权制度不仅仅是一个经济问题，同时也是一个政治问题和社会问题。近代西方私有财产制度产生的核心问题就是私有土地产权的确立。9 世纪以来逐渐发生的采地从不可世袭，可剥夺的到成为可继承的世袭财产的变化促进了西欧私有产权的确立，从而为近现代基于私有产权制度的税收——宪政国家的建立做出了长期的基础性、准备性贡献（贺林平，2004）。1215 年英国贵族同无地王约翰签定《大宪章》，这不仅是议会拥有征税权从而能够有效制约君主的开端，而且标志着英国历史上具有重大意义的宪政实践的开端。而贵族之所以具有这样的能力，与采地多代世袭从而使贵族掌握了对各自采地的牢固所有权是分不开的（赵文洪，1998）。诺思也认为，17 世纪的荷兰和英国顺利完成从土地公产制向土地私产制的转化，是其民富国强的起点；而几乎同时的西班牙被既得利益（养羊团）拖住了土地制度改变的步伐，是导致其在国家竞争中落伍的重要因素（诺思，托马斯，1999）。

（3）我国土地私有化的必要性与可能性

①必要性

第一，不私有化的弊端：除了前文所述产权不明晰所带来的效率与平等的双重损失，更可以从近些年我国民企的蜕变与“权贵资本主义”的潜在风险可见一斑。1990 年代以来，中国民企的“民间本色”逐渐消退。民企的这种蜕变，一方面是由于市场空白越来越少，市场竞争也变得越来越激烈；另一方面则是由于在这一时期，中国改革实际上已经进入了要素资源的争夺上。由于要素资源（比如土地、资金等）非常集中的控制在政府权力手中，民企的经济人本性正在逐渐蜕变为某种“政治人本性”，民企天然的“逐利性”也因此越来越蜕变为某种“逐权性”。社会监督的缺失和要素资源的高度垄断，使得民企的成长更多依赖与政府的“交易”。从近几年的“财富榜”可以发现，我国绝大部分富豪都诞生在地产、金融这些要素领域以及与政府权力十分接近的公共事业及基础建设（实际上是财政资金）领域。中国的经济改革有滑入“权贵资本主义”的危险（袁剑，2002）。因此，要使中国经济改革迈入正轨，作为经济运行基础性要素资源的土地、金融等私有化，应该是解决问题的根本。

第二，私有化的益处：私有化由于破除了卖方垄断和产权主体分散，从而有利于促进市场竞争；更加私有化的产权制度有利于总体经济效率的提高，而效率是实现长期、可持续平等的保障。就土地而言，农村土地私有化的意义在于：a. 私有土地的产权比较清晰，具有自我保护的约束机制；b. 私有土地可以自由流转，具有适度规模的经营机制；c. 农民租赁私有土地的多样性选择，又具有一定的激励机制；d. 在人地矛盾激化时，农民会主动地限制家庭人口规模扩大，具有控制人口增长的自我约束机制。城市土地私有对人力资本即个人的激励同样巨大。因为每个人都有强烈的拥有不动产的天然愿望，尤其当这种拥有是完全的可继承的所有权。因此，城市土地的私有化或实质私有化（实质私有化的程度与产权的不确定性成反比，比如使用权期限越长或到期后可自由、不受限制地延续，则实质私有化程度越高），在产权明晰基础上完全按市场原则进行交易，至少在经济上是市场深化发展的必然。

②可能性

在我国探讨土地私有化的可能性，除了突破意识形态和对私有制偏见的束缚之外，主要须充分认识我国土地制度改革的阶段性与地域性或多样性。产权明晰化或私有化的必要条件包括：a. 资源稀缺，导致人与人之间对资源的争夺；b. 提高效率或财富（税收）最大化的需要；c. 产权界定的成本不高，至少远低于其收益。因此，相对价格变动趋于剧烈——即人口压力、商业机会和技术创新力度显著增大的时期或地区，其资源产权私有化或朝排他性产权方向变迁的内在需求就变强，可能性也加大。

土地的私有化并不意味着所有土地的立即私有化，而是指从法律上允许部分土地私有化至少是实质意义上的私有化，从而形成不同产权形式的土地适应于不同的社会经济目标，并遵从一定的市场机制合理地相互竞争、流动和转化。从避免市场与政府“双重失灵”以形成“良性互动”的角度来看土地资源配置和土地产权制度改革。首先应该明确适宜政府配置的只是产权排他性成本过高且社会或生态效益大的用地；政府对土地产权制度改革最明智的做法就是充分放权，让市场——包括市场的不同地域和市场的各行为主体，自己去决定适宜的制度类型，并让各自制度有自由竞争、转换的空间，这是在效率与平等之间寻求最佳平衡点的惟一途径。

因此，从积极稳妥的角度出发，我国土地产权制度的改革可以分两步走：首先是在现有制度框架下，促进产权的进一步明晰化、完整化和平等化；其次是在条件成熟时，鼓励更多、更自由的选择和制度创新，包括土地的私有化。而土地私有化的条件关键在于：建立某种制约机制能够确保土地私有化的公平、公正，不被少数特殊利益集团或内部人所操纵，而这只有在地方行政长官并非仅仅对上级负责，必须而且能够接受当地人民及其代表的有效监督与制约之时才可能实现。

4.4.2.3 当务之急是改革土地征用制度

土地征用是国家为了公共利益需要，依照法律程序将集体土地转为国有，并给被征地的农村集体和个人合理补偿和妥善安置的法律行为。从实际工作看，我国土地征用中存在的根本问题主要是由于公共利益的扩大化导致的征用权滥用以及对被征地人不合理的补偿。究其原因是现行的征地制度对征地目的的公益性、补偿安置费用标准的合理性、补偿安置费用分配与使用的规范性、安置途径的可行性等重要问题和环节，缺乏适应市场经济体制的调节机制和必要的社会监督机制（李世平，2004）。在公共财政缺乏必要和有效监督的情况下，政府征地甚至可以不顾成本是否可以回收，也加剧了土地的大量浪费和巨量资本的错误配置。

不能分享任何土地一二级市场的巨大差价利益，这对视土地为“养身立命之本”的农民是极不公平的，因为城市化效益尽管主要源于政府基础设施建设投资的外部效应，但既然城市内部的房地产及其居民能分享这种收益，长期作出巨大牺牲和贡献的农民为何不可？这既不利于解决“三农”问题，也容易加剧社会两极分化甚至潜在的动荡风险。据测算，农民为国家的经济发展、工业化和城镇化至少作出了三方面的牺牲和贡献：一是在实行粮食统购的30多年中，国家通过剪刀差从农民手中获取了大概6000～8000亿元；二是1979～2000年间，国家通过征地在地价上从农民那里拿走了不低于20000亿元；三是目前约1亿农民工，以城市职工为参照，为城市节约的各项社会保障费用约4000亿元。

征地制度亟须改革的背景在于：①“依法治国”理念以及产权尤其是私有产权日益受到重视。②相对于资本不足，土地已成为更为稀缺的资源，而且工业已不再需要农业作出更多“牺牲”反而可以适当“反哺”，温家宝总理在2005年两会结束答记者问时就明确提出我国现在开始进入工业反哺农业、城市支持农村的阶段，对农民应该多予、少取、放活。③三农问题已成为影响社会整体发展的焦点问题，由征地引发的农民生存保障问题更是焦点中之焦点，征地费将包含更多的社会成本。④农民的产权主体意识和经济意识提高，逐渐与政府或开发商讨价还价，征地费开始反映供求关系。因此，提高征地费和征地程序的公正性，已成必然之势。

构建合理的农村土地征用制度，一是有利于遏制圈地运动，降低城市用地增长弹性系数，使农地非农化与人口城市化基本同步；二是有利于平衡城乡利益分配，充分体现公平原则；三是有利于消除房地产泡沫，确保国家宏观经济健康平稳运行。

进一步完善土地征用制度，必须充分尊重集体土地产权的平等权利和切实保障农民的基本权益。首先应该明确征地为“公共利益需要”的目的性，清晰界定公共利益的范畴，严格控制征地规模，逐步缩小征地范围。对确属公共利益需要且必须征用的（如市政基础设施建设），也应该提高征地程序的规范性和透明度，赋予农民知情权、参与权、监督权、申诉权，建立征地管理、征地事务、征地裁决相分离，体现公开、公平、公正原则的征地程序；同时按市场经济规律改进征地补偿办法，在提高补偿费的同时落实安置责任，加强对集体留存资金的监管，可以考虑将部分款项设立综合保障基金，以解决农民的最低生活、养老、医疗保障以及就业培训与指导等事宜。对不属于公共利益的房地产开发，或者带有公共利益性质但不一定须要政府征用的（如工业园区），应改变过去非农建设用地必须通过国家征用变为国有土地的模式，允许集体土地的产权主体在符合土地利用与城市规划要求的基础上直接与用地者协商谈判，而无须改变土地的集体产权性质，政府不仅无需因靠低地价吸引投资而压低征地补偿费却向农民转嫁招商成本，还可以通过征收土地使用税增加财政收入，同时也让农民在市场经济中分享城市化与工业化所带来的收益，避免使过多种田无地、就业无岗、低保无份失地农民沦为“城市贫民”（据估计目前全国失地农民近4000万，其中属于失地又失业的占一半左右），真正促进城乡协调与一体化发展。

当然，要切实有效保护农民权益，仅仅完善征地制度是远远不够的。还必须从法律上提升农村集体土地产权的地位，从经济上调整土地收益的分配机制，从政治上改进经济发展中的行政激励机制和干部使用中的考核机制，这样才能从根本上改变目前普遍存在的一味追求政绩、损害农民利益、粗放利用土地的局面。

专栏一　关于私有产权制度的争论及其辨析

（一）社会主义相关理论及其实践

在社会主义者看来，私有制及由其产生的阶级和剥削，是人类社会一切灾难、痛苦和不平等的根源，私有制观念及其集中体现的个人主义、利己主义是万恶之源。空想社会主义理论正是在对私有制不合理性认识的基础上产生的。“私有制是一切罪恶之母”（摩莱里），是“人类一切不幸的主要源泉”（莫布里），私有制“过去和现在都是人们所犯的无数罪行和所遭受的无数灾祸的根源”（欧文），“私有制使人变成魔鬼，使全世界变成地狱”（傅立叶）。因此，对于大多数空想社会主义者来说，其第一信条就是消灭私有制。科学社会主义以及共产主义思想也是在对私有制进行批判的基础上萌芽和发展起来的。指明资本主义私有制同社会化生产力的矛盾是资本主义社会的基本矛盾，并揭示了它的发展规律，是整个科学社会主义理论的出发点和基础。正是在这个基础上，马克思、恩格斯指出资本主义必然灭亡，社会主义必然胜利，公有制必然代替私有制，是人类社会不可抗拒的历史规律。马克思、恩格斯在《共产党宣言》中着重指出：“共产党人可以用一句话把自己的理论概括起来：消灭私有制。”

十月革命以来先后诞生的社会主义国家，都是在这个思想的指导下进行社会主义建设的。人们期待着一个同私有制社会相反的，平等、公正、富裕、自由的新社会的出现。但是，这种新社会却处于长期的难产之中，而且在前苏联、东欧则遭到夭折，现已重新回到私有制社会。事实上，随着社会主义实践的发展，逐渐地暴露出许多理论同现实之间的矛盾与背离。比如公有制的建立并不能自然而然地带来生产力的发展，反而是常常严重地阻碍生产力的发展；在传统的社会主义模式下，人民群众很难真正发挥主人翁的作用，很难调动起他们的积极住，反而使消极怠惰之风不断滋长和扩散，使整个社会缺乏生气；公有制也无法保证经济有计划按比例的持续发展，常常会出现经济比例失调，甚至出现危机状态，不能保证人力、物力、财力的合理使用，甚至人为地带来巨大的浪费，给生产力发展造成严重破坏；等等（黄宗润，1994）。

（二）自由主义相关理念

但在自由主义者看来，私有产权制度却有着巨大而不可替代的积极意义。概括起来主要有以下五个方面（萨恩斯坦，1994；布坎南；玛格丽特等，1982；刘军宁，2001）：

1. 私有制有助于提升效率

第一，私有制充分利用了人类追求自身效用最大化的自利倾向，在一个没有私有财产权的制度下，这种激励因素就会受到抑制，不仅导致懒惰和浪费，而且会产生欺骗、搭便车行为和道德危险等，导致监督费用过于高昂。

第二，私有制起着重要的协调作用，能诱导人们把生产活动投入到它最有价值的领域。它保证了成千上万的消费者的不同喜好能够在市场的结果中反映出来。通过这种方式，避免了命令型经济带来的产品的不适当短缺。

第三，私有制一次性地解决了棘手的集体行动问题。如果财产是无主的，谁也不会有充分的动机去有效利用财产，或保护其免受非法利用。私有财产权的创设确保财产使用外部性由那些产生社会损害或收益的人们内在化。

第四，私有制通过提供稳定性和对预期的保障，为国际和国内投资与创业创造前提条件。

2. 私有制有利于维护平等

第一，私有产权如同人的生命和身体，是个别公民具体感受的重要组成部分，只要整个法律体系能保障个别公民的私有产权免受侵犯，他们的具体感受便是平等。

第二，只有在私有产权获得切实保障的前提下，才能缩小政治权力的寻租空间，使得“法律面前人人平等”的政治平等原则得以充分地保证。

第三，只有保障私有产权，才能产生具有效率与活力的市场机制，而相对于财富分配的政治权力，以财富创造为特色的市场机制，有更为广阔的空间实现机会平等。

第四，只有保障私有产权，才能带来持续的经济繁荣，为尽可能的结果平等创造条件。

3. 私有制有利于保障自由

第一，私有产权一方面容许专业化和交换，从而容许人们获得有效收益，另一方面也容许个体参与者享有相应的无成本的退出选择权，从而为人们提供面对不利市场因素的某种保护和绝缘手段。简言之，私有产权为人们提供了进入和退出市场竞争的经济自由。

第二，私有产权开辟了属于公民私人的自治领域，在私人领域之内，公民拥有相当的人身自由和政治自由，政府不得任意侵入和干涉。

第三，私有产权是实现独立与完整人格的必要条件。人要实现自我的全面发展，就需要对外在资源有所支配，而财产权对确保该支配是必不可少的。也就是说，私有财产权是人作为人的一种权利，是人的生命权和自由权的必然延伸，也是它们的一种保证。

第四，私人的或独立的财产权要真正成为自由的守护者，还必须设定有效的宪法制约，以抑制政治对（法律界定的）财产权利，及对涉及财产转移的自愿的契约安排的公开侵扰。尤其对个人自由的保护而言，这些宪法限制还必须优先且独立于任何民主治理，因为不受宪政制衡的民主，也可能带来“多数人的暴政”。比如相对于专制国家的“没收财产”，民主国家通过税收转移的“财政剥削”和通过通货膨胀的“货币剥削”更为隐蔽。

4. 私有制是民主的前提

第一，具备一个稳定的财产权制度中的权利，对民主来说是必不可少的。因为有了这个权利后，国家将只能偶尔或以有限的方式进行干预，并需具备补偿条款。

第二，私有财产权是公民身份的必要前提。因为公民地位意味着相对于政府权力的一定程度的独立。而只有在一个所有权能通过公共机构得到保护的制度中，个人相对于政府的安全与独立，才能得到保障。人民只有获得免于政府侵犯的一定程度的安全感后，才能够毫无畏惧地独立地参与民主商谈。

第三，私有财产权有助于增强对政府任意干涉和压制的抵抗力。在没有私有制的状态下，公民只能依靠政府官员的善良意志，而这几乎是一个每天都变的基础。人们所有的只是特权而不是权利。反言之，破坏民主制度的最好方法之一，就是把财富和资源的分配，搞得变化不定，并且使其经常地屈从于政治过程的再评估。

第四，私有财产权有助于创设一个欣欣向荣的公民社会，即一个政府与个人之间的中间地带。这既有助于带来经济繁荣，也有助于提高民主自治。

5. 私有制是宪政的基础

第一，保护私有产权就是保护人权。在任何情况下，宪法和政治制度不保障财产权，总是对有权者有利，使穷人、普通人受害。人对财产的权利，不是物的权利，而是人的权利，是人拥有财产的权利。因此，保护财产权的价值，不仅仅在于对财产权的保护，而且在于对人权的保护。

第二，私有产权是正义的界线。洛克说：“没有财产权，就不可能有非正义。”因为连侵犯财产都不算非正义，这个世界上还有什么正义可言？在私有财产权消失的地方，正义与非正义之间的界线也就消失了。

第三，财产权是其他一切权利的防火墙。剥夺了私有财产权，也就剥夺了结社权，因为大家已没有共同的财产需要保障，在民众之间很难产生有组织的行动。对财产权的发现和对个人的价值与尊严的发现是一致的。在宪政之下，政府无权剥夺公民个人的自由、权利与财产。侵犯个人的财产即是侵犯个人的自由与尊严。

第四，私有财产权是“法治精神”的土壤。只有财产权利的分立，才能产生个人自由和尊重他人自由的道德观念，才能培养出一种对超越任何个人和团体利益的规则的尊重。

（三）对私有制偏见的释疑

由上述分析可见，私有产权制度是人类理性自利的人性条件下的必然选择。私有制不仅能提升效率，从而带来经济增长与繁荣，也是自由平等的保障，是走向宪政民主的前提。没有私有制，就没有宪政民主社会的诞生，就没有自由社会的存在。因为如汉密尔顿所言，对人的生存的控制会导致对人的意志的控制。而通过宪政来保障私有财产权，不仅破除了政府权力的垄断从而能更有效地保护私有产权，而且解除了政府控制个人生存的机会，因而也就杜绝了政府对人的意志的控制，这是自由社会的根基。私有制与宪政体制，好比相辅相成的两个轮子，分别从经济和政治两个方面确保现代市场经济的健康发展和促进社会进步。历史经验也表明，通过宪政有效地保护私有产权，正是西方国家崛起并长期繁荣兴盛的关键；而缺乏对私有产权的宪政保护，正是中国近几百年来无法产生工业革命并逐渐落后于西方的根源。即便如此，中国漫长的土地产权制度的变迁历史中，还是能反映出产权明晰化以及国家权力对私有产权的尊重与保护逐渐增强的总体趋势，只是这种缓慢的量变尚未达到西方国家质变的程度。

从产权经济学的角度分析，一个良好的、有效的产权制度必须至少具备三大条件：一是产权稳定，只有稳定的产权才能形成稳定的心理预期，并导致长期而理性的行为；二是产权明晰，只有明晰的产权才能将外在性最大限度地内部化，使得个人收益尽量接近社会收益并有效防范“搭便车”、“寻租”等行为，从而形成良性激励；三是产权分立，只有分立的产权才能破除垄断，充分调动个人积极性，在自由竞争基础上形成有效率的市场机制。简单地概括起来，要兼顾产权的稳定、明晰与分立，就是要形成宪政保护下的私有产权制度。

至于传统社会主义者对私有制的痛恨与偏见，笔者认为主要原因在于：传统社会主义者将人类历史尤其是资本主义社会中的丑恶现象，简单而错误地归罪于产权私有的经济体制，而没有认识到隐藏在私有制背后的权力（尤其是不受制约的权力）才是其中的罪魁祸首，更没有认识到产权的不断明晰化以及为保障产权明晰化且不受任意侵犯的对权力的日益限制（最终导致了宪政体制的诞生），是人类社会进步的源泉。事实上，以社会主义者最为痛恨的剥削与压迫来说，其根源在于不受制约的特权而非私有制，即特权阶层追求自身利益最大化是产生剥削与压迫的根源，私有不过是其实施剥削的手段，压迫则是保护剥削的政治手段。换句话说，即使消灭了私有制，在公有制条件下，只要存在特权，就一定存在相应方式的剥削与压迫。另一方面，在每种政体之下，都存在着不同程度、方式对私有财产的保护。在非宪政体制下，对财产的保护是差别性，既统治者的财产比普通民众的财产优先得到保护。权力越大，得到的保护就越多，一旦失去了权力的依托，财产就面临危险。在宪政之下，财产有多寡，财产权作为一项普遍的权利，是人人享有的平等的权利。宪政的宗旨正是致力于给所有公民的私有财产，不论其背后是否有政治权力的背景，都加以一视同仁的保护，即使最高统治者也没有剥夺任何人私有财产的专横权力。所以，宪政是人类迄今为止一切政体中对普通人的私人财产提供的保护最为有力、最为一视同仁。总而言之，私有制并非剥削压迫等丑恶现象的根源，但在缺乏宪政制衡条件下，私有制确实起着一种加剧两极分化、积累社会矛盾以及扭曲人性的作用，但在宪政体制下，可以有效消除寄生在私有制身上的丑恶现象，并且能充分体现私有制的积极效应。

专栏二　围绕我国土地产权制度改革争论的辨析

土地制度是关于人地关系及其人与人关系的法制规范，它具有强制的约束性。土地制度的变革是整个社会变革的基础。正如马克思所说："我早就确信，社会变革必须认真地从基础开始，就是说，从土地所有制开始。"土地制度的改革，是在一定的社会生产方式下人地关系及人与人关系出现矛盾的条件下产生和发展的。当一定的社会和国家在土地无法满足人们自由而无限地占有和使用土地时，人地关系及人与人的矛盾就突出，国家就必须加强对土地的管理，并制定一定的地权制度对土地所有权和使用权等加以必要的规范，以防止因土地占有和使用的无限扩张而引起对社会公益及人们生存权的妨害。土地制度改革的基本目标，主要在于保障每一个生存在土地上的人们享有公平利用土地的机会和权利，并求土地资源不致浪费，使土地利用率和生产率不断提高，社会全体福利得以增进。

(一) 农村土地产权制度

目前我国关于土地产权制度改革的理论探讨主要集中在农村土地产权制度方面。这种"重农轻市"的局面显然与我国近年来"三农"问题突出以及土地在其中的重要性有关。要明辨关于农村土地产权的理论纷争，必须首先清晰完整地理解我国农村土地产权独有的特性。

1. 我国农村土地产权的特性

(1) 地权的所有性

存在所谓马歇尔效应即负向激励的租赁效应，即农民租种的土地的产出率低于其自己拥有的土地的产出率，因为土地租金相对于土地税，会降低农民的生产和投资积极性。

(2) 地权的稳定性

不稳定的地权使农民对自己所拥有的地块缺乏长期预期，因为土地不定期调整的作用如同一种随机税（Besley，1995）。这不仅会导致农民减少对土地的中长期投资，造成农业绩效的下降，而且会诱导农民对土地的掠夺式开发，如尽量使用短期见效的化肥而非绿肥。市场自由交易、转让所带来的土地调整不会影响农民的投资积极性，因为能够得到大家都接受的恰当的补偿；但由行政强制进行的土地调整，一方面本身可能缺乏能够确定合理补偿的市场环境，另一方面双方也不处于平等的谈判地位。

稳定的地权明晰了土地的产权，有利于农民利用抵押贷款和更高的土地交易价值，从事资金门槛更高的投资，从而也有利于农业的专业化分工和产业结构的提升。

（3）地权的可转让性

土地的自由流转可带来边际产出拉平效应和交易收益效应，有利于优化资源配置。前者促使土地向土地边际产出较高的农民集中，促进了农村要素比例的平衡；后者指土地可交易性的增加可提高农民在必要时找到买主或承租者的可能性，从而增加投资的价值和积极性。尤其在工业化加速地区，农民进行非农转移的预期较高，如果无法完全通过土地交易兑现其先期投入，将大大抑制农民对土地的投资。在近期土地由于社会保障功能而不得不进行调整均分的情况下，增强土地产权的可转让性，无疑是退而求其次的必然选择。

（4）地权的长期性

地权长期化对农村人口可起到自然抑制的作用，因为农民不得不通过少生孩子来减轻对土地的压力；土地的可继承性也使得农民可以把土地继承权当作筹码，以换取子女的赡养；地权个人化程度提高还会增加土地使用权的转让价值，有利于部分农民通过转让土地而筹集进城资金，从而加快农村劳动力的转移。

（5）地权的保障性

由于大部分中国农村地区仍处于温饱线上，现金收入水平低下，长期以来仅有的社会保障是以过去农村“三提五统”收费为基础的“五保户”制度和低级的医疗保障制度，缺乏养老保险和失业保险，因此以土地均分为特点的低个人化的农地制度，可以视为农民克服生存压力的一个集体回应，即对现金型社会保障的一种替代。但笔者认为，私有土地同样具有社会保险功能，之所以平均主义的土地制度是多数村庄的自己选择，一方面有政治上的压力，另一方面也有对制度、市场不完善的顾虑，因为私有土地产权缺乏有效保护能够避免强权的任意侵犯。随着社会的进步，至少在经济发展程度不一的地区，由于对土地社保功能需求的差异，对土地产权也应该有不同的制度偏好与选择。

（6）地权的博弈性

制度是利益主体博弈的产物，农地制度则是国家和农民之间博弈的结果。从集体生产到家庭经营制度变迁的顺利，在于其既增加了农民收入又提高了全国粮食产量，是双赢的帕累托式的改进；但其后农民对地权进一步个人化的要求，与国家保留对地权的控制发生了冲突，主要源于国家对社会稳定（农民生存保障）和粮食安全的忧虑，尽管这种担心并不一定完全科学（有研究表明农业生产的市场化并不必然导致食品供应的短缺）。

2. 农村土地产权制度改革的主要观点及其辨析

（1）实行土地国有制

这种观点以杨经伦为代表，认为中国资源稀缺，国有化便于国家对土地资源的高效管理；国有化也有利于国家以收取地租形式形成农业发展基金，并有利于土地的规模经营；由于对人民公社制度“三级所有、队为基础”的变革，使农村地产实际上处于无主状态，也便于农村土地的国有化。

（2）实行土地私有制

这种观点以杨小凯、文贯中、陈志武、秦晖等为代表，认为私有化有助于提升经济效率并合乎人性、社会进步规律；土地私有化明确界定了产权，造就了具有内在动力的农业投入机制，保证了农民劳动的积极性和规范的积累，有助于形成与完善土地的买卖、出租、入股等土地市场体系，加速土地的流动和集中，从而实现规模经营和土地资源的高效配置，也有利于形成良性循环的财政机制，同时从经济基础上限制执政者的机会主义行为，有助于形成宪政秩序；而且按现有的使用权私有化不会加剧贫富分化，因为目前土地使用权的分配相当平均，相反，土地私有会去掉村干部调整土地分配的特权而减少贫富分化；土地私有还有利于农民变现土地积累进城资本，可降低土地对农民的束缚，加速中国的城市化进程。制度设计的基本原则是：农民自己比官员更会对自己负责，农民自己比官员更知道怎样做才会对自己、对后代更好。而只有把土地产权分回到家庭个人，才可彻底发挥出农民最自然的责任感，否则农民没有别的选择，只能事事靠国家，也只能事事怪国家。

（3）完善土地集体所有制

这种观点认为，土地国有永佃和土地私有化都不可行。实行土地国有，一方面是国家没有足够的财力赎买集体的土地，另一方面是可能形成对农民的新的剥夺。实行土地私有制则直接受到我国现有的政治经济制度的制约，小规模的土地私有也可能会阻碍土地的流转，妨碍规模经营和农业生产效率的提高。而中国现行的农村土地所有权具有准国家所有制特征，并非现代产权意义上的规范的集体所有制。这种制度能够基本适应以农业为主的，不发达的和相对稳定的农村社会经济结构，不能够适应处于工业化、城市化过程中的农村社会经济结构调整的需要和城市发展的需要。中国现行宪法规定的农村土地农民集体所有制从理论上来说，并没有得到实现，而是被国家利用行政权力架空了。因此，改革现行农村土地制度完全不需要首先修改宪法，而是可以直接在现行宪法的基本框架下进行。林毅夫则强调农村集体的成立强制性及集体权法定性，认为农民事实上不具有进入退出集体的自由权，而农民作为一分子所拥有的土地权利当然也事实上不可能由个人来行使，因此要求赋予农民自由退出集体经济的权利（张林江，2003）。

（4）实行永佃制

以杜润生、陆学艺、周其仁等为代表，认为集体所有制徒有虚名，而要营造新的集体所有权主体又是不可行的，实行私有制也不可能。所以，解决的办法是把土地的使用权永久性地出让给农民。这样既有利于稳定农民的投资预期、杜绝短期行为，从而更有利于务农积极性和土地的资本化，也有利于断绝各级政府和农村集体利用权力剥夺农民的机会。

（5）维持承包制

以温铁军、姚洋、蒋中一为代表，强调维持现有承包制度，不做或尽量少做调整，坚持一贯的农村土地社会保障功能论，并以经济实证方法证明农地的规模化经营未必能提高农业生产效率，认为现有土地承包制尤其内在合理性，在多数农民没有找到就业途径前不能对农地轻举妄动。

（6）农户个人所有制

这种观点与前一种观点相反，认为经过20多年的农村变革以后，农地本身的价值和功能已发生根本性变化（刘守英，2000）。在改革初期，由于农民的收益来源相对单一，因此，农地所承担的主要功能是收益性的和生存保证性功能。到今天，农民的经济来源已大大分化，土地的收益已只是农民收益的一部分来源，因此，土地的主要功能对农民来讲主要是一种资产的权利和保险。在这两种不同的功能需求下，农民对土地的权利安排需求也不一样，在前者，土地的权利安排只要能实现他们对土地收益剩余权的获取即可，而在后者，他们更要求对这种资产的权利有稳定、可信和长期的保障。因此，农村土地产权制度改革的方向应是将现在土地产权框架中的两级构造，转变为农户排他性地对土地行使永久的、可转让的和可继承的产权。

（7）小结

上述六种观点可以划分为三种类型：国有论、私有论、集体论。其中：第一种观点属于国有论；第二、第四和第六种观点均属于私有论，其中第四种观点属于“名义国有、实质私有”；第三和第五种观点属于集体论，但相对后者的“不做或尽量少做调整”，前者显得更为激进些。这些观点的基本思路特点如图4－15所示：

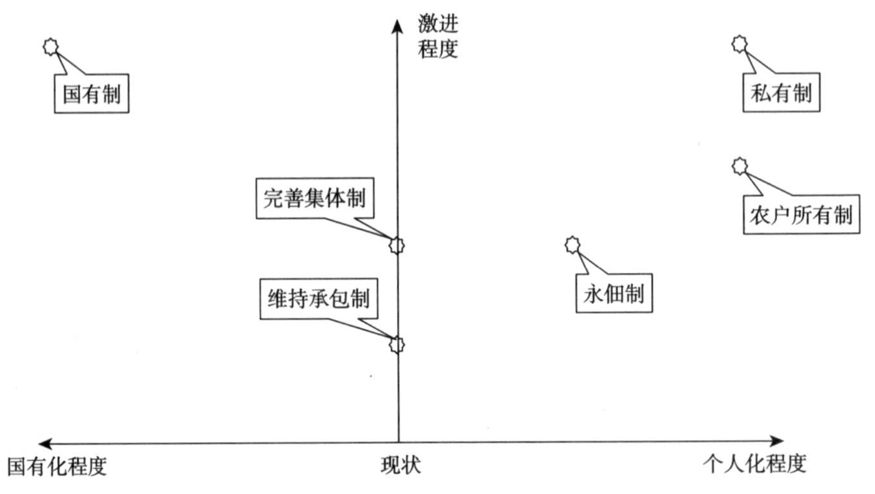

图4－15　当前农村土地产权制度改革思路特点示意

总的来说，农村土地国有化不仅不符合土地产权明晰化的发展趋势，而且其实施在经济、政治上均有巨大的障碍与风险：即土地所有权由集体过渡到国家，国家若采取收买的方式，则现有国情无法提供如此巨额的资金；若采用无偿剥夺的形式，必然会引起社会的剧烈震荡，也易导致旧体制的复归。私有化尽管符合产权发展的经济规律，能够明晰产权、提高土地资源配置效率，但其政治上的风险性和操作成本的昂贵性使其很难实施：一是面临社会主义以公有制为主体基本制度的刚性约束，至少在近期难以实施；二是土地所有权界定非常复杂，其交易费用与操作成本十分昂贵，这在产权明晰的收益很高的条件下是可行的，关键是在现阶段土地私有对农民社会保障是否有负面影响，将极大左右对土地私有收益成本的评价。在现有集体承包制框架下的微调与完善，尽管较为现实更具可操作性，但无法完全克服集体公有产权的内在缺陷，即难以做到产权的真正彻底地明晰化。

（二）城市土地产权制度

1. 主要论点

目前主要有三种：一是“权利束论”；二是“物权论”；三是“完善论”。

（1）权利束论

主张舍弃简单的土地所有权与使用权两权分离的做法，代之所有权的权利束理论，其依据主要是《中国民法》的规定，财产所有权包括占有权、使用权、收益权和处分权。根据这一理论，当作为土地所有者的国家将土地使用权赋予土地使用者时，其法律上的意义并不仅仅是所谓所有权与使用权两权分离，而是国家将其对土地的所有权的一部分有条件地赋予土地使用者。从而构成了土地所有者、土地使用者和国家管理土地权利束。

（2）物权论

以物权理论重塑土地产权制度。“土地产权是不动产物权（包括自物权和他物权）的简称，以土地所有权为基础……”，“土地产权的权利束是以物权理论为基础的”，“不动产物权中的他物权已从原有的用益物权和担保物权扩大到实际经济生活中的各个方面”。

（3）完善论

在两权分离的基础上，充实和完善的土地产权结构，即在现行出让、转让制度的基础上设置土地他项权利，如出租权、抵押权等。

2. 基于波斯纳财产法的分析框架

经济法学大师波斯纳（1994）认为：一个有效率的财产制度须符合以下三个标准：普遍性、排他性、可转让性。即：“如果任何有价值的（意味着既稀缺又有需求的）资源为人们所有（普遍性，universality），所有权意味着排除他人使用资源（排他性，exclusivity），和使用所有权本身的绝对权，并且所有权是可以转让的，或像法学学者说的是可以让渡的（可转让性，transferability），那么，资源价值就能最大化。”

所谓普遍性是指，所有的资源（除了有的资源太丰富并且难以量化界定，如日光、空气，以致每个人都能尽情享受），都应该或可以归某个人所有，且这一种所有必须是通过制度界定并表现为权利。我国城镇土地国有，不容许土地私有制的存在，未在国人之间再进行土地的权利划分和界定，实际上是垄断土地所有权，不利于稀缺资源的有效利用。排他性意味着特定的财产只能有惟一的权利主体，其他人或集团除非通过交易和赠与，否则不能得到它。只有通过社会成员间相互划分对特定资源使用的排他权，才会产生适当的激励。但由于“国有”概念的含糊，使得法定土地所有者其实处于缺位或不明确状态，所以，国家对城镇土地所有权的排他性是大打折扣的。这为缺乏有效监管的国家各级代理人的权力寻租创造了条件。一个有效率的财产权制度还要求财产权利必须是可以转让的。因为拥有财产所有权的人未必就是最有能力合理配置财产的人，必须存在一种可以诱导所有权人将财产权转让给某些能更有效使用该财产的人的机制。但我国城镇土地仅允许土地使用权的交易，这种不完整的可转让性一方面由于使用者只关注在使用期内如何使自己的利益最大化，而极易导致对土地的破坏性、掠夺性使用；另一方面由于转让权利基础的差异，包括存量与增量的区别以及增量之间的区别，也容易受到土地隐形市场的冲击。

专栏三　关于农村土地制度的问卷调查

2007 年初，笔者在同事的帮助下曾对位于中部地区的湖南省宁乡县进行了关于新农村建设的问卷调查，其中有三个问题涉及土地制度。本次问卷调查主要针对该县的村干部，尽管并非完全体现普通村民的真实意愿，且部分问题相对敏感也不一定完全体现村干部自己的真实想法，但仍然可以从中发现不少有价值的信息。

湖南省宁乡县位于湘中偏东北、湘江下游西侧、洞庭湖南缘，隶属长沙市。全县共辖 33 个乡（镇），总人口 130 余万人，其中农业户籍人口为近 120 万人，除了县城工业化发展迅速之外，总体上还是一个农业大县。我们对该县所有的村庄发放了调查问卷，共计发放 392 份，回收 345 份，其中有效问卷 300 份。

为了深入剖析问卷结果，我们对该县农民人均收入进行了划分。其中，农民人均收入在 4300 元及以上的村庄为高收入村庄，人均收入在 3500 ~ 4299 元之间的村庄为中等收入村庄，人均收入在 3500 元以下的村庄为低收入村庄。三种收入等级的村庄数量大致各占 1/3。三个与土地制度有关的问题是：影响本村发展的主要因素、本村对农村土地制度改革的看法以及假如土地归农民个人（家庭）所有的村民意愿。为统一标准、便于比较，我们将意愿按程度进行了分级，其中最高为 3，最低为 0。

1. 影响本村发展的主要原因

A. 思想陈旧、观点落后　　B. 区位交通不好　　C. 基础设施落后

D. 缺乏发展的明确方向　　E. 缺资金、缺项目　　F. 土地不能自由流转

（1）从全县分析

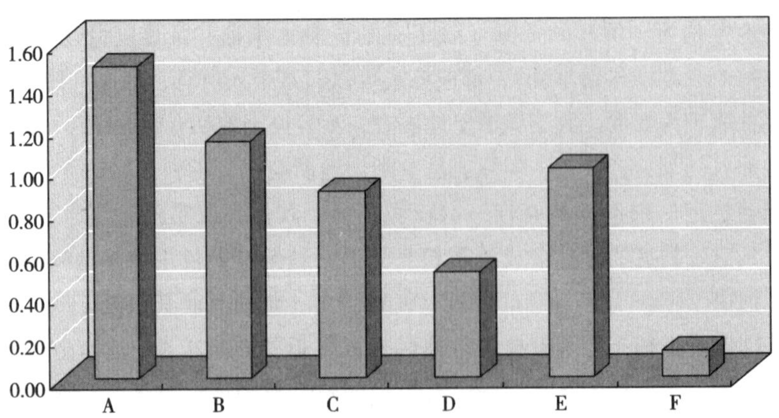

（2）从村庄分析

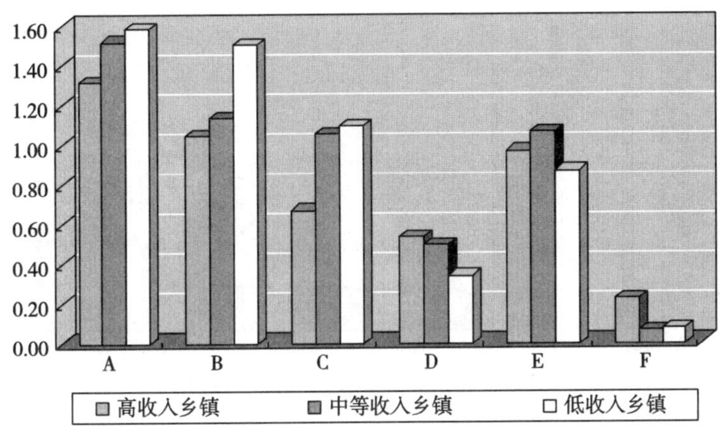

（3）简析

从全县来看，“土地不能自由流转”的得分仅为0.12，在6个选项中明显最低。这说明在中部地区，至少在村干部看来，土地流转问题还不是影响当前农村发展的关键因素，思想观念、区位交通、基础设施、资金项目等要重要得多。但另一方面，高收入村庄对土地能否自由流转的关注程度要明显高于中、低收入的村庄，说明随着农民收入增长尤其是收入增长的方式改变，土地流转的需求也开始加大。

2. 本村对农村土地制度改革的看法

A. 承包期间不随意调整就行　　B. 征地赔偿标准还要提高

C. 土地应该可以股份化　　D. 土地应该归农民个人所有

E. 去城市打工也可以保留承包地　　F. 土地使用权应该能够抵押

（1）从全县分析

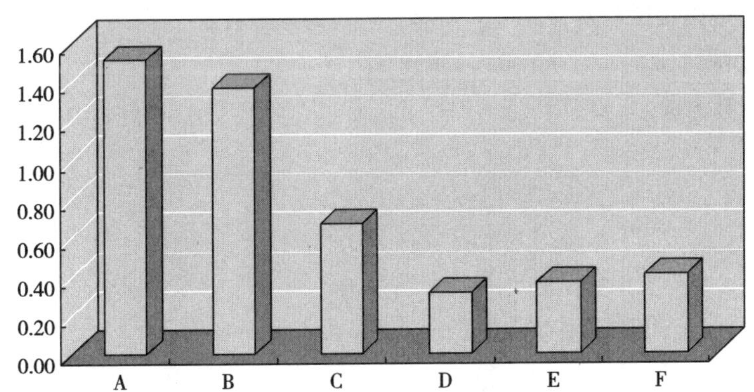

（2）从村庄分析

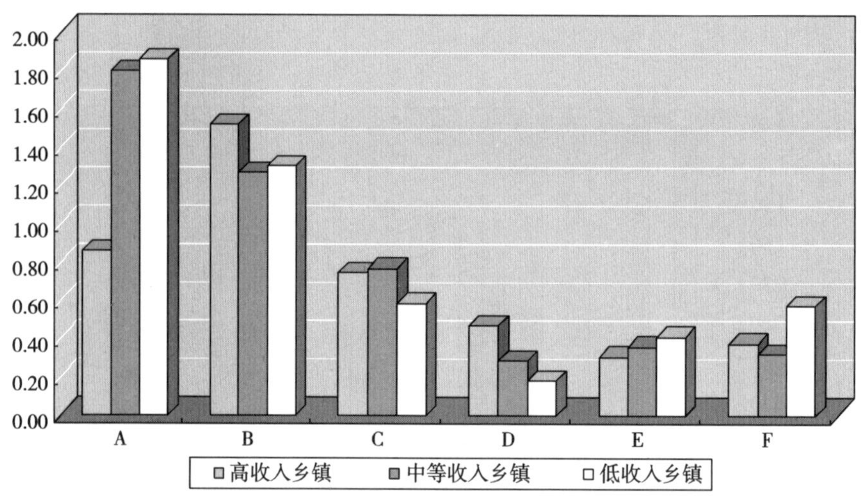

（3）简析

从全县来看，宁乡县的村干部对土地制度改革最主要的看法是承包期间不能随意调整以及提高征地赔偿标准，其次是土地可以股份化、土地使用权能够抵押、去城市打工也可以保留承包地等，持土地应该归农民个人所有这样看法的最少。

从不同收入水平的村庄来看，承包期间不随意调整就行和去城市打工也可以保留承包地这两种看法的重要性与收入成反比，特别是高收入村庄认为承包期间不随意调整就行的要比中、低收入村庄的少很多。而高收入村庄认为征地补偿还要提高和土地应该归农民个人所有的比中、低收入的多，因为高收入的村庄大多位于城镇周边，征地的现象相对较多，农民也比较关心征地补偿的事宜。低收入村庄认为土地使用权应该能够抵押的比高、中收入的多很多，因为对低收入村庄而言，土地使用权抵押也可能成为重要的资金来源。中、高收入村庄认为土地应该股份化的要比低收入的多一些，因为中、高收入的村庄更加注意土地的生产经营方式，土地集约化和产业化经营的需求也更高。

3. 假如土地归农民个人（家庭）所有，村民的意愿会是

A. 愿意卖掉（%）　　B. 被迫卖掉（%）　　C. 理性处理（%）

（1）从全县分析

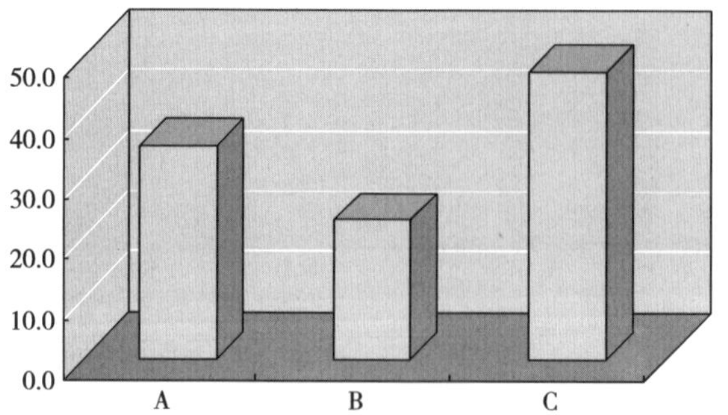

（2）从村庄分析

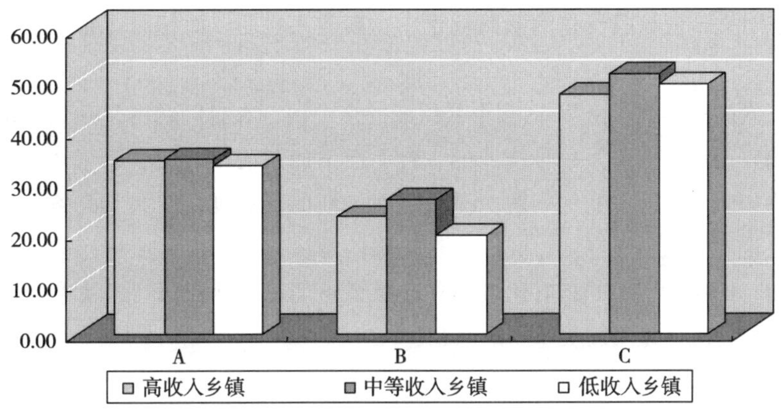

（3）简析

从全县来看，假如土地归农民个人（家庭）所有，只要价格合适愿意卖掉土地的农民占35.3%，这部分人主要包括外出打工者、在外经商的、缺乏劳动力的家庭、富裕户或者是贫困户。认为会造成盲目或者被迫卖地，导致家庭无所依靠的占23.2%。认为自己会理性处理土地问题，不会出现家庭无所依靠问题的占47.8%。

从不同收入水平的村庄来看，中、高、低收入村庄只要价格合适愿意卖掉土地的村民比例和认为自己会理性处理土地问题的村民比例都差不多。而认为会造成盲目或者被迫卖地的村民比例则是中等收入的村庄要高一些，低收入村庄的比例最低。只要价格合适，高收入村庄愿意卖掉土地的村民主要有富裕户、在外打工或经商人员，中收入村庄愿意卖掉土地的村民主要是在外打工或经商人员、劳动力不足的家庭，而低收入村庄愿意卖掉土地的村民主要是在外打工或经商人员和没有劳动力的家庭。可见缺乏劳动力已不再是高收入村庄农民愿意卖掉土地的主要原因。

4. 小结

从此次问卷调查的结果来看，农村问题包括农村土地问题具有一定的复杂性和地域差别性。复杂性主要表现为有的结果出乎于很多人的预料之外，比如土地自由流转在村干部心目中所占的地位是如此之低，土地归农民个人所有的得分也大大低于预期。当然，这并不一定代表普通农民真实意愿，因为中国许多地方村干部在土地分配上具有相当的权力，土地归农民个人所有与村干部的利益存在一定的冲突，而且许多村庄还有非承包的集体土地，这一选项的含义有可能使村干部产生一定的误解，这从大多数村干部认为一旦土地归农民个人或家庭所有情况下农民会理性处理土地得到印证。而且即便有部分农民可能会不理性地处理自己的土地，也不构成对土地私有的否定，因为世界上永远不存在也不会有十全十美的制度设计，不能因为几个不负责任的农民，就要求所有负责任的农民都付出代价。

地域差别性其实也是复杂性的一种表现形式，突出表现为不同收入等级的村庄、甚至不同乡镇的村庄，在选择意愿上存在一定的差异，从中也可以在某种程度上反映出土地制度改革的未来方向，比如高收入村庄相比中、低收入村庄更加关注土地能否自由流转，高收入村庄对承包期间不随意调整的关注度相对较低，但对提高征地补偿要求更高，低收入村庄对土地应该股份化的意愿低于中、高收入村庄，而相对更希望土地使用权能够抵押。

一个县内尚且如此，由2000多个县组成的全中国，农村问题的复杂性和地域差别之大不言而喻，很难想像仅凭一种统一的、自上而下的制度设计或者政策体系安排，能够很好地解决如此复杂而多变的问题。提高制度创新的开放度，增大允许各地区探索适合自身情况土地制度的弹性空间，或许才是正确的解决途径。农村土地产权明晰化固然是发展的方向，但农村土地的私有化或许并非是最迫切的，让农民得到更有保障的土地使用权和收益权，应该是当前更重要的课题！

5

土地市场制度变迁与城市空间演变

5.1 土地市场制度变迁

按照本书的界定，土地市场制度包括土地的征收、收购、储备、出让、流转、交易、金融、抵押、担保、典当、租赁、估价等诸多方面，是与土地市场交易直接相关的制度安排的总称。在土地市场发展的不同阶段，其制度类型与发育程度也有所差别。同时，土地市场制度作为实现土地产权价值的主要方式，又对应于一定的土地产权制度。

5.1.1 建国后土地制度的变迁轨迹

5.1.1.1 农村土地制度变迁及其解释

（1）历史变迁

自中华人民共和国建立以来，我国农村土地制度已经历了四次大的变革（孙翠兰，古辉洪，2002）。

第一次变革是将地主的土地私有制变为农民的土地所有制，从而实现了农村土地的农民私有经营。这次所谓的“土改”仅用了三年时间就基本完成，使3亿多无地少地的农民分得了4600多万公顷土地，从而废除了几千年来在我国农村普遍存在的封建土地所有制。

第二次变革是通过迅速的农业合作化，即由互助组到初级形式的半社会主义的农业合作社，再到完全的社会主义农业生产合作社，很快又在1958年开始搞“政社合一”的人民公社运动。以公社作为基本生产和分配单位、无偿平调各生产队的劳动力、生产资料、资金及其他物资，全部自留地和社员家庭副业转归公社所有；办集体食堂，实行吃饭不要钱的伙食供给制，等等。其实质是对农民土地所有权、占有权、使用权和收益权的一种剥夺。

第三次变革是改革开放初期的家庭联产承包责任制。但直到1986年《民法通则》中才确认了农民的土地承包经营权，1993年，中央为稳定土地承包关系又提出：“在原来的耕地承包期到期之后，再延长三十年。”（这被称作我国农村的第二轮土地承包）。2003年的《农村土地承包法》对土地承包经营权按照《民法通则》的规定，给予了充分的财产权利的保护，实现了土地承包经营权从合同权向物权的转化。

第四次变革是目前正在进行中的土地承包权流转的试验。各地的方式各异，包括农地使用权入股、荒地使用权拍卖、规模经营等，主要是对家庭联产承包责任制中土地平均分配和对土地流动权诸多限制，造成对农业产出率提高形成规模与技术瓶颈的进一步发展。但这种变革在“大稳定、小调整”的政策原则下，有多大的创新空间还有待时间和实践的检验。

（2）理论解释

研究学者普遍认为，建国以来我国农村土地制度的演进，主要受制于国家的干预，而这种干预随着农民自主意识和集体力量的增强以及政府权威的相对下降而有所减弱，逐渐从国家一手安排的强权控制演化为国家与农民之间的利益博弈。制度变迁从本质上是制度维持费用与变革收益变动的结果。

① 基于制度费用的解释

周其仁（2004）的研究表明：国家只有在制度维持费用远大于其收益的状况下，才会不顾忌既有权力结构和意识形态的连贯性以及对原政策制定人权威甚至国家合法性的不利影响，被迫作出经济政策的改弦更张，进行适度的制度变革。从图 5－1 可见，在 1952 至 1982 年期间，国家控制农村的费用增长明显快于收益增长有两个高峰期。第一个是在 1957～1961 年间，由于大跃进造成农业大歉收和严重饥荒，导致随后国家不得不在农村经济政策上作出调整，尤其是承认了家庭副业的合法地位和确立以生产队为基础的体制。前者是防止饥荒重演的阀门，后者则是农民反对共产风与国家保留人民公社制度框架之间的调和物。第二个发生在 1972～1981 期间，由于农村长期贫困尤其是落后地区改变制度的迫切需求，与文革之后国家希望以政策上的退步换取农民政治支持的愿望基本一致，促成了包产到户和土地承包制的迅速推广，农村经济的潜力得到空前释放。

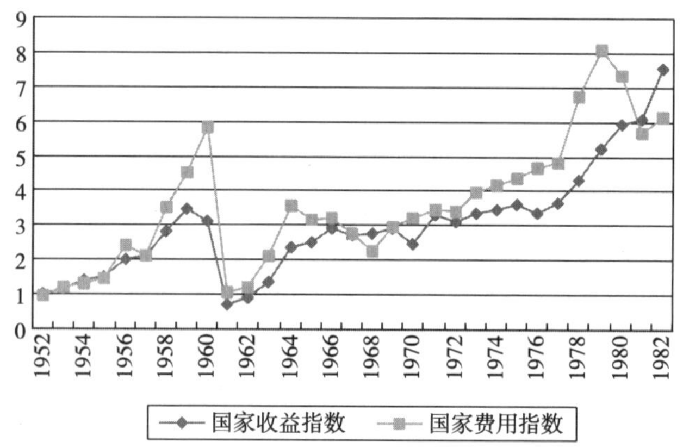

（图中纵轴数值取 1952 年为 1，曲线主要反映收益和费用各自的增长速度，而非绝对值的直接比较）

图 5－1 国家控制农村的收益和费用指数（1952～1982 年）

本图数据引自：周其仁（2004）

② 基于博弈论的解释

董国礼（1999）认为，1949 年后国家对农村土地产权制度安排的干预，是政权内卷化的表现。政治的内卷化必然出现基层社会的经纪体制，通过经纪体制的推行，国家权力深入到乡村社会，对乡村社会的剥削日益加重，但同时经纪体制的存在致使国家提取的租金不能大幅度增长，即社会整体经济绩效低下。比如 1980 年代中期以来，一些地区（尤其乡镇企业欠发达的地区），由于地方政府和乡村干部的经纪行为，使得税费超过农民预期净收益，从而引起农民弃地进城。内卷化的制度安排必然导致一种社会或文化模式在某一发展阶段达到一种确定的形式后，便停滞不前或无法转化为更高级的模式。由于制度安排也是利益主体博弈的产物，因此，随着国家纯粹凭自身利益一手把持产权安排时代的结束，产权制度必将追随并体现国家与社会之间力量和地位格局的改变。

博弈论（game theory）是研究决策主体的行为发生相互作用时的决策以及这种决策的均衡问题，个人（集团）效用函数不仅依赖于他（们）自己的选择，而且依赖于其他人的选择。博弈论把博弈分为合作博弈（cooperative game）和非合作博弈（non-cooperativegame）。合作博弈与非合作博弈之间的区别重要在于人们的行动相互作用时，当事人能否达成一个具有约束力的协议（binding agreement）。合作博弈强调的是集体理性、效率、公正、公平。非合作博弈强调的是个人理性、个人最优决策，其结果可能是有效率的，也可能是无效率的（张维迎，1996）。以人民公社时期两次围绕土地产权制度变迁的国家与社会的博弈为例：发生于1960年代初期的包产到户的土地产权制度安排，是一种并非对双方都有约束力达成合作协议的结果，而是过多地体现了以国家为名义的统治者个人兴趣的非合作博弈，而恰恰是统治者的政治偏好、有界理性等因素，使1960年代初的政策调整在很短的时间里就流产了。相反，1970年代末的家庭联产承包责任制，更强调了集体理性、效率、公正、公平的原则，而非原有的单方面地出于国家利益的考虑，因而这次国家与社会的合作博弈是有效的，而且为制度的进一步变迁创造了良好的条件。

③ 基于产权合约的解释

刘守英（2002）认为，发生于中国农村1970年代末1980年代初的包产到户制度变迁，是各个村庄根据当时所面对的政策环境及各自的资源禀赋特征所进行的一次重构土地资源产权合约的集体行动。自此支配中国农村产权制度变迁的力量已发生了重大变化，传统体制下中央政府对土地所有制构造的控制与利益格局的支配，让位于社区结构（包括各个利益主体的实际力量和利益）的影响。农村社区经济结构差异的拉大以及社区整合能力的强弱不一，势必导致农村土地产权安排结构变化的多样化。具体而言，改革不仅通过农户对生产队组织的替代，回复了农户作为农业生产与收益分配的基本单位，而且重构了国家、集体与农户之间有关土地利益的分配结构和社区内的农地产权安排：一个是在国家、集体与农户的关系上，形成“上交国家的，留够集体的，剩余是自己的”利益分配结构，另一个是在集体社区内部，实现了每个成员在集体所有制下的成员权（即每个合法成员平等地拥有村属土地的权利）。随着村庄间人地比例关系的变化以及经济结构所带来的农民收入结构的变化，不同村庄在分配农地利益的密度以及土地成员权的争夺上也产生了很大差异。一方面，当一个村子的人地比例越高时土地的稀缺程度也越高，村民们要求依成员权进行土地再调整的呼声也越高，因而土地再调整的频率也越高；另一方面，一个村子结构变革程度越高，农民对土地的收益依赖越低，他们对为获取剩余而承诺完成国家和集体义务的意愿也越低，因此在这些地方因国家义务的强制性对地权的干预也越重。而中国集体所有制的归宿，将最终取决于未来经济和社会结构的变化所引起的农民土地成员权的观念的变化和行动。

5.1.1.2 城市土地制度变迁及其解释

(1) 历史变迁

建国以来，我国城市土地制度经历了从私有逐步转为国有，并禁止一切土地交易，又在两权分离和国家保留所有权的原则下，重新界定使用权和逐步强化使用权交易市场化的过程；由于两权分离实际上是国家将土地所有权的一部分有条件地赋予土地使用者，因此后面这一过程其实也是部分恢复并逐步加大土地产权私有化程度的过程（表5-1）。

中国城市土地制度历史演变一览表 **表5-1**

时间	主要措施	基本特征
1949年以前	实行土地私有制	土地的所有权和使用权在相当程度上是分离的。由于土地市场发育不健康，投机盛行、巧取豪夺时有发生，导致地产集中，引发一系列社会矛盾
1949年以后	先是没收外国人、国民党政府所拥有的土地，并征用城郊土地	形成国有与私有土地并存的局面
1956年以后	开始对城市中的私营工商业进行社会主义改造	至1958年城市中的绝大部分土地已归国家所有
大跃进与“文革”期间	个体劳动者和少数城市居民拥有的房产权及地基权也受到冲击	房地产主们自愿或被迫放弃房租，甚至将房地产转让给政府的房管部门代管，尽管无明文规定这种转让的性质，实际都自动成为国有资产
1950年代中期以后我国对城市土地实行的是无偿、无限期使用和使用权不准转让的行政划拨制，城市土地国家所有徒有虚名，其所有权在经济上不能实现。由于用地者支付的征地补偿费通过财政拨款实现，不仅对用地单位构不成经济约束，使本来就匮乏的土地资源浪费严重，而且还日益构成国家财政的沉重负担。改革开放以后，由于外资的逐渐进入，从向涉外企业征收场地使用费，逐步向国内企业征收土地使用费，打破了传统土地无偿使用制度，并开始国有土地出让与转让的尝试		
1982年	《宪法》确认城市土地的国有制	由于只对城市土地的所有权作出了笼统的规定，对与所有权有关的财产权却未予说明，不能适应当时经济体制改革尤其是土地使用制度改革的需要
1987年	深圳首先对国有土地使用权实行“两权分离”的出让制度	1987年9月9日以协议方式出让第一块土地，揭开了城市国有土地有偿出让的序幕。9月29日以招标方式，12月1日又进行了公开拍卖方式的试验
1988年	相关法律修正	删除《宪法》中土地不得出租的规定，增加“土地的使用权可以依照法律规定转让”；《土地管理法》据此规定“国有土地和集体土地所有的土地使用权可以依法转让”
1990年5月	国务院颁布《城镇国有土地使用权出让和转让暂行条例》	规定“国家按照所有权与使用权分离的原则，实行城镇国有土地使用权出让、转让制度，但地下资源、埋藏物和市政公用设施除外”
1994年7月	《城市房地产管理法》出台	对出让和划拨土地使用权的含义、适用范围以及责权利进一步明晰化，规范土地使用权出让、划拨、抵押和出租行为，为建立制度化、规范化的城市土地市场奠定了重要基础

（2）理论解释

制度变迁的内涵——相关各方利益主体之间的权利重新分割与转移。农村土地如此，城镇土地同样如此。总的说来，中国城市土地产权制度变革是在民间日益增强的市场竞争因素推动下形成的。这种变名义的国有土地所有权为受使用权约束的产权方式的改革推进过程也出乎意料的顺利，基本的做法是在保持既得利益者利益不变的前提下，通过增量土地产权制度创新释放的效率能量回报土地所有者及使用者。就是说，国有土地使用权的改革使与土地产权有关的各方实现了净收入的增加，这是对传统“公共用地”式产权结构改进时交易费用节约的结果。

城市土地使用的几种方式——行政划拨、协议转让、招标拍卖，第一种是非市场环境下的产物，后两种制度安排可视为政府与开发商关于土地交易的不同的合约形式。在一个完全市场经济体系中，交易双方的竞争会导致最有利于资源利用效率或资源价值最大化的合约选择。而交易费用的大小会影响合约安排的成本与收益，从而影响合约选择。而政府与开发商订立土地交易合约的目标有其共同点也有差异。而城市土地使用制度的变迁可视为其他制度或政策改变的转移效应所导致的合约再安排。另一方面，不同的合约安排不仅会影响资源的价值，也会相应影响交易双方对各自权利的重新划分。比如城市土地使用制度从行政划拨到协议转让再到招标拍卖的转变，土地获得方付出的成本越来越高，必然要求更为完整和稳定的土地权利，以保护自己的权益，这也为城市土地产权制度变迁打下了经济基础。

中国改革开放以来，农村土地制度改革先于城市的主要原因，笔者认为在于前者制度维持费用过大而制度变迁后收益明显所致。其一，农民收入太低，个人生存问题突出，影响政权稳定；其二，粮食产量太低，国家安全受到威胁；其三，农村人力资本的作用更为明显，并且人力资本能够直接作用于土地，对产出的影响迅速而显著。这些都迫使国家而国家也乐于作出让步，以顺应农村人力资本的选择。

城市土地制度改革尽管时间稍晚，但进展更快、力度更大，比如城市土地有 70 年的使用期限，而农村土地 30 年的承包期常常难以保证。这种“后来居上”的原因，我认为主要在于城市土地制度变迁的利益更大，成本—收益比更高，促进了城市土地制度改革的加快。

农村土地产权制度改革的困难主要在于：存在诸多超经验和不确定性因素的干扰，尤其是对其进一步改革对效率和平等的影响出现重大分歧。

城市土地产权制度改革的困难主要在于：一是土地难以量化到个人或法人；二是产权大多不完整，尤其是处置权受限制较为普遍，如城市规划对用地性质和建设强度的限制；三是产权的明晰化界定缺乏一定的产权基础；四是由现有产权制度所导致的负效应还未充分体现出来，或者被一些局部修正（如土地使用制度改革）所暂时掩盖和推迟显现，以致进一步变迁的压力不大；五是城市土地的利益关系更加复杂，各利益主体或利益集团对产权效率及其变迁所带来的福利影响评价不一。

成功的改革或者制度变迁，总是首先来源于自身的需求推动，如包产到户政策不过是农民自发行为得到了国家的承认。但在中央集权的强力控制下，在诸多非市场因素的干扰下，自发形成合理市场因子的机制必然被遏制甚至扭曲。因此，很重要的一点就是需要弱化中央集权，放松政府管制，中央给地方、政府给民间以更大的自治和自主空间，清除不必要的行政和法律制约，让地方和民间在公平竞争的市场环境中，自主试验和选择适宜的制度。

围绕城市土地收益的中央与地方政府之间的博弈，随着中央收益份额的提高，可能会迫使地方政府采取新的策略，最终为更有效率的城市土地产权安排创造条件。在现有城市土地产权制度下，城市政府及其相关责任人是土地所有权的代理人，但却没有也不可能合法享有剩余权，这很容易导致其以权谋私或疏于监管。在城市土地使用“双轨制”下，一些有背景的开发商缺乏土地产权进一步明晰化的动力，因为他们可以利用其中的制度缺陷谋取超常利润，实际上和相关政府官员一起成为旧制度的既得利益集团。但这种由短期的、不完全的产权结构，所导致的各种“寻租”行为和腐败蔓延，必将使得社会矛盾与政治、经济弊端日益激化，形成与收益正激励相对应的成本（损耗）负激励，这是城市土地使用制度改革的重要因素。而土地使用制度的改革，又会有利于改变上述利益格局，使得政府、个人、开发商均只能从更有效的产权安排中获取收益，从而促进城市土地产权制度的进一步变革。

与落后地区成为1970年代农村土地改革发源地（除了穷则思变以外、集体工副业太弱使得村干部只能带头包产到户）的倒逼型模式不同，城市土地制度改革是一种诱致型模式，即首先在先进地区展开，因为这一方面是收益增长需求（获取更多土地收益），另一方面也是市场需求，需要更加规范化、公平化、国际化的土地制度，以适应市场经济发展的要求。当然，城市土地产权制度的进一步改革，也可能先从落后地区、经济欠发达城市开始，因为这些城市政府转让土地困难或价格过低，在急需资金的压力下，不得不提高产品标准，即出售更为明晰和完整的产权，以吸引更多买家和提高售价。

5.1.2 城市土地使用制度改革要点

土地使用制度的实质是土地使用权制度，既是广义上土地产权制度的组成部分，又是土地产权制度向土地市场制度的延伸，并且在土地市场制度的环境中发挥自身作用。在土地使用制度改革以前，由于土地完全属于行政配置，土地市场没有发育，因而各种相关的土地市场制度也没有建立起来。使用制度改革之后，土地配置从行政配置逐步向市场化配置过渡，土地使用从无偿向有偿转变，市场的价格机制、竞争机制开始发挥作用，上述各种相关市场制度才得以逐步建立和完善。

因此从某种意义上讲，土地使用制度是土地市场制度的综合体现；土地市场制度的变迁及其对城市空间演变的影响，完全可以从土地使用制度改革及其对城市空间结构的影响中得到体现和印证。另一方面，由于土地市场制度的内容繁杂，许多还正处于初创阶段，对城市空间结构演变的实际影响有限且尚未得到充分体现。因此，本书不打算一一探求土地市场制度中各个子项的历史演变对城市空间结构的影响，而是着重以土地使用制度改革为研究对象，力图从整体上简洁清晰地反映其中的内在关系与作用机制。

5.1.2.1 传统城市土地使用制度

解放后至土地使用制度改革以前，由于在理论上认为社会主义城市土地属于全民所有，我国城市土地长期是无偿占有和使用，不存在地租，更没有级差地租。城市土地由国家（中央或地方政府）统一分配、划拨、处置，单位和个人无偿或低租金无期限使用。传统的城市土地使用制度与高度集中的计划经济体制是相一致的，它受到高度集中的计划经济体制的制约，土地供给是完全的行政配置而没有任何市场化的成分。

存在的主要弊端在于（顾朝林等，2002）：

（1）土地资源浪费严重：土地无偿使用导致建设用地多征、早征或者征而不用的现象屡禁不止，造成土地的大量闲置。

（2）城市土地利用低效：由于土地不能按市场机制自由流动，因此土地使用不能体现土地的真实区位价值。

（3）城市建设资金不足：大量城市建设投资无法收回，城市建设欠账越来越多，旧城改造难以进行。

（4）不利于国家对土地的管理：土地国有制实质上变成了部门或单位所有制，非法占地、违章建设以及非法出租或者变相买卖土地现象层出不穷，不仅破坏了城市规划的实施，也破坏了国家正常的经济秩序。

具体而言，行政划拨体制造就了土地使用的“单位制”。由于通过行政划拨毫无经济代价，客观上鼓励用地单位多占少用、占而不用、早占晚用、优地劣用；同时，这些用地单位形成土地市场上的特殊利益集团，一方面土地调整和优化配置困难，影响土地效率的提高，不利于城市空间结构的优化；另一方面导致土地隐形市场的活跃，使大量国有资产流入单位或个人手中，影响社会公平和城市建设的发展。

行政划拨作为一种彻底的土地公有制实现形式，既为土地使用制度改革以前我国城市的统一规划建设提供了条件，也为各个单位、各种利益集团提供了攫取部门与个人私利的便利；不仅造成土地资源的严重浪费，也导致城市规划的难以落实。以北京市为例，1964 年《关于北京城市建设工作的报告》就指出，“由于建设计划是按‘条条’下达，各单位分别进行建设，北京市很难有计划地、成街成片地进行建设，至今没有建成一条完整的好的街道。许多单位总想自成格局，造成一些地区建设布局的不合理和建筑形式的不谐调。不少单位圈了很大的院子，近期又不建设，造成用地的严重浪费”。这与土地公有制有利于城市统一规划建设和土地资源有计划利用的初衷背道而驰。据 1980 年代末的统计，北京市的各种大院竟多达 2.5 万个（王军，2003）。

5.1.2.2 现行城市土地使用制度

1990 年代后，我国在全国范围内通过城市土地使用制度改革，将过去城市土地无偿、无限期、无流动使用转变为有偿、有限期、有流动使用，显化了客观存在的城市土地级差地租。在企业制度改革的配合下，大城市中心城区实行“退二进三”的产业结构调整，土地的区位优势得以真正体现与发挥，优地优用，提高了城市土地利用的效率与效益，优化了城市空间结构，也促进了城市土地资产的保值与增值。可以说，城市土地使用制度改革不仅确立了城市土地资产的价值，使土地产权在经济上得到了体现，而且是城市土地供给市场化的基础，也是促进其他一系列土地市场制度配套发育的前提条件。

我国法律规定城市土地属于国家所有，现行城市土地“两权”分离的产权制度，其实质是土地所有者与土地使用者权利的分割，土地所有者将土地所有权中的占有权、使用权、部分收益权和部分处分权分离出来，仅保留部分收益权和部分处分权，组成土地所有者的权利束。而土地使用者获得占有权、使用权和部分收益权、部分处分权，组成土地使用者的权利束。这一制度的确立，明确规定了我国城市土地产权关系的基本内容和土地所有者与使用者之间土地产权关系，改变了过去单一划拨土地的模式，促进了我国地产一级出让市场和二级转让市场的发育，土地使用权进入了市场流转，推进了城市土地的优化配置。

从城市土地使用的几种方式——行政划拨、协议转让、招标拍卖来看，第一种是非市场环境下的产物，后两种制度安排可视为政府与开发商关于土地交易的不同的合约形式。在一个完全市场经济体系中，交易双方的竞争会导致最有利于资源利用效率或资源价值最大化的合约选择。而交易费用的大小会影响合约安排的成本与收益，从而影响合约选择。而政府与开发商订立土地交易合约的目标有其共同点也有差异。而城市土地使用制度的变迁可视为其他制度或政策改变的转移效应所导致的合约再安排。另一方面，不同的合约安排不仅会影响资源的价值，也会相应影响交易双方对各自权利的重新划分。比如城市土地使用制度从行政划拨到协议转让再到招标拍卖的转变，土地获得方付出的成本越来越高，必然要求更为完整和稳定的土地权利，以保护自己的权益，这也为城市土地产权制度变迁打下了经济基础。

5.2 土地使用制度改革对城市空间演变的影响

5.2.1 空间结构演变的普遍特征轨迹

5.2.1.1 改革开放以前

1949~1977年间，该时期城市空间结构主要受由国家政策、经济计划决定的工业布局的影响，土地利用中工业用地比重偏高，居住用地及绿地比重偏低；中心区功能混合，居住（主要是单位制下的职工住宅区）、工业、商业和行政用地高度混合。

5.2.1.2 改革开放前十年

1978~1988年间，该时期城市空间结构主要特征是：开拓新区；旧城改造、用地置换、中心商务区开始形成；非生产性用地比例逐步提高；圈层分异主要由于发展时序造成（其实也是一种地租效应，即通达性不同），而非由地价调节。

5.2.1.3 逐步以市场经济为主时期

1989年至今，该时期城市空间结构的主要特征是：以工业用地布局为主导、以各项用地有计划地配置为特色的城市空间结构得以打破，地价调节作用明显。就业位置与居住地的关联被打破，土地置换使同心圈层更趋明显；CBD开始确立；形成不同阶层的住区分异；开发区、高新产业区出现（陈述澎，1999）。

这一时期我国城市尤其是大城市较为普遍的宏观结构是：多中心圈层组团式扩展——市场经济下土地价值调节作用；蔓延式扩展降低基础设施投资门槛；内、外环路建设强化圈层结构；用地紧凑型发展；呈现老、新、边缘三圈层结构。地价变化从过去以旧城为中心的高度集中模式转为多中心、较分散的郊区化形式；商业、居住、工业用地价值的空间分布与增长出现较大差异；出现主次地价峰值。

5.2.2 影响城市空间演变的实证研究

5.2.2.1 汕头市城市空间历史演变

汕头市于1861年开埠，是我国近代较早的沿海开放城市，而且从开埠初期的弹丸之地发展到如今百万人口的大城市，其城市空间形态结构的历史演变可以清晰地见证近代以来的社会经济发展与变迁。本书利用汕头市较为完整的历史资料，选取其中1888年、1947年、1969年、1988年和2000年五个具有典型意义的年份，分别代表开埠一段时间、解放前夕、新中国建设20年、土地使用制度改革之前、土地使用制度改革十余年后（即近期），进行城市空间形态结构的历史比较分析。为体现一致性，尤其是消除跨海发展对城市空间形态结构产生的突变影响，本书只对汕头市的北岸主城区进行相关比较。

由图5－2可见，汕头市北岸主城区的空间形态演变具有非常明显的特征与规律：

其一，总是依托原有基础先轴向扩展－逐步填充－再轴向扩展，而最早的核心区则是以小公园为中心的地带，该区域成为目前的旧城中心（1888年图）。

其二，轴向扩展的方向作为城市发展相对活跃的部分，是自然条件限制和社会经济条件诱导或引导共同作用的结果，因此在不同历史时期由于条件不一而产生的结果也不同：解放以前（1947年图）由于受西面和北面河流的阻挡，主要沿着海岸线向东部扩展，这是纯市场作用的结果；改革开放以前（1969年图）在“先生产、后生活”的指导方针下，城市建设以生产性用地为主，而且从节约成本（便于用水和排污）的角度出发，新增工业仓储用地主要沿梅溪河两岸向东北方向延伸；改革开放以后（1988年图）恢复重视生活，城市建设重新向适宜居住的东部拓展并沿交通干道轴向发展；土地使用制度改革后（2000年图）城市四向扩张速度都大大加快，政府的调控能力也大为增强，在开发西部的政府意愿引导下，城市建设开始向西北方向沿着交通干道轴向延伸。

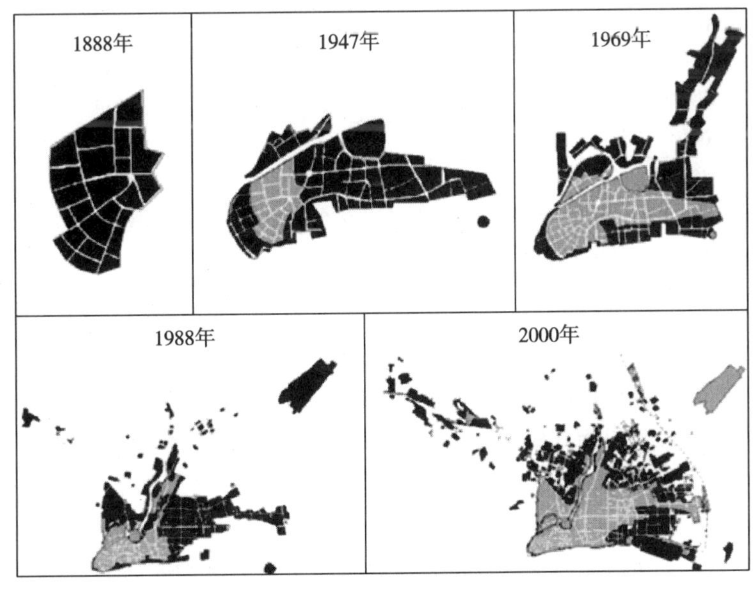

图5－2 汕头市北岸主城区历史演变

其三，随着社会经济的发展，城市开发建设的速度也逐步加快，体现在面积的增大和轴线延伸的程度两个方面，但同时城市形态的紧凑度也趋于下降，而且这种下降在城市土地使用制度改革以后有骤然加速的突变迹象（表5-2）。这表明城市空间扩展的速度与经济发展速度相吻合；另一方面也表明土地使用制度改革在促进城市建设的同时，至少在一定时期内也使得城市空间结构更加松散。王冠贤和魏清泉（2002）对广州城市空间形态的研究，也得出了相近结论，即从1990年起紧凑度愈来愈小，而离散程度增大，地域呈现逐渐分散的态势。

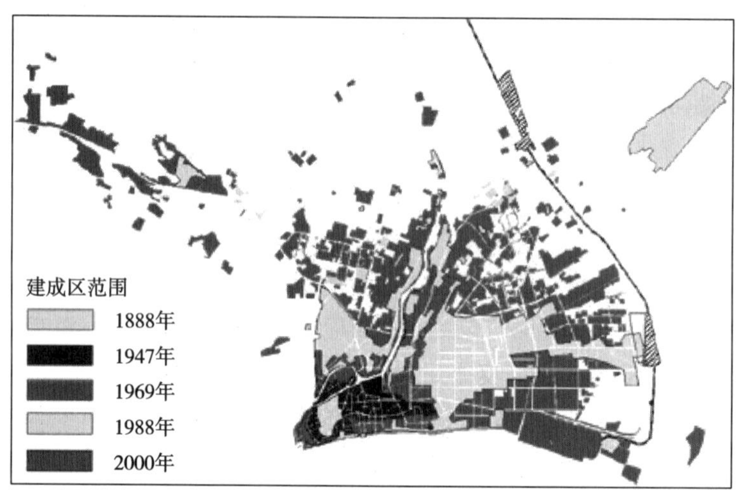

图5-3 汕头市北岸主城区历史演变叠加

汕头市北岸主城区空间形态指标 表5-2

年份	建成区面积（km^2）	年均扩张		外接圆面积（km^2）	紧凑度	长轴（m）	短轴主体（m）	延伸率
		面积 km^2	比率%					
1888	0.51	—	—	1.09	0.47	1180	756	1.55
1947	2.91	0.04	3.0	10.06	0.29	3540	1575	2.25
1969	6.61	0.17	3.8	28.25	0.23	5874	2904	2.02
1988	20.04	0.71	6.0	81.68	0.25	9496	3932	2.42
2000	56.50	3.04	9.0	295.58	0.19	20832	7170	2.91

注：（1）城市形态紧凑度指数=城市建成区面积/城市最小外接圆面积（林炳耀，1998）；

（2）1988和2000年数据不含用地过于独立的机场。

5.2.2.2 土地使用制度改革以来城市空间特征及演化规律

20世纪90年代以来正是我国土地使用逐步以市场机制为主的时期，而汕头市作为首批四个经济特区之一，也是我国最先进行土地使用制度改革的城市之一。本书利用汕头市城市总体规划1992年版和2002年版的现状用地资料，分析汕头市从1991年至2000年9年间的用地演变情况，并用插入法求得1992版总规对2000年的规划预期值，再和2000的实际值进行对比，可以比较清晰地反映该段时期土地制度演变对城市用地和空间结构的影响。

（1）用地变化的动态比较分析

①用地总量大幅提高

汕头市区的城市建设用地总量（表5-3），1991年为3112hm^2，人均43.2m^2（含暂住人口）。规划预测至2000年为9120hm^2，人均76m^2（根据插入法和趋势分析大致求得）。而2000年的实际建成用地为8293hm^2，比1991年增加5181hm^2，平均每年增加575.7hm^2，年均增速为11.6%；人均75.4m^2，比1991年增加32.2m^2，提高了74.5%，平均每年增加3.6m^2，年均增速为6.4%。与预测值相比，2000年人均面积仅差0.6m^2，基本持平；实际建设用地总量则减少了827hm^2，主要是人口计算范围的差距（1992版规划预测包括常住的农业人口）。

汕头市区城市建设用地总量增长分析 **表5-3**

	1991年	2000年			增加量	年增长率
		实际值	预测值	差值		
建设用地面积（hm^2）	3112	8293	9360	-1067	5181	11.5%
人均用地（m^2/人）	43.2	75.4	76	-0.6	32.2	6.4%

由此可见，汕头市的城市建设在1992~2000年间取得了长足的进步，无论是建设总量还是人均用地都有较大幅度的提高，也趋于合理化，并且从最终的结果看都基本符合1992版总规的规划预期。

②用地结构更趋合理

与1991年相比（表5-4），2000年汕头市区在对外交通、绿地和道路广场等用地方面增长明显，年均增长速度分别高达35.2%、23.9%和14.8%，这表明在总体规划的指导下，城市的基础设施和投资硬环境已大为改善。而居住用地的比例继续上升，大大超过国标的上限；工业用地则大幅萎缩，下降速度甚至远远超出规划预期；这也许能够反映汕头市区在从一个工业城市转向“第三产业繁荣”的商贸城市的过程中步伐迈得过快。由于缺乏实业支撑，第三产业并未充分全面地繁荣起来，只是房地产业和旅游业相对活跃，这从公共设施用地和居住用地的比例变化可以清晰地看出（北岸公共设施用地年均增速比居住用地低3.2%，南岸只是由于新建一些大型旅游休闲设施而显得比例大幅提升）。

1991年~2000年城市建成区主要用地增长分析（单位：hm^2、%） **表5-4**

项目	北岸用地			南岸用地			总用地		
	增加值	年均增加值	年均增速	增加值	年均增加值	年均增速	增加值	年均增加值	年均增速
工业仓储	246.8	27.4	2.84%	230.2	25.6	6.7%	477.0	53.0	3.9%
居住用地	1558.9	173.2	11.7%	489.7	54.4	18.5%	2048.6	227.6	12.7%
公共设施	264.5	29.4	8.5%	302.9	33.7	33.6%	567.4	63.0	13.5%
对外交通	609.7	67.7	39.1%	132.3	14.7	25.6%	742.0	82.4	35.2%

续表

项目	北岸用地			南岸用地			总用地		
	增加值	年均增加值	年均增速	增加值	年均增加值	年均增速	增加值	年均增加值	年均增速
绿地	113.0	12.6	12.4%	319.7	35.5	43.7%	432.7	48.1	23.9%
道路广场	365.8	40.6	10.4%	302.0	33.6	39.9%	667.8	74.2	14.8%
建城区	3395.1	377.2	9.8%	1785.9	198.4	17.4%	5181.0	575.7	11.6%

汕头市区现状城市建设用地结构与国家城市建设用地结构标准基本一致，除去绿地比重过低以外，其他指标均在允许的范围之内。这说明城市建设用地的各项指标经过近10年的调整，目前相对1991年的用地结构优化了许多，用地之间互动影响达到一个相对比较平衡的阶段，城市各项用地比例基本协调（表5－5）。当然，由于汕头市的建成区人口密度过高，造成建成区人均用地标准很低，2000年的75.4m^2虽然比1991年43.2m^2提高了3/4，但也仅仅达到国家标准的最低限，也就是说，汕头市区用地比例的内部协调还处于一种低水平的相对平衡（图5－4）。

汕头市区主要城市建设用地结构比较　　表5－5

用地名称	国标	1991年现状	2000年预测	2000年实际
居住用地	20～32	34.2	32.8	37.4
工业用地	15～25	27.9	23.9	16.4
道路广场	8～15	8.6	11.7	11.3
绿地	8～15	2.3	8.0	6.1

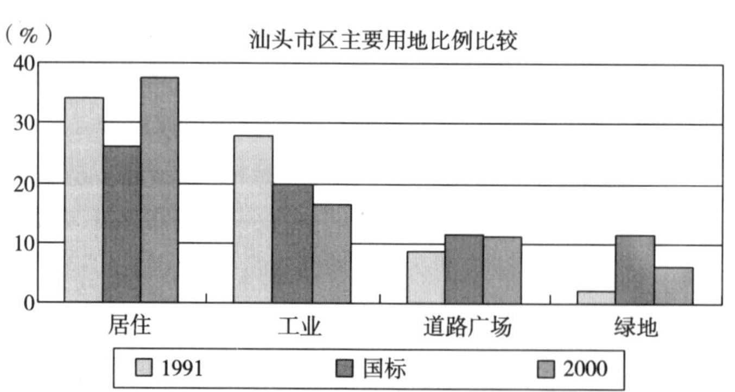

图5－4　国标（GBJ137—90）与汕头市区用地结构的比较

（注：图中“国标”取平均值）

总而言之，土地使用制度改革一方面使城市政府获得了更多的城市建设资金，比如汕头市的城市维护建设投资从1990年的0.49亿元剧增至1995年的12.3亿元，5年之内增长了24倍，而同期GDP仅增长了2.6倍，这种超常规的增长主要源于土地使用制度改革所直接带来的土地出让金收入的大幅增加以及由于土地使用制度改革导致房地产市场的兴起而间接提高政府征收相关税费的能力；另一方面房地产市场的繁荣在提高市民居住条件的同时也大幅增加了住宅用地的比例。也就是说，土地使用制度改革能够改变城市建设长期滞缓以及弥补以前过分偏重生产所导致的生活用地不足和市政基础设施欠账等问题，使人均用地水平和城市用地比例结构逐渐趋于合理。

（2）地价梯度及圈层结构趋于明显

①商业地价已趋成熟

汕头市市场化程度最高的零售商业铺面，以东西向的主要商业轴线——长平路为例，其价格剖面图呈现明显的以市中心为峰值的基本对称的曲线（图5－5），反映汕头市商业地价的梯度结构已趋成熟。商务区则由于城市规模偏小、集聚效应不明显而尚未完全成型。

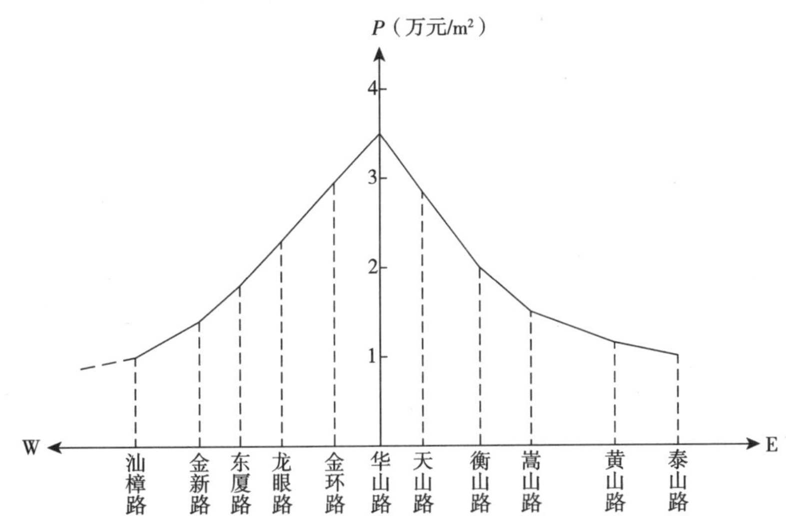

图5－5　汕头市主城区商业主轴店面价格剖面

数据来源：实地调研

②住宅地价日趋市场化

汕头市主城区北岸的住宅价格，在空间分布上也呈明显的以城市中心为圆心的圈层结构，并且从景观环境条件最佳的沿汕头湾一线向内陆递减，中高价区域有向东部新区扩张的趋势。如图5－6所示，图中填实部分为住宅单价每平方米超过2500元的区域，斜线部分为2000～2500元，其余部分则低于2000元。这种价格分布格局完全符合经济学理论分析的结果以及实际人们的心理预期和行为模式，表明决定汕头市住宅价格的因素已经基本市场化。

③工业地价差别不大

汕头市由于市区范围较小，工业区之间的地域差别不显著，工业地价之间的差别不大，或者虽然有差别但能反映差别的数据相对较少，代表性不够充分。但据杜文星和黄贤金（2005）对上海市近年来工业地价的分布规律研究发现：上海市以协议出让为主的工业地价圈层结构极其显著，以长江沿岸为横坐标沿西南方向随距离的增大工业地价逐渐降低（图5－7）。

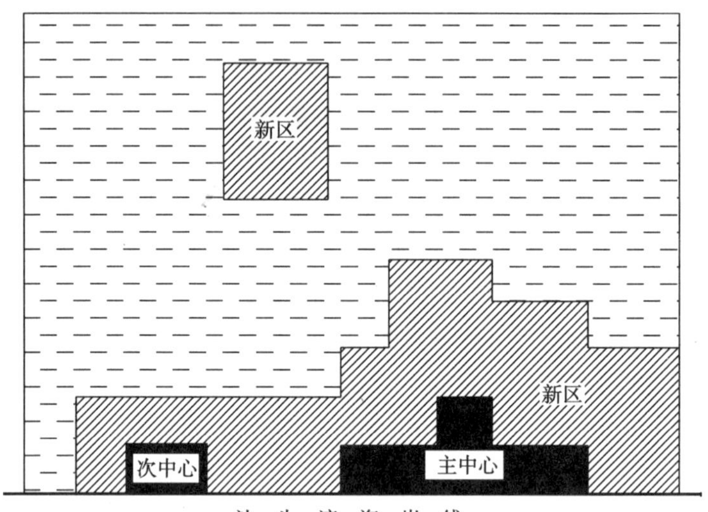

图5－6　汕头市主城区北岸住宅价格分布示意

数据来源：实地调研

(3)“退二进三”

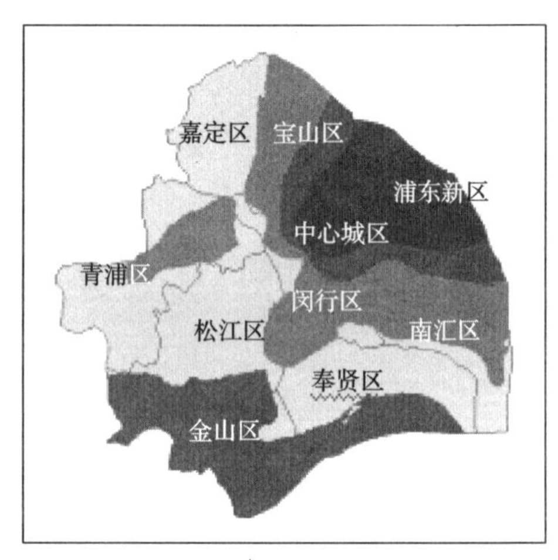

图5－7　上海市2003年工业地价空间分布示意

资料来源：杜文星，黄贤金（2005）

（图中紫红、玫瑰红、草绿、黄、大红分别表示上海市工业地价由高到低的空间分布）

当城市工业空间扩散的离心力大于空间集聚的向心力时，就会产生所谓的工业郊区化（the suburbanization of industry）。西方国家早在1950年代便已出现工业郊区化现象，国内近年来对城市工业郊区化的研究也开始重视起来，郭建华（1996）认为工业发展及其内部结构调整、第三产业迅猛发展、改造旧城区等推动了工业郊区化的发展；周一星、孟延春（2000）重点针对污染企业和产业结构转换中的企业外迁等典型工业郊区化现象进行了研究。冯健（2004）则认为城市工业布局由传统的空间集聚为主转变为空间扩散为主，是转型期城市内部空间重构的一个最突出特征，并且相对于企业数量，工业用地面积更适宜衡量工业的空间变动。同时在郭建华和周一星等人的研究基础上，强调城市土地使用制度的改革，即城市土地从无偿使用到有偿使用的转变，使得在市场机制下企业可以通过土地转让获取资金，这种有别于污染企业强制性搬迁的“退二进三”式土地功能置换，是1990年代以来中国大城市工业郊区化发展最为显著的动力。

换句话说，在计划经济时代以工业用地布局为主导的基础上，“退二进三”成为我国土地使用制度改革后，地价调节机制对城市空间发生作用的标志性体现。汕头市的“退二进三”在城市空间上主要表现为两个方面的特征：

一是主城区整体工业仓储用地相对面积的下降，即伴随着城市建成区的扩大，工业仓储等第二产业用地的比例大幅降低，从1991年的27.9%降至2000年的16.4%，降幅之大甚至远远超出1992年版总体规划23.9%的预期。这主要是由于随着汕头市从生产型城市向生活型城市的转变，控制制造业发展的产业调整政策导致工业仓储用地的增长速度远远低于居住、公共设施及其他用地，如表5－3所示，1991～2000年间，工业仓储用地的年均增幅为3.9%，仅相对于整个建成区同期年均增幅11.6%的1/3。

二是主城区核心地带工业仓储用地绝对面积的减少，据1992年版与2002年版城市总体规划现状图的量算，汕头市主城区金砂路以南、龙湖沟以西、小公园以东的核心地带，从1991年至2000年其工业仓储用地减少了近40%，其中绝大部分被置换成居住和商贸用地。

图5－8 汕头市主城区工业仓储用地1991年现状分布

图5－9 汕头市主城区工业仓储用地2010年规划布局

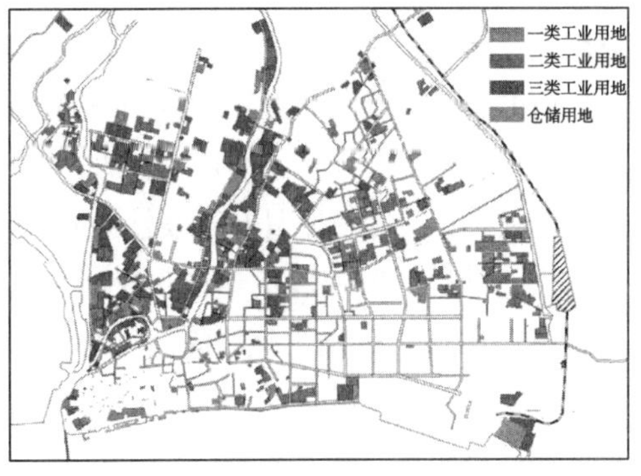

图5－10 汕头市主城区工业仓储用地2000年实际分布
（资料来源：以上三图据1992和2002年版总体规划整理绘制）

进一步深入对比分析以上三张图，还可以发现总结两个重要的规律性特征：

一是在宏观层面上，政府的产业政策调整对抑制工业仓储用地的增长速度有重大影响，而在微观层面上，尤其是存量工业仓储用地的置换却表现出强烈的市场指向。比如，越靠近中心区，工业仓储用地置换得越快越彻底，2000年就几乎已经达到规划2010年的水平；但远离中心区的地方，即使是政府主要从环境整治角度出发着力想推动的沿河工业区用地置换，因为产业的集聚效应却不减反增。

二是单位制的不利影响仍然明显。主城核心区的大部分工业仓储用地已经或正在进行置换，即使许多零星的小工厂也迅速得到了改造搬迁，但位于中心区南侧的沿海黄金地段，却有几片较大的工业仓储用地至今保留。这主要是由于一方面其土地面积较大，一次性搬迁改造所需的土地成本偏高，超出了现有一般房地产企业的开发能力；另一方面大型国企普遍经营困难、负债过高，都寄望于通过土地转让摆脱困境，从而加大了市场交易的难度。

5.2.2.3 土地使用制度改革影响城市空间演变的动力机制

汕头市尽管在全国较早推行国有土地使用制度改革，成为吸引外资的一大优势，但土地使用权的取得方式仍然以行政审批、协议出让为主，招标、拍卖的比例一直很低。据统计，汕头市 1992～2003 年间，累计行政划拨的土地有 213 宗，面积 13581 亩；出让土地 1337 宗，面积 33961 亩，其中招标拍卖挂牌的 31 宗，面积 666 亩，仅占出让总面积的 2%（图 5－11）。

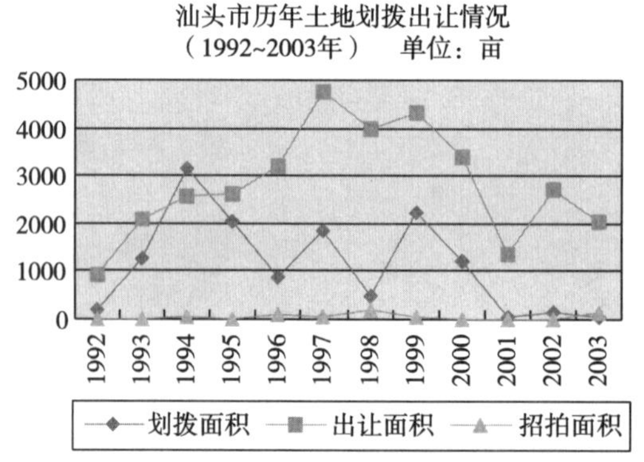

图 5－11　汕头市历年土地分类供给比较（1992～2003 年）

但在这种“双轨并存”和协议出让为主的土地供给体制下，却形成了逐渐优化的城市空间格局，也就是说，非市场化的土地供给手段却产生了市场化的土地利用方式，其原因究竟何在？

（1）土地供给方式从行政向市场逐渐过渡

深入剖析汕头市土地使用制度改革以来的土地供给，可以发现：土地供给的规模与方式大致可以分为三个具有代表性的时间段（图 5－12）。

第一个是 1993～1995 年的出让高峰期，划拨与协议面积大致相当，招拍稀少；第二个是 1997～1999 年的出让高峰期，协议出让相对于划拨大幅增加，招拍略有增长；第三个是 2001～2003 年的出让低潮期，以协议出让为主，划拨面积骤减，招拍仍旧稀少，但有增加趋势。

可以看出，尽管进程缓慢，但汕头市的土地供给方式还是逐渐从行政划拨向协议出让再向招标拍卖过渡，土地供给的市场化程度逐渐提升。而在这一时期内，占主导地位的还是协议出让的方式。

（2）协议出让地价部分体现区位因素

汕头市的土地协议出让价格尽管一直参照 1992 年制定的基准地价，与现实的市场价有着较大的差距，近几年的协议出让地价，以住宅用地为例，大约只相当于相近条件市场拍卖价格的 1/3 左右；但不同地段之间的协议出让价格仍然相差悬殊，部分体现了土地的区位价值，也充分体现了协议出让半市场化的特征。

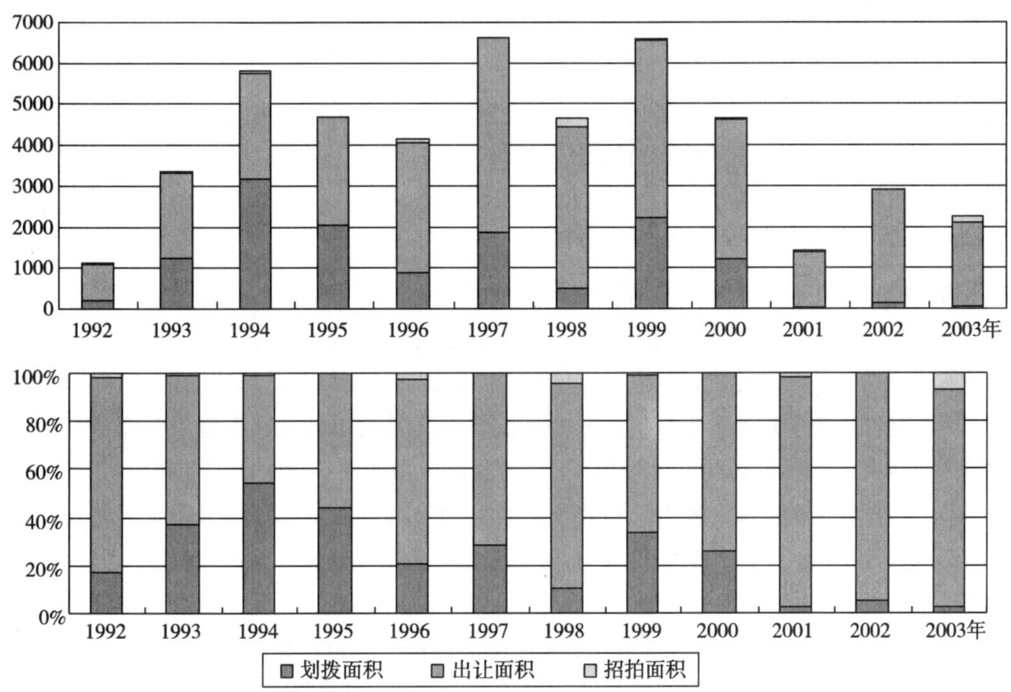

图5－12 汕头市历年土地分类供给规模及比例（1992～2003年）

选取上述三个代表性时间段的中间年份1994、1998、2002年的汕头市主城区协议出让地价进行比较，可以发现（表5－6）：

汕头市主城区代表年份协议出让地价情况一览 **表5－6**

年份	土地用途	单位地价（万元/亩）及比值				
		最低	最高	高/低	平均	住宅/工业
1994	住宅	39.1	86.3	2.2	58.1	2.4
	工业	5.2	43.3	8.3	23.8	
1998	住宅	11.6	83.9	7.2	53.5	2.2
	工业	6.1	66.4	10.9	23.9	
2002	住宅	12.9	79.0	6.1	25.5	1.2
	工业	3.5	50.2	14.3	21.5	

① 随着主城区建成区的扩大，土地出让区域从集中于中心向边缘城区扩散，协议出让地价的高低比值也迅速增大。比如，住宅用地的最高价与最低价的比值从1994年的2.2倍，增大到1998年的7.2倍和2002年的6.1倍；工业用地的最高价与最低价的比值从1994年的8.3倍，增大到1998年的10.9倍和2002年的14.3倍。

② 住宅用地对区位的敏感性强于工业用地，在协议出让地价上也有明显的体现。1994、1998、2002年三年比较，住宅用地的协议平均价由于区位的逐渐郊区化而从每亩58.1万元，相应递减至53.5万元和25.5万元，同期的工业用地协议出让平均价却基本保持不变。这与中国城市市场条件下住宅与工业的竞租曲线规律基本一致，即前者的曲

线斜率更高。

（3）土地需求市场化引致市场二次配置

尽管土地供给还存在非市场化和半市场化的因素，但由于从1990年代初期以来推行从无偿向有偿转变的土地使用制度改革，显化了土地的市场价值；加上企业制度改革使得企业有权也有动力处置土地，从福利向货币化转变的住房分配制度改革将土地的最大产品住房推向市场，金融制度改革使得开发及购房贷款得以实现，这些共同促成了土地使用需求的市场化。由于土地需求的市场化程度高于供给市场化，从而引致大量对于土地资源的二次配置，这也是所谓土地“一级市场”与“二级市场”的区别所在；而正是这种高度市场化的二次配置，促进了土地利用以及城市空间结构的调整优化。

从不同性质类别用地的地域实际分布状况来看，凡是市场二次配置更为充分即二级市场更为活跃的领域，其空间结构更趋于完善。商业用地由于量大面广且利润相对丰厚，市场的二次配置最为活跃与充分，价格反映也相对及时，因此其地价分布也最符合市场特征，比如汕头市长平路作为城市商业轴线，其店铺价格已呈标准的竞租曲线形式（图5－5）。居住用地由于规模相对较大，加上用地需求的一些非市场因素影响（如相当长时期内的单位自建），市场的二次配置不如商业用地活跃，价格反映也相对滞后，因此汕头市住宅用地的价格在整体格局呈圈层分布的同时也存在局部的混杂（图5－6，由于简化示意，该图并未反映局部的混杂情况）。工业用地尽管存在区位价格差异，但主要作为政府或者各工业区招商引资的手段，工业用地内部很少进行利用土地价格杠杆作基于环境保护或产业集聚目标的调整置换，市场的二次配置主要体现在存在巨大利润差的工业用地与居住或商业用地之间，因此，在城市内部“退二进三”活跃的同时，工业用地的调整优化速度却异常缓慢，工业区布局仍显得较为混乱（图6－10）。

（4）小结

由上述分析可知，土地使用制度改革及其所激活的价格机制，是我国城市空间结构趋于优化的根本动力。地租差异会促使土地密集型的产业或部门用地从高地租地段转向低地租地段，城市土地利用结构趋于优化和向高效益转化，城市不同区位土地的优势和潜能得到充分体现（顾朝林等，2000）。这一方面是因为土地供给的方式与规模逐渐从非市场向市场过渡，并且占优势地位的协议出让作为一种半市场化方式，其价格已经部分体现了土地的区位价值，导致不同土地需求和出价能力的用地能够在地租引导下通过集聚和扩散进行空间重组。另一方面更重要的是，土地使用制度改革使城市政府获得了更多的城市建设资金，能够弥补以前过分偏重生产所导致的生活用地不足和市政基础设施欠账等问题，使人均用地水平和城市用地比例结构趋于合理；而且与企业制度和住房分配制度改革一起，推动了土地需求的市场化，促进了土地资源高度市场化的二次配置，成为我国城市当前土地利用以及城市空间结构调整优化的主导因素。

但是这种半市场化供给加上市场二次配置的土地利用模式，尽管相对于以前非市场化的土地供需，带来了城市空间结构的迅速优化，但毕竟不是理想的市场供需关系，因此不可避免带来一些弊端。主要体现在三个方面：

① 供给的半市场化阻碍城市空间结构优化速度

一方面人为降低了土地获取成本，使得我国城市用地规模不断扩大的趋势和城市土地大量闲置的现象不能得到有效的控制；另一方面也相应降低了地价的位势差，在一定程度上延滞了城市空间结构调整优化的速度。

② 资源二次配置存在先天缺陷

资源二次配置中的相对滞后性与交易费用增加等，提高了城市空间结构调整优化的成本门槛（包括时间成本与资金成本等），是导致空间调整优化困难与不彻底，甚至局部空间结构混乱的重要因素。

③ 多种供给方式并存扰乱市场公平竞争秩序

由于土地获取成本的不一致，造成市场竞争的不公平，不利于房地产市场的健康发展；并且容易孳生寻租腐败，一方面导致国有资产大量流失，另一方面可能因此产生既得利益集团，阻碍土地配置市场化改革的进一步深化。

渐进式的城市土地制度改革，尽管在改革初期获得了足够的支持，但也造就了阻碍进一步改革的既得利益集团，即那些掌握“再分配”权力的人及其关系网。鉴于国有企业仍代替政府为职工们提供着就业和各种社会福利，渐进式的城市土地改革也被用以保护国有企业免受市场的无情制约。朱介鸣（2000）认为，在渐进式的城市土地改革的保护伞下，地方政府和地方企业间的合作得到了加强。这种合作旨在与中央政府抗衡，而把更多的资源用于地方建设。在中国特有的政治结构中，发展中的城市土地改革亦被地方政府用作对于房地产开发进行有效干预的手段。地方政府为引导市场，鼓励市场按照政府计划行动，而提供与土地相关的补贴，可能是合理的。但短期性的权宜之计可能牺牲土地的良性发展，极可能对地方经济造成长期性的消极影响。以过低价格出租的土地数量可观，说明转型中的城市土地市场缺乏经济效益。建立社会主义市场经济所不可少的平等原则被破坏了。双重土地市场的存在，冲击了土地市场的完整性破坏了房地产市场的管理。“软”预算约束、市场制约的缺乏、补贴性的土地供应，是造成房地产市场诸多弊病的主要原因。

5.3 当前土地市场制度变迁的城市影响分析

5.3.1 城市经营与土地储备制度

5.3.1.1 积极意义与主要问题

（1）理论上的积极意义

① 城市经营

城市经营的理念及其做法在前些年一度非常流行，支持者认为：在市场经济条件下，必须用市场的眼光重新认识和审视城市。城市不仅是资本的实物形态，而且是政府最大的一笔有形国有资产。应当把城市作为一种资本来对待——既要考虑它的社会效益，又要考虑它的经济效益。要强化经营城市理念，运用市场经济的手段，对构成城市空间和城市功能载体的自然成长资本（如土地）与人力作用资本（如路、桥）及其相关延伸资本（如路、桥冠名权）等进行集聚、重组和营运，最大限度地盘活存量，吸引增量，走出一条以城建城、以城兴城的城建市场化之路，实现城市的自我滚动、自我积累、自我增值。实现从把城市资产视为公益财产到可经营性资产的转变，从把城市建设作为社会公益事业到资本经营的转变。

同时，要使有限的城市空间发挥最大的效用，就必须高度重视对稀缺城市土地资本的经营，努力提高土地资本的利用效率、地域空间的生态环境效益和社会效益。因此，城市土地经营是城市经营的重要组成部分，城市经营首先必须搞好城市国有土地运营，也就是指在市场经济条件下，政府以土地所有者代表的身份，用经营手段运作土地资本，从而实现整个城市社会经济的协调发展和土地资本效益的最大化。城市土地经营是一个系统工程，包括土地资本的投入、城市土地的储备、城市土地的供应、资金的融入、土地的收益分配、土地运营的支持平台。实行城市土地经营，有利于从机制上摆脱计划经济时期城市基础设施建设只有投入没有产出的困境，形成“投入—产出—再投入”的良性循环；有利于按照市场规律有效配置土地资源，实现土地供应市场化、土地资源资产化、土地利用集约化，从根本上落实保护耕地的基本国策；有利于增强政府调控能力，增加政府财政收入，积累城市建设资金，加快推进城市化进程和现代化建设。

② 土地储备

经营城市的核心是运营城市空间资源，尤其是土地资源，因此，建立与完善土地储备制度、合理调控与配置土地资源是经营城市的重要环节。从某种意义上说，城市土地经营是城市经营的核心，而土地收购储备又是城市土地经营的核心问题。

由于中国城市存在着大量无偿划拨的土地，城市边缘农村土地或城市内部城中村土地归集体所有，划拨土地和农村集体土地以不规范的隐形土地交易方式进入土地市场，形成“多头供地”的局面，容易造成城市土地供给总量失控，导致地价偏低、土地收益流失以及土地市场的不公平竞争等弊病。一般认为，要维持城市土地开发的良好秩序，防止国有资产的贬值与流失，需要政府垄断城市土地供应的一级市场，通过建立城镇土地储备制度和机构，来保证城市土地供给是“一个管子抽水，一个池子蓄水，一个龙头放水”。这一方面可以有效地防止农村集体土地非法进入市场，可以促进城市郊区耕地的合理保护；另一方面可以通过垄断土地供给，对城市地价、城市土地供求平衡进行合理调控，防止由于土地供应过量造成地价下跌，或因土地投机造成地价过高。

建立城市土地储备制度是城市土地制度改革的一个创新，其基本思路是由城市政府的委托机构，如土地储备中心，通过征用、收购、置换等方式，将土地使用者手中分散的土地集中起来，进行土地整理和开发，在完成一系列前期开发整理工作后，变成可建设的“熟地”，根据城市土地年度计划，通过招标、拍卖有计划地将土地投入市场，以供应和调控城市各类建设用地需求的一种经营管理制度。我国在1996年率先在深圳市和上海市得以实施，杭州则于1999年出台了我国首部关于土地收购储备方面的政府规章。土地储备从目的与功能上划分，包括开发储备（满足生产和生活空间需求）、市场储备（调控房地产市场和优化土地配置）、生态储备（维护城市生态环境）三种方式。从理论上讲，建立城市土地收购储备机制的意义包括：有助于政府垄断一级市场；有利于集中分散的土地，提高土地利用效率，从而提高土地出让价格，增加政府财政收入；有助于解决政府公共设施、补贴性住宅等的用地问题；有利于盘活存量土地，实现土地资源的优化配置。

（2）现实中的主要问题

① 城市经营

当前城市经营中存在的问题，大致可简要概括为：

a. 急功近利。为追求短期收入，不惜大量“批发”出让土地，任意修改规划等。

b. 恶性竞争。为完成“引资任务”及经济增长率指标，不惜“零地价”甚至贴本招商引资，大搞“优惠战”。

c. 过度负债。为改善投资环境，不惜超额举债或以地换取投资商代建与城市规模、实力不相称的形象工程。

d. 投机炒作。为提升人气、拉动需求，直接干预房地产市场的正常运作，导致房价、地价虚高。

e. 无限延伸。为提高城市地位，经营范围不仅包括城市国有资产，也扩展到了包括无形资产在内的一切城市资产。

城市经营不排除功利性，也鼓励竞争，需要适当的负债或向无形资产领域延伸，但现实中往往超过了合理的界限，产生了诸多日益严重的弊病。比如破坏和浪费资源，导致城市整体功能下降，扩大财政风险，不利于城市的长远可持续发展；以及与民争利，不利于社会和谐；等等。

而城市经营中出现的种种问题，并非仅仅是认识与实践上的“误区”，而是源于更深层、更本质的症结，即城市经营的制度缺陷（陈鹏，2004）。即只要城市经营是以政府为主体，那么政府作为一个行为主体，其追求自身效用最大化，与作为整体的社会财富最大化之间的偏离（作为约束条件的特殊国情无疑加大了这种偏离），就是城市经营各种问题产生的根源。中国现阶段的“特殊国情”，在制度方面可大致概括为“渐进式改革”以及政治体制改革滞后于经济体制改革。如对于城市而言，包括以公有制为主的产权结构（尤其是城市土地国有），政府财政预算软约束，干部只对上级负责的任用提拔制，以任期内经济增长为重点的政绩考核制，以及政府身兼“裁判员”与“运动员”的双重身份等。这种条件下的城市经营其实质是政府垄断经营，经理人（政府或其法人代表市长）在外部竞争不充分、企业（城市）内部缺乏竞争，并不对董事会（市民或其民选代表）负责，缺乏选举任免权与有效监督权，加之财务软约束的情况下，不仅导致经济活动中交易成本高企，而且掩盖或扭曲了真实的商品价格，严重影响了社会主义市场经济制度在城市这一层面的正常运行。“经营城市”即使将内涵缩小至“经营城市国有资产”，也需本着社会财富最大化的原则，尽量避免与民争利，即在一味追求国有资产增值的同时损害其他资产的利益。商品价格是市场经济的关键调节信号，充分自由竞争形成的商品价格是市场赖以正常运转的基础。而政府人为干预地价乃至房价等的形成，无益于市场经济的发育与完善。因此，必须加快政府职能的结构性调整，弱化其对经济的干预和管制职能，强化其作为制度供给者的职能，实现从城市经营到城市服务的转变，才是城市制度演进的正确方向。

② 土地储备

土地储备制度同样存在类似城市经营的制度缺陷，即政府不是服务型而是经营型的政府，因此普遍存在单纯追求土地收益的倾向，地价、住宅价格上涨速度过快，有政府垄断一级市场后刻意炒作“与民争利”之嫌。有迹象表明，在土地储备制度实施得越彻底的城市，房价就越存在一定程度的非正常上涨。地价因素引起房价的非正常上涨，当然并不是土地储备制度的目的，但在现实中，政府由于过分强调土地收益，所以就很难再综合考虑地价、房价和购房者利益之间的关系。国内城市现有的土地储备制度，主要借鉴香港的运作模式，但内地城市与香港存在一些本质上的区别，比如香港土地的绝对有限性、殖民地特性以及三权分立的政治构架等，加上与其相比在操作水平上还有较大差距，不可避免孳生一些新的弊端，比如引发腐败、提高交易成本和社会管制成本等。

此外，土地储备制度的建立，使政府绝对垄断了一级土地市场，土地供需双方都没有更多的选择余地，反而破坏了土地资源的自由流动，市场竞争在政府行政意志下失去了本来的意义，并且因为提高了市场准入成本，使大批中小房地产企业由于没有实力退出市场竞争，妨害了企业竞争，可能最终导致大企业与土地储备中心共同垄断土地市场，破坏了优胜劣汰的竞争秩序。这些都与土地资源市场化配置的改革目标背道而驰。

因此，要使土地储备制度步入良性发展轨道，一是必须放弃政府绝对垄断土地一级市场的目标，以市场机制为基础自发调节供需关系，才能真正发挥其满足生产和生活空间需求、调控房地产市场和优化土地配置以及维护城市生态环境的作用；二是必须改变土地储备过多追求土地收益的倾向，而要解决这一问题，政府取得土地收益的来源从土地出让金转变为征收不动产税，可能才是治本之策。综合而言，就是政府放弃对一级出让市场的垄断，土地收益以不动产税为主，非营利性的土地储备机构为实现政府的社会目标服务。

5.3.1.2 国外经验及其借鉴

(1) 国外经验

① 概述

起源于1800年的荷兰阿姆斯特丹，其后在欧美许多国家相继推行。其目的主要在于应对城市人口的急剧增加，土地与住宅供给压力大、投机现象严重、地价急剧上涨等，部分国家因社会福利制度推行的需要也开展相应的土地储备。土地来源包括以备城市扩张之需的周边土地（大部分为农地），和城市内部闲置土地或者被规划用于公共设施建设和环境保护的土地。取得土地的方式，多以协议购买为主。为了保证收购时不受预期因素的影响而增加取得成本，政府的行动一般有必要保持秘密，或者配以相关法令、措施阻止土地投机，有效地抑制地价上涨。所需资金多依赖中央政府补助或贷款以及发行债券，小部分靠地方政府税收。

② 纽约的 ULURP

纽约对于城市发展进行管理，采取的是一种所谓的 ULURP（The Uniform Land Use Review Process，城市土地利用审批程序）项目全程控制管理程式。由于该机制最大限度地鼓励公众和各界参与，在规划委员会的干预下，申请者与地方社区一步一步地谈判和妥协，经过三番五次的变化和修改才能被通过 ULURP 审查。因此，一方面会带来很多摩擦甚至可能中止项目规划，但另一方面也有利于减少项目可能对城市带来的负面影响，能够实现城市整体利益的最大化。既保证了当地居民的需要，又要与城市的地位和发展目标相当，是一种民主的程序，而不是经济至上的发展观。

③ 香港土地供应机制

香港全域总面积 1076km^2，其中可供开发的土地仅占总面积的 20%。香港政府的土地供应机制成功保证了足够的土地和基础设施供应，不仅使香港保持亚太地区经贸金融中心和国际城市的地位，为居民提供了一个较好的居住、工作环境，而且为政府提供了可观的财政收入，使香港可以保持低税收政策和“自由港”地位。

香港的土地供应主要来自新增城市建设用地和提高城市原有用地的使用效率两个方面。前者主要指通过开发陆上非城市用地和填海造地来实现，而后者则是通过市区重建、改变土地用途和修订批地契约来实现。其土地供应机制具有以下几个特点：

a. 垄断一级市场，放开二级市场：允许土地使用者将尚未到期的土地使用权进行自由转让、出租、抵押等。

b. 规范、透明的政府行为：政府的土地批租，大多采取较为公平的拍卖或招标，低价的协议方式仅限于特殊用途的土地（如对某些需要发展的工业、非牟利的团体、兴建学校、医院、市政公共设施和其他福利设施等）。

c. 具体、合理的供应计划：既有每年的详尽计划，又有 3 ~ 5 年的中期计划以及 10 年的长期计划，这样能给市场提供充分的信息，使投资者对市场未来的发展能够作出合理的预期，减少了投资的盲目性，提高了市场的运作效率。同时，政府在制定年度批租计划时，一般以房地产市场的供求状况为依据，这样做到了有的放矢，提高了调控的有效性。

d. 建立土地基金和收购储备制度：在土地市场平稳时，土地收入占香港政府总财政收入的 10% 左右，可观的土地收入既可以用于开辟新的土地，又可以减轻政府在其他方面的征税，提高了香港的国际竞争力。建立土地基金，一方面可以为城市土地征购储备机制提供运作资金，另一方面可以为城市政府提供财政收入。当然，在土地基金建立初期，还需依靠财政投入来运作。

（2）借鉴价值

土地收购储备制度的建立，既是我国土地收益分配政策改变之后地方政府的应变之策，也是政府垄断土地一级市场实行“高度集中管理”理念在存量土地上的延续。1997 年，国家改变了土地收益分配办法，将城镇增量土地的收益全部上缴国家，城镇存量土地进入市场所产生的收益全部留在地方。政府对增量土地可以通过农地转用、征用等手段垄断其供应，但对城市存量土地，由于政府掌握的份额极小，绝大部分被现有使用者所控制，后者可通过补办出让手续转让土地，从而形成多头供地的局面。

从国外城市土地储备制度的实施来看，都十分强调公益性，其目的在于通过购买、征收或购买先买权等方式增加政府所有的土地，以确保城市规划的有效实施，并通过调控土地供求关系以抑制地价过度上涨，提供足够品质高而价格适中的住宅，以创造良好的城市发展环境。但我国城市现行的土地储备制度其实是一种市场供给垄断型的商业储备，尽管在垄断土地一级市场、规范市场秩序、增强政府市场调控能力、增加政府土地收益等方面卓有成效，但却难以通过实施土地储备达到平抑地价、稳定土地市场的作用，而且可能会在一定程度上妨碍城市的健康发展，如造成房价过高、增加城市公共物品供给的成本，等等（黄贤金等，2004）。

5.3.2 土地供给的招拍挂制度

5.3.2.1 积极意义与主要问题

（1）积极意义

上世纪90年代起，城市用地制度实施了首次变革，即由“无偿、无限期、无流动”变为“有偿、有限期、有流动”。这项改革的最大变化在于：土地真正成为一种资产。经营性土地使用权转让，必须实行招标拍卖或挂牌出让。此举意味着我国城市土地使用制度开始了第二次变革。

我国城市土地市场化配置的改革，并非完全一步到位式的改革，而是从城市土地单一的行政配置机制向行政机制和市场机制双轨运行的体制转变，这为土地市场中的不规范行为提供了条件。据土地证书的首次年检结果统计，中国城镇土地中行政划拨土地占国有土地总宗数的80%和总面积的98%以上，出让土地仅占国有土地总宗数的15%和总面积的1%（孙国瑞，2001）。在出让土地中，协议出让占有绝对大的比例，而招标、拍卖方式出让的土地不到10%。在这种土地行政与市场双轨配置的制度下，效用最大化的博弈各方的优化选择却直接扭曲了竞争性市场机制的运行秩序。因此，一方面需要界定明晰的土地产权，塑造人格化的产权主体；另一方面在尽量缩小行政配置范围的基础上（一般仅限于公益事业用地），必须明确划分行政配置与市场配置的职能空间，避免双轨和交叉运行，才能真正发挥市场机制优化土地资源配置的作用。

以招拍挂为特点的第二次变革，其方向正是市场化操作。土地出让的操作过程将更透明，能充分发挥市场形成价格的机制。同时，随着土地市场的日趋公平规范，能够促进房地产市场的良性发展。

（2）当前主要问题

由于政府的双重职能甚至以盈利为优势目标，在土地招拍挂中也出现了新的问题，比如开发商就有所谓的“六怕”（搜房网，2002）：

一怕买到“夹生地”：政府推出过急、准备不充分，导致不少不具备开发条件的地块直接进入拍卖市场，增加了不确定性，给开发商带来了巨大的额外资金压力。

二怕政府“坐庄”：由政府国有房地产开发公司先期介入新区开发，以尽快做熟生地的做法应有个度，完成一期开发后应主动退出，否则市场起点不公平，形成政府与民争利；招商信息也应及时、全面、前后一致、权威性强。

三怕踩到“地雷”：政府在解决历史遗留问题，清理经营性房地产闲置地中，必然导致在招拍区域还存在价格低于招拍成交价的地块，使开发商遭遇“价格陷阱”。

四怕部门各吹各的调：房地产开发程序复杂、手续繁琐、关卡多，行政效率不高也降低了开发效率，供地机制的改革缺乏相应的配套改革作保障。

五怕信息“睡大觉”：政府对散落在各部门的房地产市场信息缺乏整合，各部门也未建立相应的信息公示制度，导致信息滞后、残缺且鱼目混珠，开发商获取信息的时间与经济成本高昂，增大了开发的盲目性。

六怕拿到“空头支票”：规划条件是地价的决定性因素，但城市规划与城市发展战略往往多变，缺乏连贯性与稳定性，政府信用极差。

5.3.2.2 招拍挂与当前房地产泡沫之争

(1) 泡沫之争：以日本为鉴

早在2002年上半年，我国的房地产泡沫之说就已经出现，进入2004年后，随着房地产价格持续攀升，对泡沫的争论也日趋白热化。这场争论中，房地产管理部门、房地产商和一部分学者认为目前中国的房地产市场繁荣是有真实需求支撑的，所以不存在泡沫，而另一部分学者则认为现在的房地产价格远远超出了消费者的支付能力，出现了很严重的泡沫，并且泡沫即将面临破灭。但直到2008年底，即使部分地区尤其是珠三角和长三角一些城市的房价出现了明显下跌，仍然有人对中国的房地产是否存在严重泡沫争论不休。

现代的经济学研究通常将“泡沫”定义为资产价格对其基本价值的持续性偏离。世界上迄今最著名的房地产泡沫无疑产生在上世纪末的日本。20世纪80年代后期至90年代初，日本城市土地价格急剧上升，全国土地资产总额甚至是美国的2.5倍，而后者的人口是其两倍、土地面积更是其25倍（图5－13）。

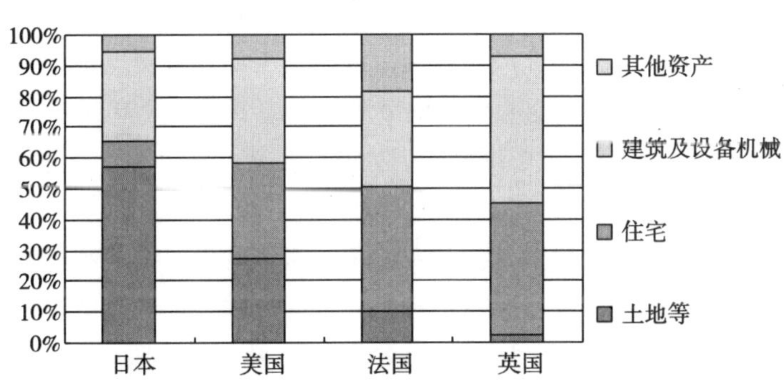

图5－13　固定资产的国际比较

本图数据源自：刘武君（1994）

这次以东京为中心，波及日本各城市的地价上升问题主要有四个方面的直接原因：① 1987年的《第四次全国综合开发规划》与上次的分散、田园规划思想相逆而行，在实质上推行了东京一极集中；② 中曾根推行的城市文艺复兴，即1983年开始的为“调动民间资本进行城市开发”而推行的城市土地利用控制标准的放松和国家所有的土地、公共所有的土地公开投标，以及政策上对民间开发者的各种优待等，导致了城市开发的超速；③ 日本企业家和财团对房地产的投机；④ 日本民族长期相信的“土地神话”，以及由此而存在的独特的社会、心理原因。日本人长期以来认为土地是永恒的资本，只会涨价不会降价，以及日本经济社会中一直以土地、房产为最可靠的资本的观念等等。

日本的泡沫经济始于1985年的“广场协议”，到1990年泡沫开始破灭结束，5年时间里全国城市地价上涨了56.3%，东京、大阪等六大都市的地价上涨了168.6%。而我国从2000年底到2004年第二季度，全国平均住宅用地价格指数在不到四年的时间里上涨了44.2%，部分城市地价上涨更为惊人，天津、上海、南京、重庆等地上涨均超过50%，杭州甚至超过了170%。虽然土地的绝对价格与日本相比还有较大差距，但上涨幅度并不亚于日本当年，部分明星城市的表现更有过之而无不及。到2005年，上海市区商品房的平均单价和每套售价分别达到了东京地区公寓式住宅的1/3和1/2，而上海的人均收入仅为东京的1/15。并且，日本的住房购买者拥有所占土地的产权，而我国房价中仅包含70年的土地使用权。目前国内的房屋价格远远高出中等收入消费者的承受水平，相对于消费者的保留价格，房屋价格大约高估了20%~30%。从1998年全国房价出现稳步上扬开始，房屋价格与租赁价格之间背离呈现越来越大的趋势（许小年，2005a)。因此，越来越多的观点倾向于认同中国出现了房地产泡沫，分歧主要在于这种泡沫是局部的还是全局性的。

泡沫的出现扭曲了市场价格体系，会导致资源的无效配置，泡沫持续时间越长，资源误配的效率损失越大。日本1993年度《经济白皮书》总结之前的房地产泡沫时，深刻指出“泡沫经济有百害而无一利”，“资源配置向不动产和股票投机倾斜，降低了国民经济总效益”，“土地等价格暴涨暴跌对实体经济的长远发展留下了巨大的负遗产”（袁征，1994)。土地投机的危害还甚于股票投机，因为后者作为一种虚拟经济尚不影响实体经济的运作，而前者让土地这一基本经济要素价格扭曲、配置失当，是对社会财富的极大损耗和市场运行的巨大破坏。土地价格非理性上涨会过度增加投资实业的成本，造成实业资本的挤出效应，从而导致实业空心化与城市竞争力的下降。日本自1991年房地产价格达到最高点后已经连续十余年下跌，跌幅高达40%以上，而且日本经济长期难以从房地产泡沫破裂产生的阴影中走出。

房地产市场之所以容易形成泡沫。其一是土地资源稀缺、供给弹性小；其二是信息不完全、不对称和滞后性，容易引发盲目投机和过度炒作；其三是缺乏短线交易和对冲机制，导致房地产价格难以自然回归到“均衡水平”；其四是房地产作为一个资本密集型产业，房地产多数可作为抵押品，因此其泡沫的形成在金融支持下会加速和放大，并导致金融泡沫的产生；其五由于以住宅为主的房地产具有投资品和消费品的双重特性，因此政府对房地产的干预比其他市场都要多得多，也更容易导致政府失败。

（2）当前房地产泡沫的实质及根源

中国房地产价格的上涨有四个主要原因：一是基本面的支持，即中国经济的快速发展、1990年代末住房改革和城市化进程，居民收入的增长、中产阶级的壮大以及进城农民的增加，提供了源源不断的住房消费或升级需求。二是高储蓄率和有限的投资渠道，中国居民储蓄欲望强烈，主要原因是社会保障体系的不健全和人口结构的变化；在银行存款实际负利率和股市先天不足的现状下，储蓄需求被迫转化成对房地产的投资需求。三是投机或投资性需求，包括国内资本以及人民币升值预期下境外资金的流入。四是调控政策偏重抑制供应但未能有效控制需求，客观上提高了价格上涨的预期。

在上述四个理由中，只有第一个是相对真实和可持续的有效需求，但即便如此也存在虚假夸大的成分。

一是收入增长中的泡沫：这主要因为我国近几年的经济增长过分依赖政府主导投资拉动的扩大内需和出口增长。一方面由于高税收使得社会财富从民间向政府转移、政府主导投资使得利润从竞争部门向少数垄断部门集聚，导致部分高薪阶层收入快速增长，尽管多数居民实际可支配收入的增长远低于 GDP 增长速度；另一方面由于美国实际利率是负数，中国最近几年源于出口剧增的收入增长被美国的消费泡沫所夸大了。许多买房子的中国人以过去三年的收入来推断收入的增长，但其实都是难以持续的（谢国忠，2005）。

二是购房需求中的泡沫：由于过去排队等候福利分房的人群，年龄段跨度在 25 ~ 50 岁左右，即近几年旺盛的商品房需求是这一庞大人群被压抑多年的住房消费需求的集中释放。但这种现象也不可能长期延续，在住房分配市场化过渡期结束后，26 ~ 30 岁左右刚就业有了收入来源以及组建家庭的群体，将成为住房消费稳定的主力人群。我国这一年龄段的人口约 1 亿人，其中城镇人口约 4000 万，即每年住房消费主力人群数量大约为 800 万，而 2003 年完成商品房建筑面积近 3 亿 m^2，可以解决约 1200 万城镇人口的住房问题，综合考虑城市化进程中民营经济繁荣因素、经营农民因素和主力人群购房能力限制因素等，如果商品住宅消费没有新的推动力量，当时的供给能力将存在 300 ~ 500 万消费人群即 25% ~ 40% 左右的过剩（冯燮刚，2004）；此外，政府通过旧城改造与拆迁带动的被动需求属于强制性消费，以及开发商炒作所带来的恐慌性需求，也都提前释放了居民的预期消费能力。

三是购房能力中的泡沫：我国大多数城市的房价收入比都远远超过 10 倍，之所以能够承受并继续攀升，主要源于目前的购房者以中高收入人群为主，普通城市居民的原有住房由于房价跟随上涨产生一定的财富效应，在贷款利率水平过低的条件下，部分也有能力进行住房消费升级。根据人民银行最新统计数据，从 2002 年到 2004 年，全国个人住房贷款增长迅猛，年度增加值分别为：2670 亿元、3528 亿元、4072 亿元；个人住房信贷余额也呈强劲上升势头，分别达到：8258 亿元、11779 亿元、15922 亿元。从上海地区看，国有独资商业银行和股份制商业银行全年新增个人住房贷款占各自新增人民币各项贷款的比例分别高达 49% 和 79%。贷款高度集中于房地产，信贷结构风险已不容忽视。只要收入增长、购房需求和购房能力中任何一项中的任何一个环节出现断裂，都会改变目前房价运行的方向甚至形成反向推动，加速房地产泡沫的破灭。

此外，人民币币值的低估促使大量外汇涌入中国，进一步推动房产价格的上扬，市场力量调整人民币币值低估的一个后果就是国内通货膨胀，尤其是资产价格的恶性膨胀。而以政府为主导的、缺乏透明度的土地市场，以及人为限制土地供给，都会扭曲了房产市场，加剧房地产行业的泡沫成分（梁红，马宁，2005）。

从经济学理论的角度来看，在一个充分竞争的市场经济环境中，由于资本等经济要素的自由流动，各个行业的边际利润率大致相同，即使偶然因素（比如技术或组织创新）

导致某些行业暂时的兴旺或衰退，但很快各个行业的边际利润率在资本涌入和流出的效应下将重新趋于一致，或者更接近现实的结果是：各个行业之间的利润率与进入该行业的成本（包括资金、技术、权力门槛）成正比。换句话说，一个行业的平均利润率长期高于社会平均利润率，只可能出现在非完全市场经济中，导致这一局面的原因主要包括：人为造成的垄断，使进入该行业的门槛过高或根本无法再进入；信息不充分，包括市场不完善造成价格传递机制的失灵。而在中国，在其他多数行业景气周期偏短的宏观环境下（主要由于行政干预下的过度竞争），“房地产热”却能经久不衰，即房地产业的平均利润率长期高于其他行业（普遍在10%以上，中高档房地产的平均利润更高达30%～40%，远高于其他行业及国际上5%的平均利润水平），并吸引了大量社会资本源源不断地涌入，而且产生了越来越严重的泡沫，许多地方的房价已远远偏离当地的经济与收入水平，这不能不说是一大“奇迹”。但许多本应投入实业的资本流入进行房地产投机，造成了局部经济的畸形繁荣和整体经济环境的恶化。这其中固然有我国城市化加速的因素，但这不足以解释全部的奥妙，因为这种供需预期可以很快被市场所消化掉，而且也无法说明何以在城市化加速的长期过程中却经历了几次房地产业的“脉冲式过热”。

本书认为，住房作为一种特殊的商品，尤其是交易频率过低，使其价格严重滞后于真实的供需状况，是房地产行业容易产生泡沫的普遍性经济原理。而追逐行政垄断下的土地产权和利用方式转变的巨大利益，以及由于土地成本相对低廉导致过大的资本“杠杆效应”，则是我国房地产热经久不衰的根源；脉冲式过热的原因主要在于国家宏观政策的调整转变；而政府官员与开发商在寻租过程中结成利益同盟，是助长和延续房地产热并形成泡沫的既得利益集团。如果没有切实有效和稳妥的应对措施，随着上海等热点城市房价的日益疯狂并演化为“外部人的游戏”，可以预见，近年来中国城市的房地产泡沫很可能在人民币升值高峰以及密集诞生一个个城市“地王”过后达到高潮并不可避免地走向破灭。尽早和有步骤地使货币的价格（即利率和汇率）和土地的价格更多地由市场来决定，是缩小泡沫和减轻泡沫破灭危害的关键举措。

（3）招拍挂：房地产泡沫的罪魁祸首？

在当前房地产泡沫的一个焦点争论是：招拍挂是否产生房地产泡沫的罪魁祸首？

赞成者认为，目前城市土地使用权招拍挂制度的本质是政府利用垄断权，强行取得收入。这种制度的参照系是香港和新加坡的土地制度。理论上来说，香港和新加坡都是城市地区或国家，其土地制度只是世界土地制度的一个特例，不具有一般性。任志强（2004）甚至认为，最近几年的房价剧烈增长来源于土地供给制度的变化，即土地供给从协议出让向招拍挂转变，房地产投资高增长也主要源于政府土地收益的推动力。其理由主要有：

① 从2004年上半年全国土地出让情况看，招标的土地价格增长为2.32倍，拍卖的土地价格增长为3.25倍，挂牌的土地价格增长为1.8倍，而协议出让是负增长；招拍挂出让只占全部土地出让中的28.78%，但其土地收入的比重已占到了全部土地出让价款的61.6%；因此，实行招拍挂是土地价格短期内大幅上涨的根源。由于地价占房价比例偏高的长三角地区也是房价攀升最快的地区，因此地价是房价上升的主要原因。

② 尽管现有市场中70%以上的土地是用协议出让的方式供给的，但当少量用招拍挂方式供给的土地大大地提高了土地的价格时，不管用什么方式取得的土地都会向市场中的高房价看齐。也就是说，只要一部分的地价及房价提高，就会带动全部的地价及房价提升。

③ 政绩工程、形象工程都需要加大旧城的改造与拆迁，而通过招拍挂获取高额土地收益更加大了政府的推动能力。保守估计土地收入中50%以上转化为新的征地与拆迁的补偿安置费用，并转换为新的购房消费能力。平均每拆除1m^2的旧房，大约需要购买2.5m^2的新房增量，自然就加大了市场的需求。这种政府投资行为带动的强制性消费，提前释放了居民的预期消费能力，成为推动房价增长的另一重要动力。

④ 地方政府的投资来源越来越依赖于土地的经营收入，而非适应于当地经济发展的税收收入。其一是地方政府通过大量的征地、拆迁，以征地、卖地获取差价收益，以拆迁制造房屋需求；其二，地方政府可以用土地招拍挂的预期收益将土地变相抵押给银行，换取土地开发储备的资金，靠政府借债提高投资增速；三是政府将土地的收益转换为城市基础设施的建设资金，并换取其他投资。我国从1998~2003年间土地收益约15000多亿元，远高于国债总量9300亿元，意味着土地收益的投资转换能力远远大于国债对投资的拉动能力，成为近年来投资高增长的主要来源。

本书认为：招拍挂不构成产生房地产泡沫的罪魁祸首，但现有招拍挂制度的不完善对房地产泡沫形成起着推波助澜的作用。

就前者而言，“地价推高房价”逻辑的本身就是错误的。土地是要素，房产是最终产品。经济学的原理告诉我们，市场对要素的需求是一种“派生需求”，是由市场对最终产品的需求派生出来的，因此要素的价格主要由最终产品决定，而不是相反。也就是说，招拍挂确实造成了地价的整体上扬，但仅靠地价并不能推动房价上涨。因此可以看到，在经济增长强劲、房地产需求旺盛的地区，比如长三角的许多城市，招拍挂能够不断地创出价格新高；但在经济增长乏力、房地产需求疲弱的地区，比如在全国房地产市场已经趋于火爆的2004~2005年间，汕头市的土地招拍挂，除极少数出现盲目追高抬价，大多数基本反映市场正常价格，有的地块甚至在底价不高时出现多次流拍的现象。

就后者而言，尽管理论上招拍挂只是将土地市场价值充分显化，使土地价格回复到真实的市场水平，并不是由于招拍挂方式本身抬升了地价。但由于现有以国有资产保值增值和满足政府财政需求为目的的土地使用权招拍挂制度，只是政府垄断下土地供给手段的市场化，并非依靠市场机制甚至不是按照市场需求去供给土地，并非真正意义上的市场化配置，必然造成地价的单边上扬；甚至没有做到土地供给信息的完全公开透明化，往往只是每次只公布一次或一批的土地供给情况，缺乏系统长期的土地供给计划和充分透明的公示制度，因此极为有限的局部信息很容易导致非理性的投机行为，助长了地价的攀升。而在处于卖方市场的房地产价格上升阶段，地价上涨不仅可以被开发商轻易地转移到房价，而且常常被其利用作为制造投机氛围的工具。

此外，由于政治体制改革的滞后，并没有真正实现从权力控制向市场化配置的转变，因此也无法从根本上解决制度中的腐败问题，招标的评标、拍卖的敲钟、挂牌的底价评估之中均可能出现腐败。

(4) 中国房地产泡沫中的非市场因素

本书认为：土地市场固有的特殊性即低效性和非完全竞争性，是诱发地产泡沫的市场因素，各国皆然。负的实际利率、人民币升值预期和对土地供给的制约性政策，则是形成和加剧当前我国房地产泡沫的主要原因。但对于转型时期的中国而言，非市场因素更是房地产泡沫形成的不变的主题，它向前推动了土地投机等市场因素直接发生作用，向后则拉动权力寻租并使得自身得到进一步强化。

非市场因素主要包括三个方面：一是前述政府为实现自身目标而进行的市场干预行为，比如垄断性的城市经营与土地储备，强制性的旧城改造与拆迁，不顾风险的过度借债等等，都人为扩大了房地产需求，加剧了泡沫成分。二是所谓的“政府失败”，主要由于土地供应的“双轨制”，政府对土地市场干预过多和计划干预的失灵，市场主体结构不合理即国企比重过大，存在政企不分、国有企业预算软约束等因素所致。三是土地市场上的寻租活动，主要表现为地方政府的圈地和“以地生财”，各部门越权批地、多头批地，开发商与官员之间的“人情地”、“关系地”等；权力寻租严重破坏了市场经济的公平竞争原则，使市场的资源配置功能扭曲和丧失，导致土地市场“劣币驱逐良币”现象盛行（谢经荣等，2002）。

中国房地产泡沫中还有一项特有的不容忽视的非市场因素就是：土地制度的内在缺陷。许多学者从不同的角度出发得出了这一共同的认识。

赵燕菁（2001）认为中国的地产泡沫从本质上讲，是土地产权不明晰约束条件下，市场主体各方博弈的结果。比如海南土地资源博弈的主体是开发商和政府，珠海是地方政府和中央政府，宝安则是农民和政府。以宝安为例，由于管理操作上的实际困难，最初的违规操作被认可，使农民们得到了一个信号：土地是可以通过各种办法侵占的公共财富。于是“圈地运动”便成为农民取得原始资本迅速致富的最佳手段。由于农业用地的价值过低，使得失去耕地的机会成本极小，即使推而不用，闲置土地的潜在价值也远在农业用途之上。加上存在政府以极低价格征用土地的潜在风险，这一切都鼓励农民不顾一切推平土地。这既可以解释为什么在当地有大量土地闲置的同时却保持着厂房高达90%以上出租率这一现象——因为对农民而言，土地的产权是模糊的，可能是国家，也有可能是自己的，推平的越多属于自己的可能性就越大；工厂的产权则肯定属于自己的，没有人来就是浪费。也可以解释为什么大规模推平土地的高峰发生在撤县改区之前的1993年——因为县改区使农民意识到宝安土地管理模式“深圳化”之后，他们可能会丧失对土地的产权份额，于是在设区前突击推地造成既成事实；这是一种由预期风险而非预期收益所触发的圈地。

周天勇（2003）认为城市土地产权不清即“国有”权利实际上由多个相关部门代表和行使，因此政府各部门、各环节据地权随意安排土地分配和管理中的收费性设置，是推高中国房地产价格的一个重要的制度性因素。据估计，在地价和房价构成中，政府各部门的规费占1/5到1/3，这些收入的流向有各级财政、各部门收入甚至成为部门福利、住房、奖金的资金来源。

朱秋霞（2004）认为，现行农村土地制度的准国家土地所有制特征决定了农民不能够与用地单位直接进行土地交易，这就从根本上排除了市民向农民直接购买土地建房的可能性。只有少数大开发商能够在国家土地批发市场通过招标取得土地，这就形成目前大房地产公司对住宅市场垄断的格局。这种市场垄断是中国近几年房产价格居高不下的根本性制度原因。而在大部分发达国家城市化的过程中，由于不存在国家对于土地所有权的垄断，房基地价格从长期来看是上涨趋势，但是从每个具体时期来看，房基地价格与社会商品总价格存在一个稳定的比例关系，不可能出现暴涨和由此产生的炒地产现象。根本的制度因素是，城市居民在向房地产公司购买房产的同时，也可以向农民直接购买土地建房。市民住宅用地供给多元的竞争市场是城市化过程中抑制房地产价格暴涨的重要因素。

冯燮刚（2004）认为1998年以来住房分配市场化引致的消费需求和非市场力量主导的基建投资需求的快速扩张，为近年来的中国经济增长提供了强大动力，也较为成功地抵御了亚洲金融危机。并且对于追求政绩的各级地方政府而言，通过基础建设投资创造GDP是可以选择的主要手段，也是立竿见影的手段。但由于项目决策权力被政府所垄断，缺乏有效的监督与制衡机制，经济主体的行为也缺乏刚性的市场约束，政绩追求与寻租利益的重合很容易导致基建投资需求的非理性膨胀。而确立土地资源配置的市场机制，建立土地使用权交易市场，一方面可以为农业资本的积累创造条件，推动农村城市化并解决进城农民被边缘化的社会问题；另一方面农村土地的市场定价也将废除非市场圈地的前提条件，抑制基建投资的非理性、低效率扩张。因此，土地资源配置的市场化，是防止或消化基础建设投资需求泡沫的重要环节，其要点就是建立产权明晰、多边参与、竞争性的土地使用权市场。

5.3.3 城市空间演变影响前瞻

城市经营与土地储备以及土地供给的招拍挂制度，在我国都是新兴的事物，其对城市空间结构演变的影响还没有得到充分的体现，无法通过实证研究加以客观准确地评价，只能通过经验和理论分析对其可能的前景进行粗略预测。

5.3.3.1 积极影响：促进优化

本书认为，从积极的意义上讲，以正确适当的城市经营理念为指导，城市土地储备制度和土地供给的招拍挂制度，作为我国城市土地管理制度与使用制度的一次重大变革，应该具有优化土地资源配置、调整土地功能分区、盘活存量土地资产等功能，对城市空间结构的整合将具有明显的调整与引导作用。主要体现在以下几个方面：

一是由于政府对土地一级市场的调控能力增强，可以强化城市总体规划和土地利用规划对土地功能分区与城市空间布局的调控指导作用，在一定程度上避免土地资源配置“市场失灵”现象的出现。

二是由于提高了城市整体地价，相应也增加了地价位势差，有利于促进城市中心区土地的集约利用和城市空间结构的调整与优化，比如有助于增强城市中心区商务功能和促进内城工业外迁。

三是有利于完善城市基础设施与公共配套设施。一方面土地储备机构作为城市政府的非赢利性机构，将严格按照规划供给土地，并对土地的使用予以监督，有助于防止经营性用地对公共设施用地的侵蚀；另一方面，土地储备机构作为土地的垄断供应者，可以在出让用地与划拨用地之间建立统一的资金预决算机制，增强政府在公共用地供给方面的积极性。

5.3.3.2 负面影响：两极分化

这几项制度尽管从设立的初衷均有提高土地资源利用效率、优化整合城市空间结构的目的，但由于政府行为多于市场行为，人为因素不可避免对市场机制的正常发挥产生负面影响，从而偏离最初的良好意愿。从现有几项制度的特征来看，最有可能的影响是造成城市空间结构的两极分化，其中又主要包括两个方面：

一是土地利用强度及城市空间形态的两极分化。政府力的影响通过市场的方式得以提升，这其实是一把“双刃剑”，如果政府过度干预或违背市场规律，与市场力或社会力背道而驰，则很容易导致“政府失败”现象的产生，破坏土地资源的有效配置，无法达到提高土地利用效率和优化城市空间结构的目的。比如通过大规模圈地规划兴建“大学城”、工业园区等新城区，导致郊区土地大量闲置。从而有可能形成中心区或老城区密者更密、郊区或新区疏者更疏的空间形态两极分化格局。

二是土地利用方式及城市功能结构的两极分化。政府垄断一级市场的土地储备和招拍挂制度，由于大幅提高土地价格相应增加了开发商获取土地的成本，为保证投资收益，很可能会迫使开发商涌入高利润、高风险的房地产高端市场，至少在短期内造成高档房地产项目数量多、分布广，以在正常土地市场机制下所无法达到的速度与规模超常规发展，而中低档房地产项目则骤然减少的两极分化局面。从这个意义上讲，假如出现这种情况并在有效解决之前，一旦取消政府建设经济适用房而代之以向中低收入者发放住房补贴，尽管能够防范经济适用房制度中的腐败，但却有可能出现很多人在很长时期内买不起房的情形。一般而言，当这种情形是由纯市场因素所造成，并且情况还不至于恶化到租不起房，则人们还能够忍受；但当这种情形掺杂了过多的人为因素，即使中低收入者有能力租房居住，也是有失公正并容易造成社会的不稳定。

此外，由于这几项制度自身的不完善，人为增大了房地产市场的投机性，在一定程度上加剧了当前的房地产泡沫，一旦泡沫破灭，以前高价获取的土地将由于资金或市场等因素而无法开发或开发难以为继，很容易产生中心区土地闲置或烂尾楼等不良现象，破坏土地资源的有效利用，损害城市形象，对城市空间结构的优化形成障碍。

5.4 本章总结

5.4.1 土地市场制度影响城市空间演变的动力机制

城市空间结构是土地市场各个行为主体在效用最大化激励下各自经济活动相互影响的结果，因此，土地市场机制的形成与完善，是影响土地利用效率以及城市空间结构演变最重要和最基本的要素。市场机制包括供需机制、竞争机制和价格机制，主要是通过提高土地资源配置方式的市场化程度，显化和正常化土地的市场价格。土地市场制度是土地市场上市场机制得以发挥作用的直接载体，因此土地市场制度影响城市空间结构演变也是通过供需机制、竞争机制和价格机制产生作用。总的来说，土地市场制度对我国城市空间结构的影响既有积极也有负面的效应，而这主要是由于土地市场制度变迁过程中土地需求市场化和土地供给复杂化两者的不对称所造成（图5－14）。

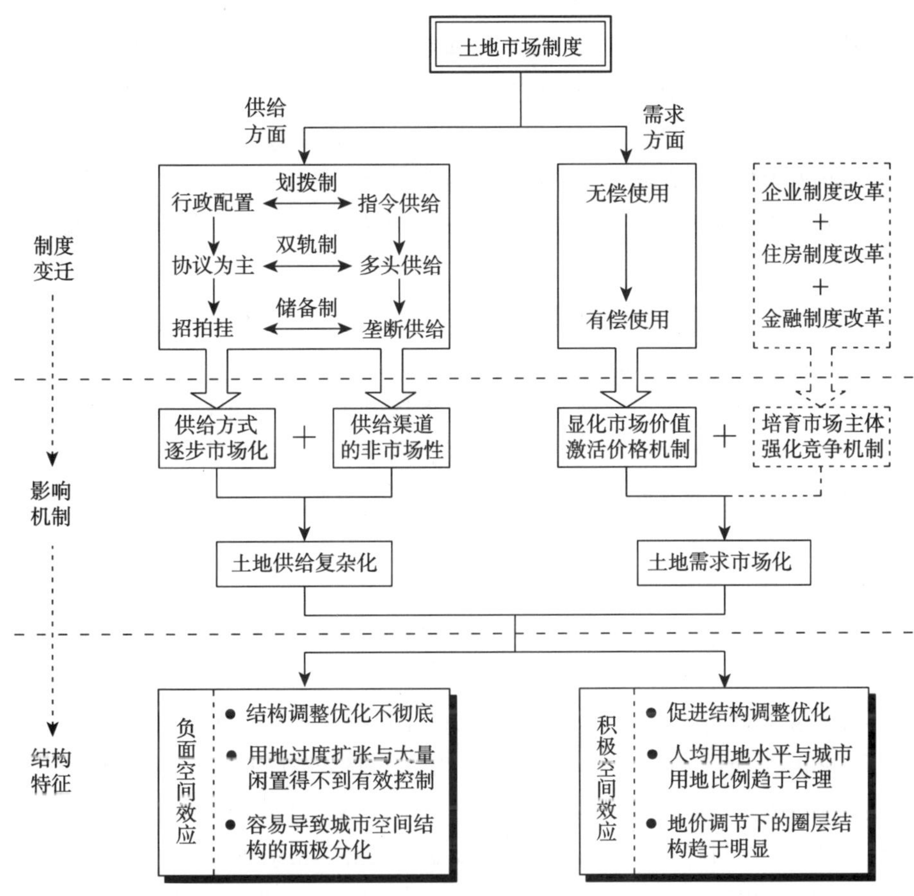

图5－14　土地市场制度影响城市空间演变的动力机制

土地市场制度对土地市场的需求和供给两方面都产生影响。在土地需求方面，城市土地的无偿使用转变为有偿使用，显化了土地的市场价值，从而激活了价格机制；同时，企业制度、住房制度和金融制度改革又催生和培育了具有相对独立财务预算能力的企业、房地产开发商和购房者等市场化的行为主体，树立并强化了市场竞争机制；这两者的结合共同促进了土地需求的市场化。当然，各项制度仍处于改革进程之中，这也意味着需求的市场化仍是一个正在逐步完善的过程，但这一正向完善的过程是清晰而且是不可逆的。

在土地供给方面则相对复杂。城市土地的供给首先从单一行政配置、指令式供给的划拨制，转变为以协议出让为主，造成多头供给的双轨制，再转变为经营性土地全部采用招拍挂，并越来越多采用垄断供给的土地收购储备制。因此，这种供给方式的逐步市场化加上供给渠道的非市场性，即目前反而强化了一级市场供给主体的政府垄断性，缺乏竞争以及政府的有限理性和多重职能，使得土地供给的特点趋于复杂化。在这种我国特有的土地多级市场体系下，土地的供需关系变得复杂而扭曲。

这种土地需求市场化与土地供给复杂化两者的不一致，对城市空间结构的影响也是复杂而具有两面性的——既促进了城市空间结构的调整优化，但又制造了一些困难使得调整优化不彻底和速度延缓。一方面，在市场机制的正确引导下，人均用地水平与城市用地比例趋于合理，地价调节下的圈层结构和空间分异更加明显，这些都有利于提高土地利用效率和城市整体功能的提升；但另一方面，由于市场制度的不完善，加上产权不明晰以及政府过度干预的影响，市场机制也发生一定的扭曲，城市蔓延和大量用地闲置的问题得不到有效控制，在城市内部空间结构上也容易导致两极分化，包括城市空间形态和城市功能结构的两极分化，不利于城市土地的高效集约利用和社会的和谐稳定。

5.4.2 完善土地市场制度的对策及建议

5.4.2.1 核心目标：强化土地配置的市场化

制度的完善与变迁，应该尊重社会经济发展的内在规律。强化土地资源配置的市场化，即是国内外通过各种理论和历史经验得到普遍验证的规律性认识。本书对土地市场制度影响城市空间结构的研究，也充分证明了这一点。而且，当前强化土地资源配置的市场化还有新的历史要求。

（1）科学发展观的要求

要落实可持续发展的科学发展观，一定要有科学的体制和制度来保证，包括经济体制、法律体系以及政治体制的保障。科学发展观要求经济增长模式的转变。我国历届政府无一不强调转变增长模式的重要性，甚至在计划经济时代，就有关于“外延式”和“内涵式”的讨论，但直至今日，经济增长模式仍然以低效利用甚至破坏资源为代价、粗放型规模扩张为主要特征，对能源、原材料、交通运输和环境等的压力以及投资对消费的挤压仍在加剧，这与“统筹人与自然和谐发展”的要求相距甚远。

这其中的根源就在于政府职能不清，政府取代市场对经济资源实施行政配置。政府主导要素配置，决定了它必然追求规模和速度，以求得政府自身效用的最大化，而不可能追求社会整体效益的最大化。要想把以数量扩张为主要特征的增长模式转变为效益最大化的增长模式，政府必须尽可能地退出市场，特别是退出要素市场，让那些追求效益最大化的所有者通过市场来配置资源，经济增长模式才有可能转变。许小年（2005）认为我国20多年的改革成果，主要是有了一个比较健全的产品市场，基本破除了产品市场上的计划模式。然而在要素市场上，比如土地、人力、资本等，政府仍然起着主导作用。就土地而言，土地的市场化配置刚刚开始。但在目前这一轮宏观调控中，土地配置却有进一步集中的趋势。

（2）防治腐败、促进社会和谐的需要

我国作为一个向市场经济转轨的国家，从改革初期以各种“官倒”为代表的商品差价寻租，到最近十年以土地批租、金融腐败为重点的要素寻租，均充分证明了政府对稀缺资源的配置权力过大和对微观经济活动的干预权力过大是市场发育缓慢、腐败难以消除的最重要原因。而腐败又是破坏社会公正与和谐的主要毒素之一。要从源头上铲除腐败赖以存在的基础，除了尽量减少行政审批和限制行政许可，同时实行信息公开，把必要的行政许可置于社会监督之下，关键要让市场在资源配置中发挥基础性作用（吴敬琏，2004）。

以此理解，以国有资产保值增值和满足政府财政需求为目的的土地使用权招拍挂制度，只是土地供给手段的市场化，并非依靠市场机制甚至不是按照市场需求去供给土地，因此并非真正意义上的市场化，它必然造成地价的单边上扬而不可能实现其他良好的社会经济目标，也不可能有效防范腐败，而是催生新的腐败形式和腐败变种。

5.4.2.2 对部分政策措施的再认识

（1）农地流转市场化与新“国家粮食安全观”

制度改革既是对旧有法律规章的突破，更是对传统认识的突破与更新。比如农村集体土地没有处分权，因此产权残缺而不完整。结束单一国家征用农地制度，发展农地转用市场，有助于破除政府对土地资源配置的垄断，既是提高土地配置市场化程度的重要手段，也有利于发展农村经济和解决三农问题。但基于“实行最严格的耕地保护制度，保证国家粮食安全”，农地转让还存在严格的限制。因此，我们有必要重新审视这一长期所坚持的基本国策。

问题在于：“国家粮食安全”是一个随需求、技术和贸易条件变化而变化的目标，而现行管制耕地转让权的行政审批制，根本不可能灵敏准确地反映耕地转用的真实收益和机会成本。事实上，政府粮食价格制定的盲目性，也造成了我国粮食总产量的几起几落，以及政府维护粮食安全的成本（主要包括用于粮食的财政支出和国有粮食企业的各项补贴）过于高昂。只有通过市场机制调节，包括粮食价格的市场化和土地交易流转的市场化，才能以一个合理的成本、在一个合理的区间确保我国的粮食安全。但是由于土地使用性质转变的不可逆性（即难以从非农向农业用地转变），因此，在土地转让完全市场化之前，必须首先实现粮价市场化和消除经济发展的行政干预（比如来自政府的征地冲动），才能形成真实反映市场需求的土地边际成本—收益，从而自然形成合理的耕地规模。近年来日趋严重的土地撂荒也表明（张新光，2004），确保国家粮食安全，除了要有“新的国家粮食安全观”，包括全球开放观、市场调节观和结构与总量观，最根本的途径还是通过市场引导以提高种粮农民的积极性。

（2）招拍挂制度中的公平问题

判断制度优劣与否的首要标准是其是否符合公平原则，因为公平既是平等的核心，又是效率的保障。

① 土地供给方式角度：招拍挂能够防止以前双轨制下土地来源不同所造成的不公平，有利于规范房地产市场；但由于政府垄断供给的缺乏竞争和监督，以及政府职能的多重性加上政府代理人的机会主义倾向，寻租腐败所造成的不公平会以新的形式出现在招拍挂之中。

② 土地收益角度：招拍挂将以前流失到社会（开发商与购房者）中的土地收益收归

政府，有利于增强政府财政实力，充实城建资金，从而强化提供城市基础设施等公共物品的能力；但收益增加也会激励政府的短期行为，导致政府出让更多的土地数量和出让最长的年限，这对下几届政府是不公平，会影响城市的长远发展。

③ 福利影响角度：招拍挂推高地价，对先前囤积土地较多的开发商更加有利，而对在以前制度环境中所造成的无地或少地开发商是不公平的。高地价转化为高房价之后，对新购房者又是不公平的，因为相对老购房者多支付的地价款（隐含在房款中）尽管归政府财政收入，并被用于公益事业，但城市公共物品是非排它性的，全体市民都可以享受。

土地出让招拍挂制度的福利及公平性影响评价　　表 5－7

	政府		开发商				市民	
	本届	下几届	大型	小型	有地	无地	有房	购房
福利影响	+	－	+	－	+	－	+	－
不公平的持续性	长期性		长期性		过渡性（期限较短）		过渡性（期限较长）	

注：“＋”、“－”分别表示福利水平的“上升”和“下降”。

因此，土地出让从协议为主向招拍挂转变，对土地市场中各个行为主体的福利影响以及公平性影响是复杂的，仅靠供给方式的转变很难判断整个制度变迁的效果。双轨制已被现实充分证明是不可取的；招拍挂制度的弊端即其不公平有些是暂时的和过渡性的，但要真正获得其预期的效果，还必须切实转变政府职能，并以科学的发展观和正确的政绩观为指导；而改变政府的土地收益模式，打破政府供地的垄断性，实现土地市场供需的完全市场化和交易的平等化，政府的职能主要限于管理，只能作为一个平等的民事主体参与市场竞争，不能有任何的行政特权，才是土地市场规范有效的长远之策。

6

土地管理制度差异与城市空间演变

6.1 土地管理制度的内涵及问题

按照本书的界定，土地管理制度主要包括土地规划与税收管理制度，以及用途管制、地籍、地价、调查、统计、资源信息管理等。土地管理制度是国家作为土地产权保护人，基于自己的政治、经济、社会等宏观考虑，对土地产权所做的限制和收取服务费用，主要通过调控市场制度对土地的实际产权价值具有重要影响，而国家则通过管理制度来体现其保护产权的价值。中国与西方资本主义国家由于在土地产权性质、市场发育程度和政府职能等方面存在较大差异，在土地管理制度方面也有所不同。但随着土地制度的进一步改革完善以及政府职能的相应转变，我国的城市发展和土地利用及其管理也将面临西方国家曾经遇到的问题，这大大增强了我们借鉴吸收国外有关土地管理先进经验的现实可行性。

在土地管理制度的各个子项中，调查、统计与地籍、资源信息管理等属于基础性的工作制度，地价管理在西方国家市场经济条件下不具可比性，而且随着招拍挂制度的推行，我国的地价管理也将趋于弱化，政府只能通过市场手段间接调控地价。因此，真正具有可比性和针对性即对城市空间演变有实质性影响的，主要是规划（以及与此密切相关的用途管制）与税收管理制度。本章即主要围绕这两项制度进行研究。

6.1.1 规划管理制度

6.1.1.1 内涵及意义

由于土地的垄断性、不可流动性、产品异质性和不可替代性、信息滞后性等，造成土地市场是不完全竞争的市场，加上土地空间的连接性，因此城市土地开发中的外部效应（比如环境污染、交通拥挤等）很难通过明确产权来加以彻底解决，因为事前的交易费用太大。使得政府有必要通过规划与计划对开发者的市场行为实行某种程度的控制，以尽可能消除土地利用与开发建设所带来的负外部性，保证公众的健康、安全、福利以及对更好物质环境的追求。对城市土地利用及城市空间演变具有重大影响的（广义的）规划主要包括：土地利用总体规划、城市规划（主要是城市总体规划及控制性详细规划）、土地开发供应计划等。

这些规划及计划对城市的影响分别是：土地利用总体规划着重从耕地保护的角度对城市建设用地进行总量控制；城市规划则从城市发展方向、土地利用性质及强度等各个层面，直接影响城市土地利用及空间结构形态；土地开发供应计划则是以土地利用总体规划和城市总体规划为依据，以供给引导调控需求，通过市场来实施规划。

我国编制土地利用总体规划的原则及目标是：严格保护基本农田，控制非农业建设占用农用地；提高土地利用率；统筹安排各类、各区域用地；保护和改善生态环境，保障土地的可持续利用；占用耕地与开发复垦耕地相平衡。编制土地利用总体规划有利于从区域角度优化配置城市有限的土地资源，充分发挥土地的经济、社会和生态效益，保障城市经济和社会的可持续发展。

城市总体规划主要是确定城市的性质、发展目标和发展规模，城市主要建设标准和额定指标，城市建设用地布局、功能分区和各项建设的总体部署，城市综合交通体系和河湖、绿地系统等，这些对城市空间演变都有直接而重大的影响。大、中城市为了进一步控制和确定不同地段的土地用途、范围和容量，协调各项基础设施和公共设施的建设，在总体规划基础上，可以编制分区规划。城市详细规划则是在城市总体规划或者分区规划的基础上，对城市近期建设区域内各项建设作出具体规划；其内容主要包括：规划地段各项建设的具体用地范围，建筑密度和高度等控制指标，总平面布置、工程管线综合规划和竖向规划。城市详细规划尤其是控制性详细规划，对微观层面的土地利用及城市空间结构（特别体现在密度和形态上）具有重大影响。

土地开发供应计划主要以社会经济发展计划、城市总体规划为依据，并在对土地市场预测的基础上进行制订。有效的土地开发供应计划，能够实现控制城市建设用地增量、平衡城市建设资金等目标。土地开发供应计划的实施一方面直接保证了城市规划的实施，尤其可以通过其保证重点发展区域的开发甚至基础设施的适度超前建设，来引导城市开发方向；另一方面可以通过增加或限制某种用地类型的土地出让规模，实现政府对房地产市场的调控，以平衡市场和在一定程度上纠正市场运行中出现的明显偏差。

6.1.1.2 主要问题

但目前我国的上述规划或计划存在诸多不完善之处，导致其效用难以得到充分发挥。主要表现在两个方面：一是各自本身的科学性有所欠缺；二是相互之间的衔接有待加强。

具体来说，土地利用总体规划过分强调粮食安全与耕地保护，相对忽视城市化与城镇发展的要求，对生态环境保护也缺乏足够关注，地方上对农田保护区的设置也具有相当的随意性，导致城市总体规划总是无法与其相“衔接”，而是想方设法通过技术处理避开土地利用总体规划对城市建设用地总量的控制。

城市规划的编制则仍较多地偏重于物质建设规划，注重于确定规划期的人口和用地规模；过分强调土地利用功能分区，注重于静态的“终极蓝图”；城市总体规划面面俱到、内容庞杂，编制与审批时间过长、可操作性与时效性较差；控制性详细规划往往又过于关注局部利益，而不能从全局上把握土地开发利用的规模和强度。此外，许多地方规划常常滞后于土地开发，先批地后规划或者边批地边规划，以及政府为迎合开发商意愿而任意修改规划等现象屡见不鲜。城市规划的这些缺陷，严重影响了其对城市土地利用应有的宏观调控作用，也很难真正成为土地开发供应计划的实施依据。而土地公有制以及产权不明晰、市场化程度不高，使得土地利用和调整缺乏适当的经济成本和社会监督的制约，是导致规划编制及其实施过程中合理性不足、随意性偏大的根源之一。

与城市规划控制城市用地总量、用地结构和用地强度不同，土地开发供应计划主要控制土地出让时序，两者相辅相成、缺一不可。但目前两者之间的衔接并不紧密，以相对成熟的深圳市为例（施源，2002）：一是后者在确定土地出让总量时未充分考虑与前者的衔接；二是后者在制定土地出让计划时较注重土地出让量，而对出让土地的空间定位考虑不够。此外，土地开发供应计划只有年度计划，尚未形成长期、中期和年度计划相结合的完整序列；而且计划的约束力较弱，受房地产市场波动、大型建设项目等因素影响，超计划或未完成计划的情况较为普遍，对计划实施的跟踪控制力度也不够。

6.1.2 税收管理制度

6.1.2.1 内涵及意义

税费管理制度既是一种土地收益的分配机制，也是政府所运用的宏观调控手段，以弥补市场机制的一些内在缺陷，促使土地资源的优化配置。具体而言，土地税收是将土地资源（土地收益）在公共用地部门和其他经济主体之间，以及经济主体内部和公共用地部门内部之间进行的一种分配活动，这种活动肯定会改变既定的土地收入分配格局，从而使一部分人受损，另一部分人受益，达到调节市场经济条件下土地收益分配不公平现象；同时，土地税收的强制性以及税收政策的适当倾斜，可以从宏观上强制和诱导土地资源的合理利用，比如加大土地增值税率可以抑制过热的土地投机，加大闲置土地的税费比率可以增加闲置成本，有助于避免土地资源浪费。

6.1.2.2 主要问题

政府的干预和调控并不总能有效，有时政府行为不仅不能解决市场失灵问题，还会带来政府失败等新的问题。目前我国城市政府的土地收益几乎完全依赖土地出让而非增值，以及中央与地方政府围绕土地出让收益的博弈，是导致城市过度增量扩张的粗放式发展以及中央关于最严格耕地保护政策屡次失效的根源之一。

地方政府总是希望土地使用权有偿出让的收益全部留归地方，因此在1994年前对中央政府收入分成的办法采取了许多“肥水不外流”对策，比如继续强化实物地租形式；转换概念、化整为零，将土地收益分为土地使用权出让金和土地开发费及配套费两部分，后者不参与和中央的分成；通过瞒价、少报等使土地出让收入隐性化；“优惠”地价出让，以牺牲土地收益为地价获取政绩；随意下放土地审批权，激励下级政府层层截留土地收益。1994年的新税制由于中央政府增加了其他税收而将城市土地收益列入地方财政收入，但城市土地出让收入预算外循环的状况仍很明显。同时，地方政府为增加财源，大肆圈占耕地，在中央“冻结”措施之前突击批地或1998年新土地法出台之后违法占用等。一些学者（艾建国，2001）建议通过设立“底地租金”的办法，以协调这种土地收益分配关系。即将城市建设用地扣除公益事业等用地，按城市基准地价或市场地价分类加权平均，然后折算成地租并予以一定折扣后形成定额地租，由地方政府向中央政府定期上交，其余土地收益留归地方。

中国社科院财贸经济研究所及美国纽约公共管理研究所（1992）则认为，各级政府分享土地税费的比例应依循成本与收益对应原则。土地出让收入应由中央与地方政府分享，以体现城市土地的国有性质；但地方应取得大头，且分享的只应限于净收入部分（即扣除征地费和配套费等成本），因为城市土地的增值主要由城市经济的发展特别是城市基础设施建设引致，而城市政府是城市基础设施的主要投资者；土地课税收入也应主要划归地方；受益费收入则应由实际投资者取得，即哪级政府投资便由哪级政府享受受益费收入。

总而言之，如何提高规划与计划的科学性与相互衔接性，以及如何在税费归并后通过税收管理制度与政策调控，来引导开发商等土地使用者的市场行为，促使城市规划的有效实施，将是今后改革与完善土地管理制度的核心。

6.2 我国土地管理制度对城市空间演变的影响

6.2.1 规划管理制度

6.2.1.1 规划管理制度概述

本节主要简要探讨土地利用总体规划及土地开发供应计划的特点及其对城市空间演变的影响，关于城市规划将在下一节中详述。

（1）土地利用总体规划

1996年以来，中国土地利用管理的目标是严格控制建设用地，保护耕地，实现耕地总量动态平衡。为此，编制了以分配指令性控制指标为特征的第二轮土地利用总体规划（1997~2010年）：由中央确定耕地保有量、基本农田保护率、建设占用耕地量、开发整理补充耕地量等指令性控制指标，层层分解下达到乡镇，各级政府都按指标制定规划，并以一套高度集权的、复杂的行政审批制度保证这套指标的实施。从规划实施的效果看：规划批准实施才1年，到2000年底就有19个省市自治区的耕地少于规划的2010年保有量，提前10年完成规划指标。在规划指标严重脱离实际的情况下，国土资源部连续出台了许多补救政策，一方面修改规划指标，另一方面通过“置换指标”、“折抵指标”、“周转指标”等名目来增加地方建设用地指标。即便如此，到2002年全国建设用地总量也提前8年完成了2010年的规划指标。至此，规划和指令性指标都已无权威性和约束力可言。以致到近几年新的一轮经济建设高潮来临时，违法用地、违规用地的事例大增，不得不再一次依靠执法大检查来扭转局面。这等于宣告指令性土地利用总体规划的失败，计划—行政配置失灵（郑振源，2004）。

土地利用总体规划对城市发展以及城市空间演变的具体影响，从汕头市的实际情况来看：一是由于单纯强调耕地保护，土地利用总体规划对建设用地总量和城市规模都控制得过小，与实际情况脱节严重，导致城市规划很难与其正常衔接；二是由于城市与村镇对建设用地的管理水平和力度不一，利用效率偏低的村镇用地比利用效率较高的城市用地更容易无序扩张，假如完全“依法行事”，在现有指标控制下，容易导致“劣地驱逐优地”，不利于区域城镇空间结构的优化；三是农田保护区的划分带有随意性，甚至缺乏与农民的充分沟通，导致布局不合理，对城市空间结构的调整优化带来困难。

（2）土地开发供应计划

我国城市的土地供给带有明显的计划经济特点，对市场需求尤其是对市场不确定性缺乏足够认识和准备，对供给的空间和时序也缺乏长远和通盘的考虑。以汕头市为例，该市作为经济特区在1999年以前具有远超过其他城市的征地审批权，并且较早进行土地使用制度改革，政府有更大的激励进行大规模征地，利用土地一二级市场之间的巨大差价以获取收益，加上对特区的发展前景过于乐观，因此在1991年特区扩大后出现“抢地热”，并在随后1993~1995年房地产热期间，在当时的市场氛围下盲目供地，不仅土地供应的规模大大超出市场的实际需求，而且许多属于不符合开发条件即尚未进行“七通一平”的土地，以及区位较偏、城市基础设施短期内根本无法配套的土地。因此造成后来大量城市土地闲置并且盘整困难的局面，非常不利于城市土地利用整体效益的提升以及城市空间结构的调整优化。

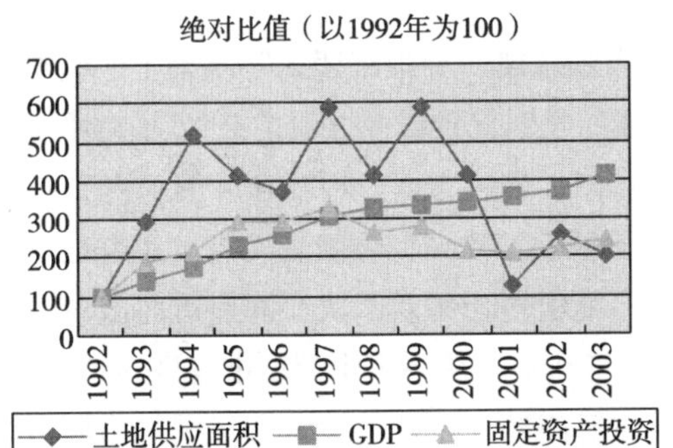

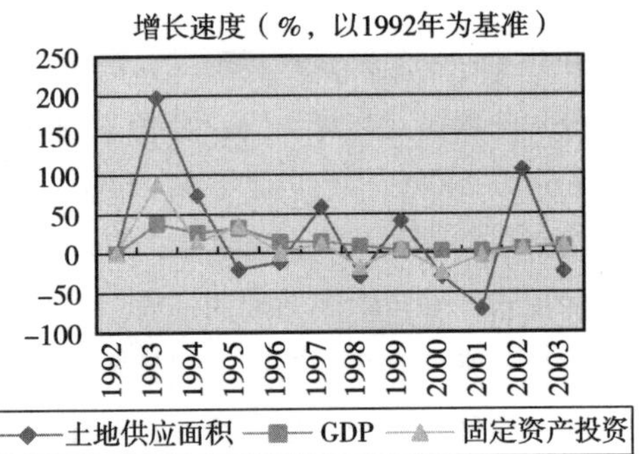

图6-1 汕头市1992~2003年土地供给、GDP与固定资产投资比较

资料来源：中国城市统计年鉴

由图6-1可见，汕头市历年土地供应总量与固定资产投资额有一定的相关性，但相对于GDP总值和固定资产投资额，土地供应量的波幅明显偏大和更加不稳定。

6.2.1.2 重点剖析：城市规划

(1) 城市总体规划

①积极效应

城市总体规划作为政府进行城市建设的主要依据和规范，由于其科学性、法规性以及在很大程度上实际体现了政府自身的意愿，因此对城市发展以及城市空间演变具有巨大的影响。从汕头市历次城市总体规划的回顾，可以清晰地而充分地证明这一点。

汕头市先后于1922年、1958年、1978年、1988年、1992年、2002年总共六次编制了城市总体规划或类似规划。其中，较具代表性、并已经对城市空间演变产生重大影响的主要是：

1922年的《市政改造计划》：采用放射环形路网，形成了现在以小公园为中心、极具特色的旧城区空间格局（图6-2）。

1988年版《汕头市城市总体规划》：北岸采用指状伸展式与组团式相结合的布局形式，形成轴向放射加环路的路网系统，南岸采用分散组团式布局形式。奠定了汕头设立特区后的城市用地布局的总体框架，为汕头市区未来的城市建设打下了坚实基础。

1992年版《汕头市城市总体规划》：总体布局形成一市两城，中间为水域和风景区的城市结构。北岸在1988年版规划“指状伸展式与组团相结合”的布局基础上，调整为扇

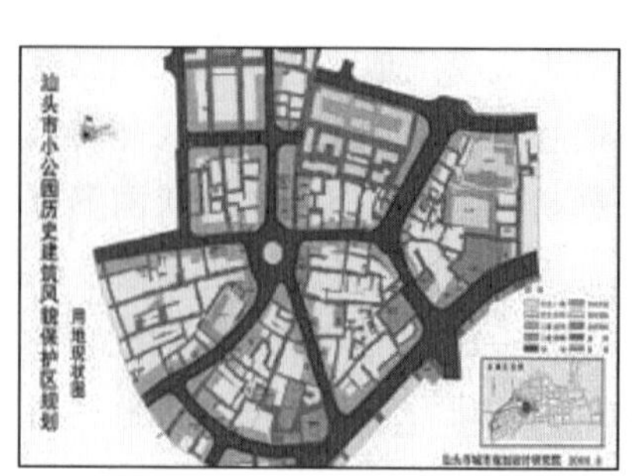

图 6-2 汕头市旧城区小公园片区空间格局

形展开分片——组团式布局形式，南岸在 1988 年版总规“分散组团式”基础上，调整为环状分片—组团式布局。1992 年版总规具有特殊的规划背景：一方面是 1992 年初邓小平同志南巡发表讲话，形成了赶超“四小龙”的热潮；另一方面，1991 年 4 月国务院批准将汕头经济特区范围从原有的 52.6km^2 扩大到全市区 234km^2，伴随着城市土地有偿使用办法的出台，城市空间布局面临着适应成片土地批租转让的新形式，汕头市区出现了一个全方位开发的格局。该版总规较为成功地解决了汕头市从一个中等城市发展到大城市，从两块小特区发展到一个大特区过程中的空间布局问题，扭转了大城市规模与小城市格局的不合理状况。城市的实际发展与 1992 版总规基本一致。差异主要表现在：西部牛田洋片区未能起步发展；而东部 11 街区、13 街区以及中山东路开发建设有部分超出 1992 年版近期规划；南岸达濠城西部基本没有建设，与 1992 年版总规差距较大（图 6-3）。这主要是由于对特区优势和城市开发建设速度估计过于乐观，再加上受到东南亚金融危机影响和国内经济调整所造成。

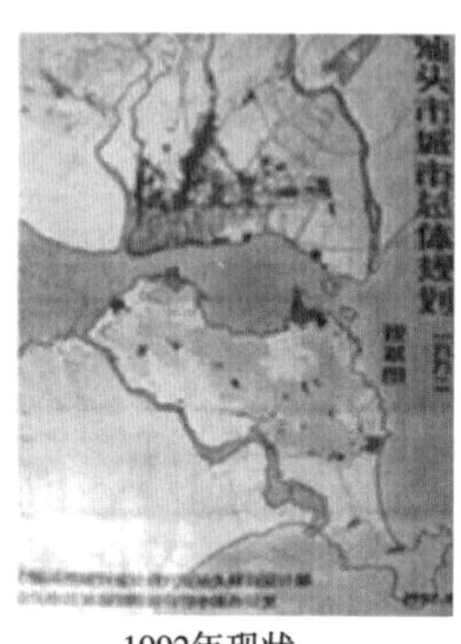

1992年现状

1992年版规划

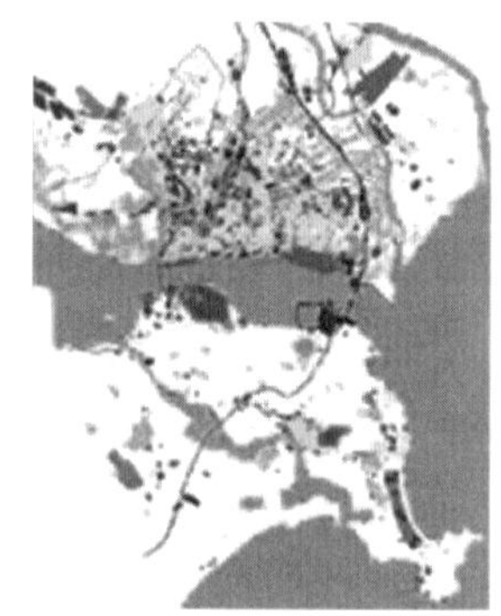

2000年现状

图 6-3 汕头市 1992 年现状、规划与 2000 年现状比较

②负面效应：规划决策失误与城市无序扩展

在 1992 年版城市总体规划之后，汕头市又编制了两个较大片区的规划。1994 年编制《汕头市南区总体规划》，确定的南区性质为“以发展大型港口城市及现代化高科技工业为主，商贸及旅游业为辅的花园式海港城区”；2010 年建设用地 87km^2，人口 70 万人。

1996 年编制《汕头市西片区分区规划》，做了西港河以西市区范围的全覆盖性规划；2010 年的建设用地为 $38km^2$，人口为 32.5 万人。这些规划的范围大大超出了 1992 版城市总体规划，尤其体现在上述两个规划的南区（主要是濠江以南的河埔）和西区，由于缺少城市空间发展宏观策略和城市规模等方面的研究，致使扩大版的城市总体规划先天不足，在土地利用不充分、结构松散的情况下，城市呈现“摊大饼”的布局形态。近些年的实际发展，也证明了这两个规划的失败。导致 2002 年新版总体规划又重新回归 1992 版的空间格局，只是为了弥补建设用地的不足而拟向东扩展城市空间。

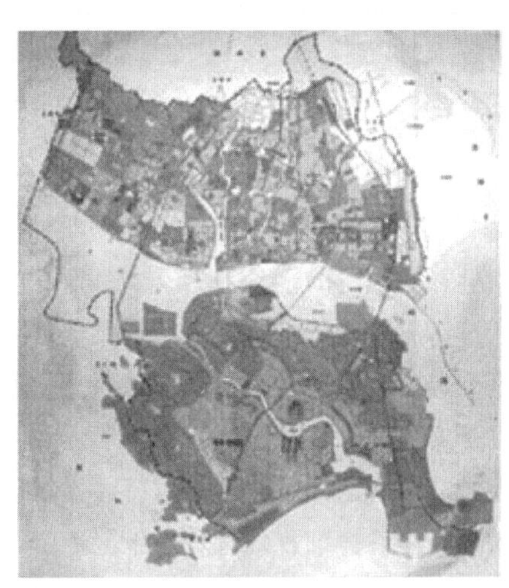

图 6－4　汕头市“扩大版”与 2002 版总体规划对比

（右为“扩大版”，系指在 1992 版总体规划基础上添加南区和西区规划的综合。）

汕头市前后几次分别向东、向南和向西的扩张，最早“向东”的成功（结构紧凑、功能完善、集聚效应明显）主要顺应了城市自身发展规律，而后两次“向南”和“向西”的失败（结构松散、各片区尤其是新区规模与集聚效应不突出、城市整体功能受损），则完全是政府过高估计城市发展潜力和速度，不顾城市发展规律而人为干预的结果。导致这两次政府意志主导下的规划最终成为政府的“一厢情愿”。2002 年新版总体规划又回到“东扩”更为现实的路线，实际上是政府力对市场力的妥协，而这种妥协之所以能够发生，既有现实的教训，也有政府换届即决策人改变的因素。这种政府与市场分别主导城市发展的空间效应可以简单地用图 6－5 加以示意。

从理论上讲，集聚效益提高或交通费用下降，都会导致城市规模的扩张。随着城市规模的日益扩大、产业分化以及对中心依赖的减少、路网格局从放射型向方格网或混合型的转变，导致现代城市的集聚效益呈波浪形变化。而由政府主导的城市扩张，由于核心区之间功能联系的不够紧密，基础设施的不够完善，集聚效益的距离衰减速率以及交通费用的增长都会大于在纯市场条件下的状况，因此往往导致城市用地呈蛙跳式扩展，降低了城市空间结构的紧凑度（图 6－5）。如果政府试图违逆市场强加自己的意图，则往往导致城市各个方向发展的不充分和整体效益的受损。

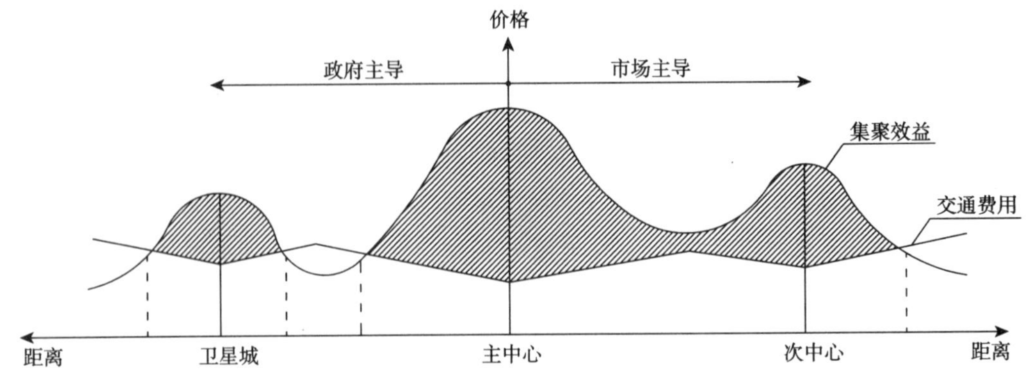

图6－5　政府与市场主导城市发展的空间效应比较

（2）控制性详细规划：以法定图则为例

控制性详细规划通过确定用地具体性质，制定容积率、绿地率、建筑密度和高度等规划指标，对地块的土地利用方式和强度以及微观层面的城市空间结构具有直接影响。但由于没有严格推行控制性详细规划的法定化制度，导致随意修改规划的现象比比皆是，特别是受经济利益的驱动，许多规划管理的关键指标如容积率、绿地率等被随意变更。其结果是城市建设密度过大，公共配套设施不足，绿地面积不够，影响交通效率，降低了城市的品位，阻碍了城市的可持续发展。广东省于2005年3月1日起颁布实施的《广东省城市控制性详细规划管理条例》，吸收了深圳法定图则的经验，规定城市控制性详细规划草案必须公开展示，征求公众意见后再做审批，实施决策权与执行权分离的体制，明确界定了控制性详细规划的决策机构（城市规划委员会和城市人民政府）和执行机构（城市规划行政主管部门）及其工作程序和相应的权限，并且规定专家和公众代表的人数应当超过规划委员会成员的半数以上。但该项政策未来的实施效果，如果不从政治体制上作出相应的实质性变革，可能仍将面临与深圳法定图则同样的境遇。

法定图则的技术方法源于传统的控制性详细规划。1998年《深圳市城市规划条例》的颁布实施，标志着深圳以法定图则为核心的城市规划体系的建立。编制法定图则就是对规划区内的土地使用作出详细控制规定，经批准后将成为有关该地区规划的“法定文件”，在规划层次上与美国的“区划法”相当。但与后者是宪法规定的“管理权”名下的一种管理手段，由州政府下放到各级市政府，其实施过程严密、效果显著不同，深圳市法定图则由市规划委员会审批通过，属于地方性的决定、命令、决议等规范性文件，并无法律文件效力。而且美国通过组织听证会，与市民讨论，从而做到让市民直接参加；而深圳只是采用展示其成果并收回书面意见的方法让市民间接参与（张苏梅，顾朝林，2000）。

深圳法定图则与美国区划法特点比较　　表6－1

	美国区划法	深圳法定图则
编制及审批	主管机构（地方政府的立法机构）	规划委员会
公众咨询	由规划委员会组织听证会、听取公众意见	由规划委员会组织公众展示、回收意见书

续表

	美国区划法	深圳法定图则
实施过程	规划管理部门通过控制建筑许可证执行区划；通过程序修改区划；通过变动、上诉、特例进行区划的审定特许	规划管理部门通过颁发“两证”进行管理；规划委员会负责处理对已批法定图则范围内的地块修改及对违规建设行为的申诉
法律效力	有	无
管理机构	主管机构、规划委员会、调解上诉委员会、规划主管部门	规划委员会、城市规划管理部门

资料来源：改编自张苏梅、顾朝林（2000）。

法定图则对深圳市的土地出让、开发和建设的有序进行以及推动城市规划决策的民主化、法制化发挥了重要作用。但在取得显著成效的同时，也遭遇到许多困难和问题。比如违反法定权益、公众参与效果不佳、规划部门职责不清、规划委员会的决策与监督机制不健全等，而这些问题的产生除了法定图则自身定位的矛盾性并受到目前规划技术手段和方法的制约之外，主要还是由于宏观经济和政治环境的影响（邹兵，陈宏军，2003）。

在定位方面：一是在我国城市化加速以及城市间竞争激烈的宏观背景下，法定图则面临“规则公平”和“决策效率”的矛盾。二是规划的规范“理想性”与法律界定的权益“现实性”之间的矛盾。三是规划控制的“刚性”与市场需求基于不确定性的“弹性”之间的矛盾。

在宏观政治环境方面：一是规划民主决策的空间有限；规划委员会尽管以非政府成员代表占多数，但他们并不明确对某特定集团或阶层负责，因此在审议中很难与政府成员形成对立的意见冲突，难以对政府决策构成制衡，通常只是被动的决策工具。二是公众参与的组织基础薄弱；包括市民参与的被动、分散和无组织，缺乏可操作的公众参与方式、方法、程序和准则，普通市民大多缺乏专业知识，信息获取也存在严重的不对称等。

6.2.2 税收管理制度

6.2.2.1 税收管理制度概述

地方政府有关土地和房地产的税收政策，通过影响开发商的经营利润和开发模式，在很大程度上可以影响城市土地开发和空间结构。比如前文所述，加大征收土地增值税和闲置税，可以有效抑制土地的过度投机和闲置浪费。政府这种通过税收调节土地利用的机制可以用拉弗曲线的变化模型进行分析（图6－6）。在以前土地无偿使用时代，政府的土地收益为0，结果是土地粗放经营，国有资产也大量流失。但当税率达到100%时（一种变相的土地归公），导致的结果是无人愿意经营土地，形成土地配置的全面失效。因此必须寻找一个最优的土地利用与收益持续发展的结合点，而最优点显然在A点。而且同一收益可以通过两种不同的收益率得到，即AB线的对称点。当土地投机比较严重

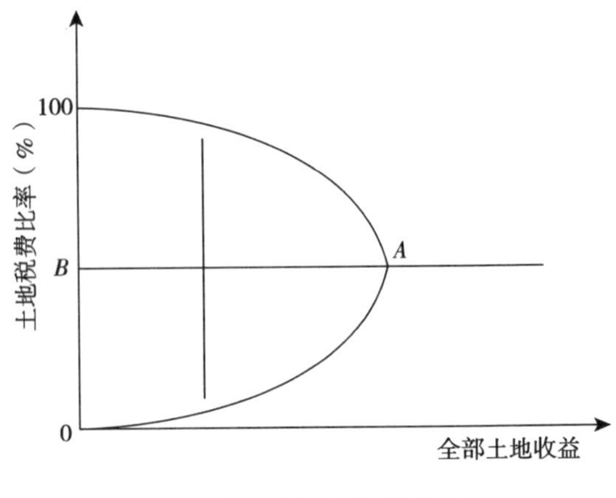

图6-6　土地税费比率调节的影响

时，可用AB线以上的税率，以减少因投机而产生的过多的泡沫；当土地市场处于低潮时，可用AB线以下的税率，以刺激市场投资，形成一种调控的有力杠杆，促进土地与收益的可持续发展（童建军等，2003）。

城市的各种单项收费政策，通过市场机制也可以起到影响城市土地开发和空间结构的效果。以汕头市为例，该市以前除了中心区附近，绝大多数居住楼盘都是清一色的多层住宅，许多人曾将此归因于当地居民的生活习惯；但近几年随着土地出让的规范化导致开发商拿地成本上升，以及政府取消了按建筑面积收取的城市配套费，一推一拉导致新近开发的居住楼盘大多以高层住宅为主。

但我国与西方国家在税收管理体系中最大的差异，由此对城市土地利用和空间结构造成最显著影响的，还是土地收益模式的不同。

在西方国家，城市土地以私有制为基础，政府从土地获取的收益主要源于土地增值所带来的税收收入。因此，其城市空间结构特征至少在城市中心区往往形成高密度的集约发展形式。而在我国，由于政府从土地获取收益几乎全部源于增量土地的出让，这必然激励政府将主要精力放在大量甚至过量出让土地，在城市道路等影响城市空间结构的公共物品供给上，也在一定范围和程度上考虑了土地出让的方便性，从而导致城市粗放经营和结构不紧凑。

6.2.2.2　重点剖析：土地收益模式

（1）表现特征

西方国家的城市道路一般多而密，道路划分形成的地块也比较小。在旧城区固然有传统马车时代的历史遗承，但其进入汽车时代之后的新城区也大多仍旧采用这种模式。我国城市则与此形成鲜明对比，城市道路一般少而疏，道路之间的间距较大，道路划分形成的地块也比较大。如果说在以前经济水平较低、城市建设资金有限的条件下，不得不以较少的城市道路尽可能解决城市交通问题，城市道路网密度偏低还属正常的话；在当前经济发展水平大为提高、城市市政建设资金已不再构成重大制约并且大多已开始注重城市经营的条件下，绝大多数中国城市却仍旧沿用这种路网模式，只是将道路规划修建得越来越宽，而道路间距和地块规模依然偏大，形成一种宽路大地块式的粗放经营模式，则必须从经济水平和资金局限以外寻求真正的答案。

（2）形成机制

①功能主义的交通导向

我国的城市在道路系统上完全是交通主导，没有考虑到地块使用的经济性，同时受计划经济和近现代功能主义的影响，采用了注重功能分区和大型公建开发的建设模式。

我国道路规划设计规范一般规定城市主干道的间距为 600 ~ 1000m，相应的干道网密度为 2 ~ 3km/km^2，这不仅与国外城市差距较大，也已越来越不适应我国机动车辆迅速增多的现实。

事实上，这种路网模式并不利于解决交通问题，反而容易造成城市的交通阻塞。因为分级式树状道路没有网格式道路自由选线的灵活性，容易在主路的交叉口及路段形成瓶颈现象，而且难以通过疏理街区内部道路网络而只能拓宽主要道路，结果只会加重道路在交通容量上的两极分化（梁江，孙晖，2000）。

②依赖出让的土地收益模式

道路不仅是用来解决交通问题的，也是用来分割土地的。以追求经济利益为主要目的的市场化导向的土地分割，重在增加土地利用的弹性，关键是临街面的多寡与适宜的地块大小与比例。西方经验以 60m × 180m 的临街面，1∶1.5 到 1∶3 的比例，最能发挥基础设施的效率，获取更多可供出租的临街面，并且易于地块内部的划分和地块间的合并，以适应不同项目的需要。同时也便于预留空地，以提供城市发展新陈代谢过程中土地使用转变所需的缓冲空间。更重要的是，这种标准化的产权地块划分模式，使得法规控制更加简便统一，有利于提高管理效能和防止寻租。这是西方国家形成城市道路系统以及地块划分的主要依据。

而我国大街区划分的模式一方面容易产生交通阻塞问题，另一方面也不利于土地的集约利用，即很难保证地块在区位、交通条件和经济利益上的公平，导致新的开发建设往往集中在主要道路的交叉口及沿街处，容易形成“一层皮”式的城市形象。

中西方之所以形成这种差异，其中的根源在于：土地产权制度不同造成政府从土地获取收益的方式不同，对政府的城市规划与建设产生不同的行为激励。

在西方国家，城市土地以私有制为基础，政府从土地获取的收益主要源于土地增值所带来的税收收入。因此，政府政策措施的核心在于如何使尽可能多的城市土地尽可能多地升值，并且以尽可能节省有效的手段解决城市发展中的问题和便于规范管理。

而在我国，由于城市土地产权国有以及政府垄断土地一级市场，政府可以通过大量出让土地而轻松地获取土地收益，加上目前土地增值税或不动产税微乎其微，甚至还未全面开征。因此，政府政策措施的核心在于如何更加有利于大规模出让土地，而很少考虑土地出让之后的增值，至于道路越建越宽，除了交通观念陈旧，也是注重形象工程和政绩工程的一种产物。

但我国的这种开发模式必然形成低效率的城市空间形态，包括低资本密度和低建筑密度等。因为低水平的投入降低了资本和土地资源的利用效率，而且低密度发展一方面增加了政府在城市基础设施方面的负担（投资增长），另一方面减少了政府财政收入（美国地方政府财政收入的 70% 以上来自于城市房地产税，这也不可避免成为今后我国地方政府的主要财源），从而不利于城市的可持续发展和城市竞争力的提升（图 6 – 7，丁成日，2004）。

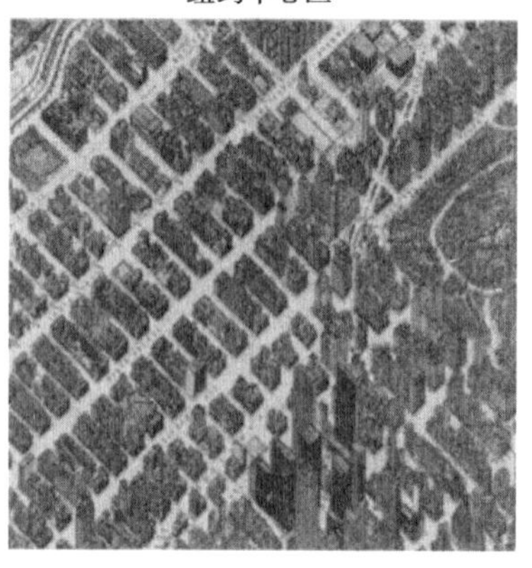

图6－7　中外城市中心区开发模式比较

资料来源：丁成日（2004）

汕头市东部新区一块临海片区前后两次规划方案的不同，更可以从另一个角度非常形象地佐证这一观点。

图6－8是该片区最初由政府委托所做的控制性详细规划初步方案，该方案的特点是：用地方整、道路间距较大、单幅地块的进深和面积都较大，规划对周边环境的利用以及内部功能的考虑都显得不够充分，属于典型的满足规范条件、便于政府批地的国内控规做法。

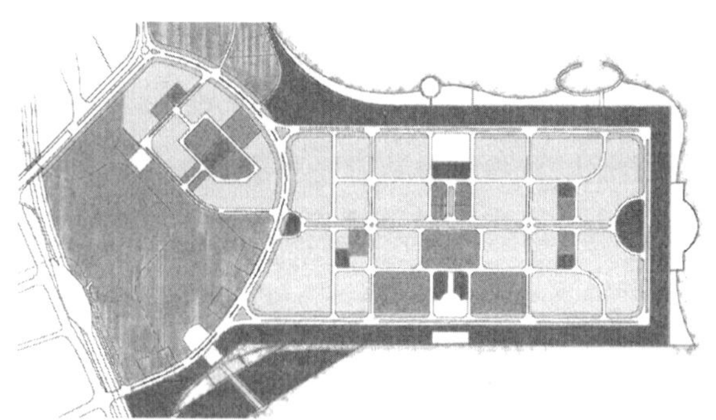

图6－8　汕头市某片区控制性详规原政府方案

图6－9则是在该片区土地权属已经明确并且基本已完全被一家开发商所获得之后，由该开发商委托所做的概念性详细规划方案，该方案的特点是：由于用地在城市中相对独立，因此为充分利用周边环境尤其是良好的临海条件以及营造丰富而有特色的内部景观，用地形状、地块划分和功能布局都显得精心而细致，单幅地块的进深和规模相对原有方案也大为缩小，南北进深仅为原方案的一半左右。由于该开发商并不打算独立完全开发，而是采取先统一规划、统一进行道路和开放空间等市政配套建设，再转让土地使用权给其他开发商的获利方式，而这种土地收益方式从某种意义上讲就比较接近西方国家城市政府的土地收益方式，只是将按年收取的税收通过转让一次性地兑现。

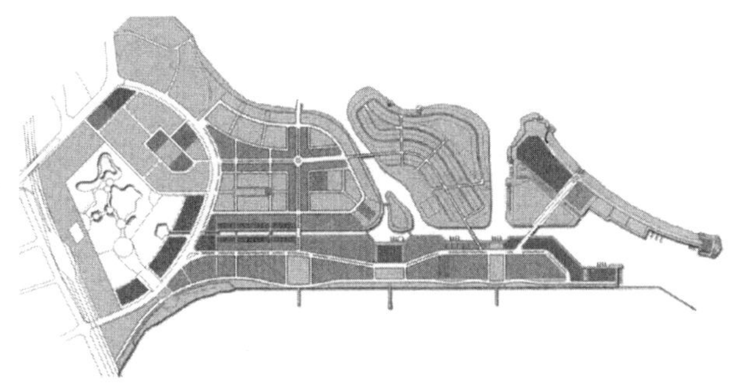

图6-9 汕头市某片区概念性详规开发商方案

从这一案例可以看出，即使是在中国，即使是同一个城市、同一块地，只要地块的产权性质发生了变化、土地产权人从土地获取收益的方式发生了变化，反映道路网格局和地块划分模式的城市规划，就会发生相应的改变。我国现有依赖土地出让获取收益的模式，必然导致粗放式的城市经营，不利于土地的高效集约利用和城市空间结构的优化。

6.3 西方经验及其适应性分析

6.3.1 制度环境

6.3.1.1 土地私有制下的政府运作

(1) 西方经验

①对私有产权的尊重

即使是最穷的人，在他的寒舍中也敢于对抗国王的权威。风可以吹进这间房子，雨也可以打进这间房子，房子甚至在风雨中飘摇战栗，但是国王不能随意踏进这间房子，国王的千军万马也不能踏进这间门槛早已磨损的破房子。

——18世纪的英国首相威廉·皮特

这段著名的“风能进、雨能进，国王不能进”的宪政寓言，正是西方社会住宅神圣不可侵犯的经典诠释。从住宅的不可侵犯性也可以窥探民主国家对私有财产权的尊重与保护。

西方国家宪法中有关私有产权的规定尽管不尽相同，但其核心思想是完全统一的，即都必须遵循这样一个完整的原则：私有财产权应予以充分保障——国家出于公共需要可对私有财产权进行某种干预——这种干预必须经合法程序并给予公平正当的赔偿（廖加龙，2003）。

②对土地私有产权的限制

在美国，私有土地产权所受到的限制主要基于这样一种理念（图6-10），即严禁对公共和其他私人利益造成危害。具体方式除了私人之间自愿达成的约束（如地役权等），主要还是政府行使的管理权（police power）、征收权（takings）和区划权（zoning）。

在政府的干预中，管理权是指为保护公众的健康、安全、伦理及福利，在理性指导下，对私有财产加以限制乃至剥夺的权力。该项权力仅限于州政府，并且其行使必须：a. 出于公共目的；b. 不得滥用；c. 符合宪法。其中，“不得滥用”主要指管理权不能过多或永久性地剥夺财产权益，否则将被视为构成征收而应给予补偿，也就是说，实际上政府不能无偿剥夺私有财产；“符合宪法”主要强调要经过“正当法律程序”。

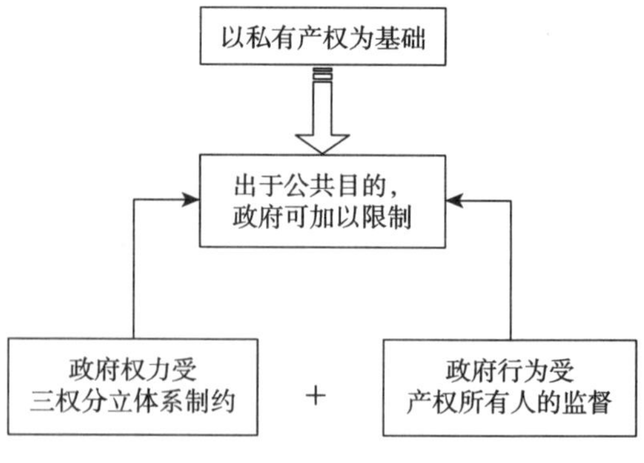

图6－10　美国财产权利的特点

征收是指政府依法有偿从私人手中取得财产占有权。征收不像实施管理权那样必须通过立法的方式，有时政府的行为不自觉地就构成了征收。征收的行使也必须符合三个要件：a. 正当法律程序；b. 合理补偿：c. 公共使用。所谓“合理补偿”是指赔偿所有人财产的公平市场价格，即在公开市场中一个有意购买人愿出的价格，既包括财产的现有价值，也包括财产未来盈利的折扣价值。

区划是指将城市划为特殊的定义区，并对该区建筑和建筑物的使用加以限制性规定。区划权来源于管理权，因此宪法对两者的限制是完全一致的。区划立法兴起于1920年代，并主要是地方的事务，联邦及州很少涉足。在演进过程中，过严和带有歧视性的区划受到产权所有人的反对，因此一种改进方式是增大区划的灵活性，这同时也增加了司法诉讼的可能。区划也强调对房地产市场的可预测性、灵活性和提供准确的信息，既促进投资又保护公众，实质上起到了减少博弈、降低交易费用的作用。

随着环保意识的高涨，近年来美国政府基于环境保护的目的，比如加强了对濒危、珍稀物种、湿地等的保护，对土地私有产权的限制有更加严格的趋势（李进之等，1999）。而相应的作为政治上的平衡，有关加强财产保护和限制政府权力的趋势也在加强（利维，2003）。

中国尽管是土地公有，但政府对土地使用的引导与控制反而不如土地私有的西方国家那么科学、公正，土地的利用效率低下、违法违规现象严重，这除了行政管理水平与法治程度的差别之外，土地公有导致产权不明晰，致使缺乏切身保护的公有产权成为肆意侵犯和寻租的“公地”，是酿成这一“产权悲剧”的内在根源。但对于市场发育不成熟、市场机制远不完善的中国城市而言，又似乎陷入了不得不依靠政府干预而政府干预又阻碍了市场化的两难境地。

③新自由主义对政府干预的批判

西方二战后由于城市规划地位的提高和对公共利益的日益重视，政府对土地市场的介入越加普遍，尤其在凯恩斯主义盛行的1960、1970年代，政府希望通过增加公有土地的比例来提高城市规划实施的可能性，导致城市土地的公有比例相应上升，但近年来随着新自由主义对凯恩斯主义的批判，公有比例又有所下降。

新自由主义经济学认为，政府拥有土地后由于非市场的内部性（internalizes）特点会造成土地市场的扭曲。正如外部性因素（externalities）对市场经济的影响一样，内部性也同样会影响非市场经济。外部性意味着社会成本和利润没有被包含在私人决策的考虑之中，而内部性则意味着私人的或机构和组织的成本和利润很可能支配了公共决策的考虑。内部性的存在提高了机构或组织的社会成本，且非市场的失灵可能会比市场的失灵更为严重。

因此也一直不乏对政府限制土地私有产权的质疑。科斯定律的核心思想就是受外部性影响的各方，可以通过谈判签订契约以解决外部性问题。比如对于在美国流行的分区制，有的城市采取其他替代政策，比如收取排污费而非划定公害分区，以使在不影响工业合理布局的条件下将污染的外部性内在化。而对美国惟一没有实行分区制的大城市——休斯顿的研究表明（Siegan，1972；见：奥沙利文，2003）：该市通过限制性的契约和土地所有者之间自愿达成限制土地利用和布局的协议，对城市的土地利用进行管理。与实行分区制的其他城市相比，结果大致相同，比如工商业的空间聚集模式、社区分异模式、污染分离状况等，甚至显得更有效率和更符合市场规律，比如拥有更多的条形开发区（沿公路干线建立的零售业和商业开发区）。但科斯定律生效的前提在于：产权明晰，谈判成本足够低。

④西方国家基于公益事业对私有土地的处理

以明显属于公益事业的国家公园为例。美国的国家公园绝大部分土地属于联邦政府所有，并由内政部国家公园署统一管理。对于少量的私有土地，公园当局主要采取“见机购买”的方式，即在地主出售土地时取得这些土地。对于保护级别较高的核心或敏感区域，为防止可能的损害性利用，政府也可通过征收等手段主动取得相关土地，当然征收必须合法，并有公平合理的赔偿。对于国家公园体系内的游憩区，除非经营管理所必需，原则上允许私有土地继续合法原来之使用；对于文化古迹区，原则上尽量由国家公园统筹管理，但只要保护合宜，并不反对州有或私有土地继续存在。对于不同的土地权属人，由国家公园管理单位或上一级机关邀集各有关单位及所有权人共同委托中介团体进行沟通，建立整体性经营方针，尊重各级政府及个人权益能力及意愿，拟定合理可行的合作经营型态，并互相配合、协调，达到资源共有、共治、共享的境界。日本的国立公园土地总面积约有23%属于私有地，其中最高的竟达96%。为保护区内自然环境之原始性，必须制定管制规则限制私有土地之伐木与建设，但另一方面也必须对私有财产予以足够的尊重。因此，要么由政府收购私有土地，要么对私有土地所有权人提供某些优惠措施（如减免税金），以鼓励其认同这些限制（李栢浡，1999）。

⑤具体城市政策及措施示例

a. 影响费：在开发速度很快的一些美国城市政府，为使土地开发的外部性内在化，还设置“影响费”以保证新开发者为其所需基础设施成本承担公平的份额。相关的设计方案、基础设施改善计划、“影响费系数”的估算等由城市规划机构负责，影响费通常在核发建设许可证之前征收。

b. 土地并购：开发商为防止开发计划泄密导致原土地所有人漫天要价，可雇佣“受托人”即名义买主与卖主谈判，但卖主询问时，受托人不得虚假陈述，因此开发商也可先成立一个小公司并由其雇佣受托人去收购。在多片收购的情况下，还可以通过购买

“期权”即一段时间选择权的方式，减少收购风险。

（2）适应性分析：从管理角度看土地产权私有化

①对亨利·乔治理论的批驳

100 多年前美国空想社会主义者亨利·乔治认为，土地从农业转为工业和城市用途而引起的市值上升，是社会因素使然，与土地的主人无关，因此如果地主从地价增值中获利，是不公平的。政府可以对土地收益征以 100% 的税收，这也成为土地国有化的主要理论依据。但事实上，如果真要完全实施“土地涨价归公”，就会彻底断绝土地用途转换的可能，因为没有人会毫无收益地放弃已经升值的土地产权。而没有土地产权在市场价格引导下的自由流转，土地资源就不可能实现更加高效地利用。由于这种理论完全割裂了历史、违背了经济规律，因此非由激进的措施难以达成目的。该理论也一直受到各个方面的批驳，比如早在 1906 年，梁启超就从财政、经济、社会等方面对此进行了系统的批判，其中关于经济的主要论点包括：

a. 土地私有是历史的产物。

b. “社会之富，何一非造化主之生产物，何一非食社会之赐者，宁独土地?”如果承认其他资源的私有产权却单单否定土地私有，不免限于冲突。

c. 私有制可谓社会一切文明之源泉，而财产所有权中，不动产比动产更加确实而容易保守，而土地又是不动产中最主要的，一旦剥夺个人的土地所有权，相对于剥夺财产所有权最重要的部分，则个人勤勉致富的动机将大减。

d. 农用地占土地绝大多数，而且不具垄断性，世界各国多为私有制容许竞争。中国古代土地兼并的根源在于特权对土地产权的侵犯，而且土地集中也往往难以持久。

事实上，亨利·乔治试图通过收取全部的应属于社会的土地税，以取代对因土地改良而征收的增值税。由于土地供给无弹性，从而即使全收土地税也不会影响土地供给，但却可以免除增值税达到刺激投资、增加社会总财富的目的。这似乎是一个两全其美的政策措施。但其缺陷在于：首先这对土地所有者是不公平的，因为这相当于政府没收了他们的土地；而由政府管理的土地市场必定是无效率或低效率的；此外，也很难将由开发土地产生的价值和由土地改良的增值分离开。因此，在西方国家的实践中，单一土地税往往被部分土地税或双比率税所取代。前者只收取土地收益的一部分，以保留土地所有者的积极性；后者则将增值税的税率设置成低于土地税，以鼓励资产改良（奥沙利文，2003）。

②土地产权与城市规划

中外的城市规划和建筑工作者中，有很多认为土地公有制比土地私有制好，更有利于城市规划。比如与梁启超为土地私有制辩护相反，其子梁思成则认为土地公有制体现了社会主义相对于资本主义的优越性。他从前苏联的建设经验得出结论：正是由于消灭了土地私有制，城市才有了可能作为一个整体来统一规划、统一建设、统一管理，为国家的（计划）经济，为生产和人民生活需要服务（王军，2003）。这也曾经是我国城市规划工作者长期所信奉的教条，但社会主义国家土地公有所造成的土地资源浪费和单位利益的分割早已为世人所熟知和批判。霍华德的“田园城市”也是以土地公有为特征，即全部土地归公众所有或者托人为社区代管；因为他认为这样才能避免土地私有制下无限制发展的混乱，自上而下地全新重构一个城市，并最终消灭大城市、建立城乡一体化的新社会（霍华德，2000）。但随着西方国家政府对私有土地利用加以限制并且技术日趋成熟完善，原始意义上的田园城市已没有多少实践价值。

也许同为规划建筑大师的柯布西耶和赖特，在这一问题上的分歧更能反映其实质。前者重视财产集体所有权的作用，因此其"光辉城市"的设想中土地归公共所有；后者则十分重视个人独立性和自治的价值，认为土地由人口中大部分个人所有对维持民主社会非常重要，因此其"广亩城市"的设计中每个家庭都拥有一片一英亩的土地。也就是说，对土地产权认识的分歧并不仅仅局限于是否便利城市规划的判断，更深层次的是反映了政治意识形态的差别。维护土地私有制更多地偏向个人、自由和民主价值，支持土地公有制一般更多从专业或经济角度出发，或者偏向于平等。

③我国对私有产权保护的强化

要形成宪政保护下的私有产权制度，对正在进行社会转型、致力于建立自由市场和公民社会的中国而言，培养对私有财产权的信仰以及对市场的尊重，就是不可或缺的，而这必须需要一定的法律和文化转型。比如由人治向法治社会的转化，修宪以强化对私有财产的保护，公众对产权和契约的理解与尊重，等等。

2004 年 3 月 14 日的第十届全国人大第二次会议，以 2863 票赞成、10 票反对、17 票弃权的表决结果，通过了《中华人民共和国宪法修正案》，将宪法第十三条"国家保护公民的合法的收入、储蓄、房屋和其他合法财产的所有权。""国家依照法律规定保护公民的私有财产的继承权。"修改为："公民的合法的私有财产不受侵犯。""国家依照法律规定保护公民的私有财产权和继承权。""国家为了公共利益的需要，可以依照法律规定对公民的私有财产实行征收或者征用，并给予补偿。"进一步明确国家对全体公民的合法的私有财产都给予保护，保护范围既包括生活资料，又包括生产资料。并用"财产权"代替原条文中的"所有权"，在权利含意上更加准确、全面。同时增加规定对私有财产的征收、征用制度，有利于正确处理私有财产保护和公共利益需要的关系。

即将出台的《物权法》，将会是在现有《宪法》提出保护私有财产后第一部体系完整的保护私产的法律。一方面从微观层面规定所有权切实保护私产，不能擅自用公权侵犯私权；另一方面弥补和修正以往法制上的缺陷，包括不合理的规定和由于分散立法造成的矛盾等。按照罗马《法学总论》以来的传统定义，所谓"物权"，是人对物直接支配并排除他人干涉的权利。所谓"直接支配"，是指权利人无须借助于他人的帮助，就能够依据自己的意志依法直接占有、使用其物，或采取其他的支配方式。物权法的另一个根本特征是"排除他人干涉"。就是说，对于一个人的物权，他人不得进行非法干涉，即使是政府及其官员。比如说，警察进民居搜查，必须出示搜查证，无证进入，即为侵犯他人居所。当然，政府为了"公共利益"，可以"根据法律规定"，"征收或征用"公民的私有财产或对土地实行"征收或征用"，但前提是，应当"给予补偿"。而"根据法律规定"即"必须有明确的法律依据"。

6.3.1.2 法治社会下的权益保障

为了更清晰地体现西方国家的这一特点，本书分别提供中国与美国的相关案例，并进行对比分析。

（1）中国案例：汕头市新客运站

汕头一座耗资8500万元、按照国家一级站标准建设的汽车客运中心站，在开业165天后由于亏损严重而被迫停业。据统计，该站开业后一个多月里平均每天发车92班次，旅客仅25人，每天营业收入2700多元。而与此形成鲜明对比的是，区内众多临时客运站由于靠近城市中心却生意兴隆，仅其中最大的金砂东客运站，2003年就发送旅客85万人次，营业额超过6000万元。该客运中心站是《汕头市城市总体规划》和《汕头市公路主枢纽总体布局规划》的立项项目，临时客运站则是在规划内的车站未建成投产前，为满足市民的出行需要而设置的，按照上述两个规划，连拟建的在内汕头将只有7座客运站，任何临时客运站都要撤销。显然，是那些该撤而未撤的临时客运站抢走了中心站的生意。

但临时客运站点的去留问题却引发了汕头市政府与人大相左的意见，焦点就集中在最大和最盈利的金砂东客运站的撤保上。市政府及其有关职能部门认为，金砂东客运站违反了城市总体规划，应该撤销；人大则认为，该客运站便民利民，符合广大乘客的愿望，对一个群众认可、经营状况良好的站场强行撤销，违背市场公平竞争原则。

仔细分析，人大的理由貌似公允而实难立足：第一，客运站的选址有一定的技术规范，规划所确定的中心站靠近铁路客运站便于陆路交通联运，而且有利于交通分流；金砂东临时站靠近市中心只是方便少数乘客，但对中心区的交通和周边居民的生活造成极大负面影响（图6-11）。第二，撤销临时客运站，这是当初设立临时客运站的事先规定，并不存在违背市场公平竞争原则的问题，反而不撤销对中心站的投资者是不公平的；而且人大的初衷只是保住金砂东一个临时站，但却引来连锁反应，另外一些临时客运站也都以"公平竞争、市场准入"为理由保留下来，导致汕头市的客运站分布以及客运市场秩序都极其混乱。

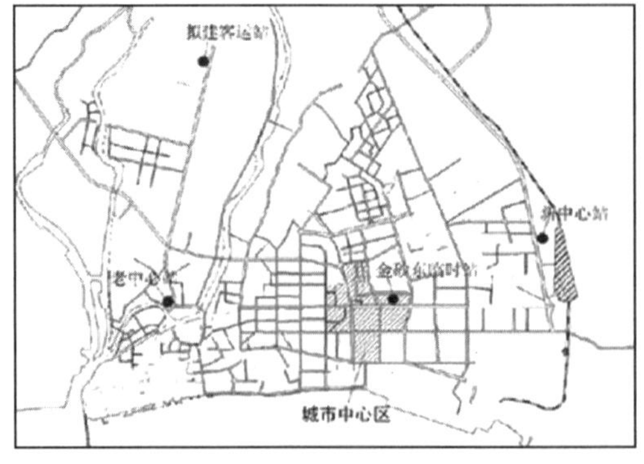

图6-11 汕头市主城区北岸汽车客运站分布

（右上为新建的客运中心站，右下为金砂东临时客运站）

保留金砂东客运站与汕头市人大一位负责人的批示有关，而且在人大的干预下，汕头市政府对先前作出的撤销行政决定进行了修改，决定继续给金砂东客运站2年的经营期限。而人大并不满足于此，在几天之后的常委会会议中又决定金砂东客运站应予保留，并建议将其作为一般长途短途汽车客运站列入城市总体规划的分区规划和详细规划（南方都市报，2005/1/30）。这种“建议”对未来编制相关规划的规划师仍将是一种考验。

（2）美国案例：扬克斯公共住房

扬克斯是属于纽约州韦斯特切斯特县的一座城市，该城内有27项公共住房工程，竟有26项全部位于城市的西南角。这主要是因为公共住房的住户为低收入阶层，以穷苦的黑人为主，除了西南角本来就是该城最古老、最破旧的区域，城市内其余地区的居民几乎全是从纽约市迁移过来的白人，他们坚决反对把公共住房建在他们的邻近地区，城市的政府官员和规划师屈从于这种反对意见。

但美国司法部会同国家有色人种协进会控告该市以及房屋与城市开发部，指控公共住房的选址方案构成入学种族隔离的违法状态，经过多次申诉后最终裁定有罪。由于法律途径已无路可走，又受到主审法官巨额罚款的威胁，该市行政当局同意修改规划，在其他的邻近地点建设公共住房，但市议会拒绝执行，很多市民也抗争不服，认为指控对该市不公，因为该县其他城镇根本没有任何公共住房，而主审法官的一所别墅就位于没有公共住房的地区，因此他们抗议法官的裁决是出于伪善而非公正。

最终的结果是双方的妥协：选址方案是非种族歧视性的，但公共住房的规模比法院的裁定有所缩小；而且因为在具体的规划设计中作了改进，因此还受到了相当的欢迎（利维，2003）。

从中美两国各自的案例之中，我们可以得出以下几点启示：

①规划是对社会中不同利益冲突的协调，而协调需要一个最终裁决机制，相对于我国的政治权力，美国是三权分立体制下独立的司法系统，这是法治社会的鲜明特点。

②美国公众有更大的知情权和参与权，对规划决策形成了强有力的监督与制衡，避免了决策中的失误或腐败对自身权益的损害；比如在本案中，扬克斯居民可以清楚地知道主审法官并进行质疑，而汕头市民却无从知晓那位人大负责人的相关情况。

③规划是维护公共利益、保障社会公正的，但“公正”并不总是绝对的，在只存在相对公正的情况下，妥协是最好的选择；同时，“公正”又是有其基本原则的，因此妥协也并非无原则的妥协。

④在充分表达各自意愿基础上的妥协，能够较好地寻求权益之间的平衡点，并能促使各方改进思路与方法，往往能取得好于意想的效果，从而有助于社会的实质性改良。

6.3.2 具体措施

6.3.2.1 先进成熟的规划管理

（1）日本的国土利用计划

人均耕地不到我国1/3、人地矛盾更为尖锐的日本，其国土利用计划依据《国土综合开发法》，通盘考虑国土的自然条件，从有关经济、社会和文化等措施的综合观点出发，力图综合利用、开发和保护国土，谋求产业地址选择的合理化，从而有利于全面提高社会福利，保护自然环境。主要内容包括：土地、水、和其他天然资源的利用事项；有关城市和农村的规模和有关产业的合理选址；有关电力、运输、通讯和其他重要公共设施的规模和布局；有关文化、保健卫生和旅游资源的保护、设施的规模和布局。计划要优先发展公共福利，保护自然环境，通盘考虑地区的自然、社会、经济及文化条件，确保健康、文明的生活环境和国土的均衡发展。

日本国土利用计划分为全国范围的国土利用计划，都、道、府、县范围内制定的国土利用计划及市、镇、村范围内制定的国土利用计划。下级计划均以全国计划为依据。市、镇、村在制定其计划时，必须通过本市、镇、村会议的表决；采取必要的措施预先召开报告会，充分听取居民的意见。计划落实时十分注意防止公害，保护自然环境和农村用地，保护历史上的风土、注意治山、治水等（崔光华，2004）。

（2）美国的土地利用规划

美国20世纪的城市土地利用规划，从规划的主要内容看更接近于我国的城市总体规划。其基本特点是：从初期以城市空间设计和土地区划为主导的技术性专业发端，逐步发展为集规划设计、政策管理于一身的复杂综合体。

从美国20世纪规划思潮演变过程来看：前50年的重点集中于继承城市设计遗产，关注远期城镇空间形态发展上；城市规划师同时为地方政府官员和市民规划委员会工作，旨在保护公共利益，矫正政府的腐败；规划致力于公共和私有土地的利用，但并不去直接处理具体的实施过程。1950～1960年代标准的规划形式包括对现状条件和需求的概述、总体目标的确定、城市的远期发展形态以及相关发展政策等；规划的内容是综合的，涉及公共和私人土地的开发利用、交通和社区设施，并包括整个规划的行政区域。1970年代以来的规划更具综合性，主要包括四个方面的内容：一是传统的土地利用规划，提出长期的未来城市形态，目前倾向于遵循紧凑和功能混合原则的新城市主义；二是土地分类规划，明确鼓励开发的地区和限制开发的地区，并制定有关开发类型、期限、允许开发的密度、基础设施的拓展、鼓励开发或限制使用等方面的政策；三是文字型政策规划，主要是关于目标和政策的书面文本，有时也被称为政策框架规划；四是开发管理规划，强调特定的行动过程而不是一般的政策，其实质是一项协调行动计划，期限为3～10年。总而言之，在近几十年里，环境和基础设施问题促使规划向增加管理的方向发展，同时市民和利益集团的活动发挥着更大的作用，土地利用政策成为关注的焦点（Kaiser & Godschalk，1995）。

其历史演进以及相互之间的关系可以形象地类比为一棵“家族树”（图6－12）。

（3）西欧的城市规划

最早诞生工业革命从而引发大规模工业化与城市化的英国，也是世界上第一个建立城市规划体系的国家。其创立的标志是1909年的住宅、城市规划法（《The Housing Town Planning, etc Act》），这也是资本主义国家政府在全国范围内对城市土地拥有者的开发活动进行控制的开端。

1947年的城乡规划法（《The Town and Country Planning Act》），标志着英国城市规划

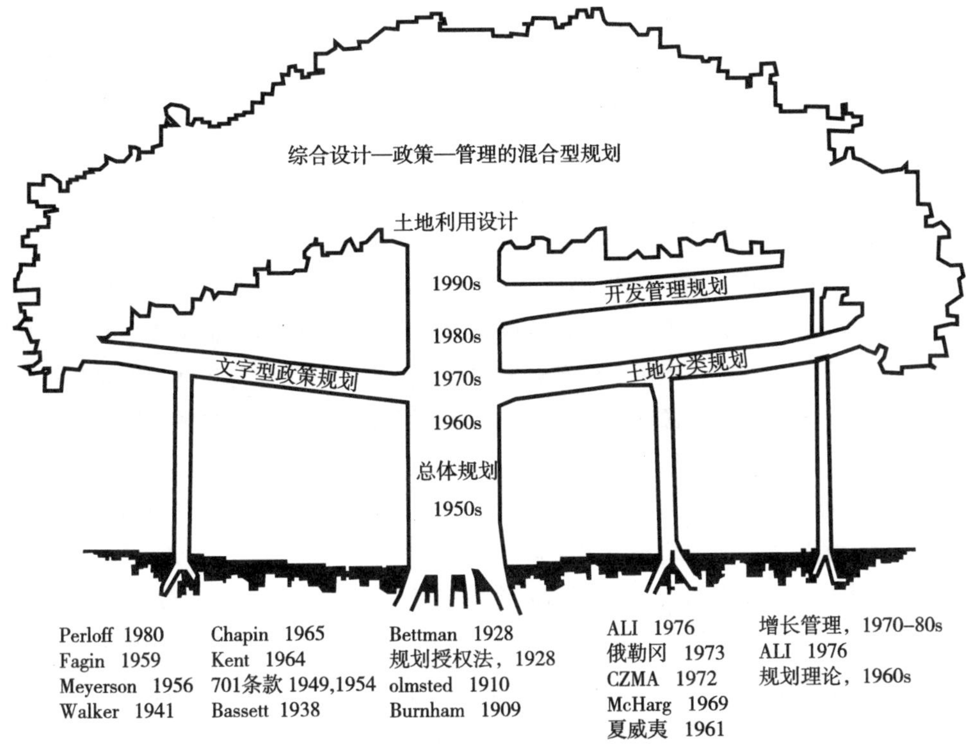

图 6－12 美国土地利用规划家族树

资料来源：Kaiser & Godschalk（1995）

立法体系的完整建立，城市开发控制的过程与手段也基本定型。即土地与建筑开发必须申请并获得规划许可证，申请者不服从地方规划局的决策可以直接向中央环境事务大臣起诉，地方规划局有权对违法建筑实行强制执行政策，发布强制执行通告等，如果开发者拒不执行而违法开发则构成刑事犯罪。

1968/1971 年新的《城乡规划法》（分别为工党和保守党所颁布，内容大致相当），基本奠定了现在英国城市规划的基础，并沿用至今，1990 年的城乡规划法主要是对以往所有有关城市规划立法的综合。相对于 1947 年的规划体系，新体系主要有三个方面的改进：一是将“开发规划”分为三个层次，即结构规划（Structure Plan）、地方详细规划（Local Plan）和开发地规划（Action Area Plans）；二是部分规划决策权由中央下放到地方政府，除结构规划外，地方详细规划和开发地规划由地方规划当局批准；三是强调了规划的民主性和公众参与，规划草案制订后要求有公众评议才能申报批准。

1968/1971 年的《城乡规划法》也是英国城市规划由物质形态规划（Physical Planning）转向程序规划（Process Planning）的标志。两者的区别在于：前者注重于对城市基本组成要素（工业、居住、商业、交通、绿化等）的布局规划，强调规划的长期性、固定性和持久性；后者则注重于政策和社会发展状况分析，研究经济对城市开发的制约以及相关对策等，强调规划的连续性与灵活性，并符合最近时期国家政治经济变化的需要。这种转变意味着城市规划从纯粹的工程技术和自然科学，转向带有浓厚政治与社会色彩的自然与人文相结合的边缘科学。

可以说，城市土地开发控制成为现代城市规划的核心内容。由于是实行土地私有制的市场经济国家，英国对因城市规划控制而引起的地价下跌，地方政府给予土地拥有者适当的补偿（Compensation），反之如地价上升，土地拥有者就支付给地方政府一定量的增值税（Betterment）。

土地开发是一种与政治、经济利益密切相关并具有社会、环境影响的综合性行为。在英国，城市中心区的地价在一定程度上由大型的私人集团公司所控制，比如城市开发信托公司（Civic Trusts）、维多利亚协会（Victorian Societies）、影剧俱乐部（Film Clubs）等，这种垄断局面一度成为市中心开发的最大障碍。而大量的私人企业或小型集团尽管拥有更多比例的土地产权，但由于没有能力进行大规模开发和改善环境，因此没有能力控制地价涨跌，但他们可以像普通城市居民一样“用脚投票”，通过选择“购物地点”表达自己的意愿，只是与普通居民购买住宅、商业设施等土地的“制成品”不同，他们购买的是土地“原料”或者土地开发权。而对于政府拥有的土地，则一般采用政府与私人企业合股开发的形式。地方政府为实现某种规划意图也常常征购私人土地（通常容易征购的土地是劣质的农业用地），但有时候也会由于资金短缺、社会经济形式变化等原因而改变开发计划，导致土地闲置，并降低其他土地开发者的投资积极性。1980年代保守党上台之后推行自由化政策，放松了政府对土地开发的管制；一方面大幅度削减对住宅的资助，另一方面减免部分政府税收，取消部分开发控制等以鼓励私人开发。从英国的实践来看，私人与政府土地混杂的地区，土地所有者之间可以通过谈判来解决利益分歧，完全属于政府所有的土地开发，也并非不会面临诸多矛盾与反对，这主要源于与土地开发相关的不同利益集团具有相异的经济和政治诉求。

原西德由于土地私有阻碍了战后大规模的城市建设，因此土地国有化观点一度被规划工作者和部分政府官员所热衷，但由于土地国有化违背了《基本法》保护私有制和私人财产的基本原则，最终而被否决。但西德对土地的控制更为宽松，比如只需要申请建筑开发许可，而不需要像英国那样还须先申请土地开发许可，这在一定程度上促进和加快了城市的开发建设（郝娟，1997）。

属于西欧落后国家的希腊，其城市规划体系的弱点在于规划的无效性，过分的集权化，缺乏真正的协调，缺乏非政府机构参与和公众参与，缺乏实施规划的资金和机构，没有区域规划，总体规划也缺乏法律保证，城市开发仅局限于几何形的城市平面规划。这与属于发展中国家的中国在城市规划的缺陷方面确有许多共通之处。

（4）香港的批地计划

香港批地计划分为下一财政年度的卖地计划和后四个年度的土地发展计划，即“1+4”计划，计划逐年滚动，卖地计划是定位的，而发展计划仅定量。这样，既包含了年度计划，又与中期计划相衔接，并且可根据计划的执行情况和市场需求的变化逐年推进、调整；在必要时还可依据土地发展计划对年度的卖地计划进行适当调整，既满足社会经济发展和市场需求，又不影响计划的延续性。但这种逐年推进、适时调整的做法，如何与我国相对固定的五年计划和官员任期相协调，尚有待进一步研究。

此外，香港在编制计划前，主要由非官方人士组成的常设咨询机构——土地及建设咨询委员会在对全港的土地需求、土地使用情况和房地产市场的现状及趋势评估的基础上提出建议，供政府部门参考。该委员会还定期对主要土地用途的需求和供应进行检讨，以了解长期土地供求的最新情况，确保各类主要土地使用需求都得到足够供应。而我国要么缺乏相关机构，要么并非专门的常设机构，要么机构的成员组成中非官方比例偏低，不能系统、全面地考虑公众和社会的意愿。

6.3.2.2 公平规范的土地征用

征用权的设立是随着财产所有权由绝对性向相对性转化而产生的。在经济发展早期，土地利用行为比较单一，所有权具有绝对性和无限制性。随着经济发展，这种不受限制的所有权会导致人们往往为了自己的利益而弃公共利益于不顾，从而使公共利益受到损害，当个人利益与社会公共利益发生冲突时，社会公共利益必须优先考虑。政府基于公共利益的需要，对所有权加以限制，以体现所有权的社会义务性。而国家运用公权力对土地实行征用无疑是对私人财产权利最严厉的限制。

在美国，由于土地产权的高度清晰，政府更多的是采用通过与所有者合作或商议的形式获得土地，实行土地收买为主，征用为辅。这样做的好处有：①土地交易遵循市场规则，政府与土地所有者在市场上处于平等地位，既能使收买土地用于公共利益需要，又能使土地所有者利益得以充分保障。②减少了交易成本。由于清晰的产权和合理的补偿，政府和公众之间的异议最小化了，容易达成成交协议，这样就减少了谈判时间，可以提前执行后面的活动。③有利于政府政策的宣传和执行。先行政府购买行为的成功，可以在更广范围内把政府的政策信息传递给公众，使公众了解这些政策，从而理解政府的政策目标，有利于减小政策执行中的摩擦。④有利于提高政府的声望和树立良好的执政形象，融洽与民众的关系。

同时，美国征用赔偿的范围很广，不仅包括对征用土地本身的赔偿，还包括对征用土地所造成的“割裂性损害”和“继发性损害”的赔偿。前者指征用部分地产导致其余部分价值降低，后者指征用土地对邻近地产业主所造成的损害。

综观其他市场经济国家，尽管征用土地的补偿标准有所差异，但大都接近或等于土地市价（前者称为相当补偿，后者称为完全补偿）。如英国不仅对被征土地而且对受计划损害的土地也给予市价补偿；日本的补偿还考虑了从事业认定公告到权利取得裁决期间的物价变动；法国的征地补偿金介于行政当局的建议和权利人的要求之间；荷兰的补偿地价还考虑了土地的未来预期收益。

中外征地制度的差异，从本质上讲，是对土地产权的认定不同所造成的。在西方国家，土地是私人所有，征地的程序与补偿都必须充分体现对私有财产的尊重；而在我国，土地属于集体而非个人所有，在国家利益至上相对忽视个人利益的政治文化传统下，征地程序的不规范与补偿费用的不合市价则不难理解。

6.3.2.3 政府控制城市增长政策的市场及空间效应

“二战”以后西方国家进入经济迅速增长期，城市规模急剧扩大，结果造成空气污染、交通拥挤、公共设施不足及严重的土地资源浪费等问题，而地方上长期采用的土地使用分区管制方法不能有效地解决这些问题，因此地方政府开始提出城市增长管理制度，根据本地的经济发展状况和土地利用现状，通过划定城市增长线即城市服务边界（urban service boundary）、建筑许可的总量控制即限定建筑物许可证颁发数量等措施来控制城市发展规模，保护优质农地，其目的是为了提高土地使用与公共设施的效率，使土地开发与社会发展同步，在综合规划的前提下有序而渐进地发展。当然，这种政策措施也可能被利用来保护原住居民尤其是中上层居民的特权（利维，2003）。

这些类似的控制城市增长的政策措施，今后很可能被我国所借鉴引用，但其市场和空间效应以及在中国国情下的适应性，必须得到充分的认识。

（1）设立城市服务边界

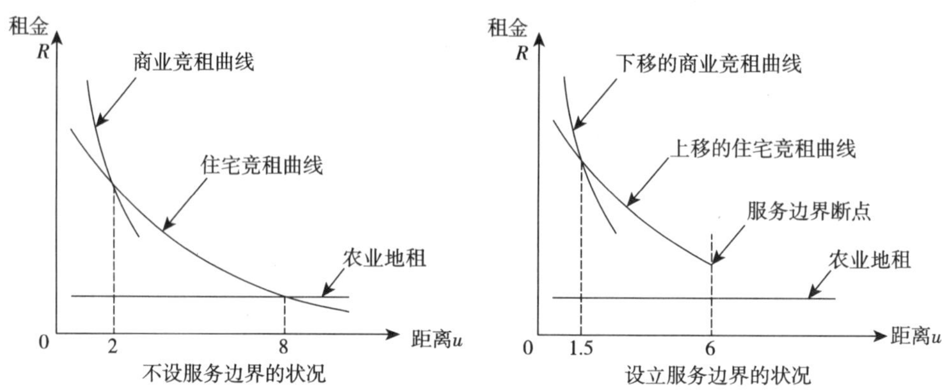

图6－13　城市服务边界的市场及空间效应示意

资料来源：根据奥沙利文（2003）

设立城市服务边界的市场及空间效应是（图6－13）：由于减少了劳动力供给，造成工资水平提高，又相应增加城市的吸引力，导致移民迁入从而抬高房地产价格，因此住宅竞租曲线上移；而工资与房地产价格的上升又使得生产成本提高，降低了城市作为生产场地的相对吸引力，导致CBD用地需求降低，因此商业竞租曲线下移。总体而言，由于设立城市服务边界，城市规模被人为限制，空间结构更加紧凑，能在一定程度上避免城市规模过大造成的不良影响，但从长远看会抑制城市发展的经济活力，有可能降低城市的综合竞争力和吸引力。

（2）颁发建筑物许可证

颁发建筑物许可证的市场及空间效应是（图6－14）：由于人为降低了房屋的修建数量，一方面导致供不应求从而使房价上升，另一方面由于减少了对土地的需求量而降低了房屋建造成本，致使房屋的经济利润急遽攀升。

如图6－14所示，假如建筑许可证仅为60份，低于市场供需平衡时的100份，则房屋售价从50万元提升至70万元，房屋成本从50万元下降至40万元，其中每个房屋产生30万元的经济利润，相当于每份许可证的经济价值。对于建筑许可证有两种分配管理方式：一是公开拍卖许可证，将此收益用于城市公共开发或公众福利；二是人为地分配，以促进实现能够体现某种政府意愿的城市开发，但这既不利于资源的高效配置，也赋予政府过大的权力，容易使这部分人为垄断制造出来的超额利润成为腐败寻

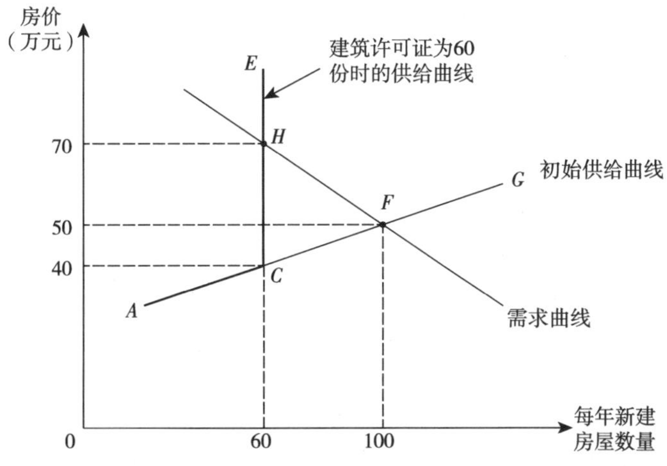

图6－14 建筑许可证的市场及空间效应示意

资料来源：奥沙利文（2003）

租的对象，社会财富不公平地流失转移。总体而言，建筑物许可证政策直接从供给以及间接从需求能够控制城市规模的扩张，但并不能促进城市空间结构的集约与优化，而且由于人为提高了城市发展成本，降低了城市发展的竞争力和吸引力，加上许可证本身所隐含的垄断利润容易诱发寻租腐败，因此，该政策只在城市扩张需求过于旺盛，和有控制其不良影响的迫切需要，同时政府清廉高效的情况下，才能取得利大于弊的积极效果。在分配方式上，所有许可证申请汇总后，申请人按照申请额度自动获得一定比例的许可应是相对公平的举措。

6.4 本章总结

6.4.1 土地管理制度影响城市空间演变的动力机制

土地管理制度主要还是通过规划管理制度和税收管理制度影响城市空间演变：在规划管理制度方面，土地利用规划所确定的建设用地规模是城市规划确定城市规模的主要依据；城市规划还通过确定城市的性质职能、发展方向、功能布局、地块性质及开发强度等，从宏观与微观两个层面直接影响城市空间结构及其演化，并对土地市场构成一定影响；在土地利用与城市总体规划的基础上，土地开发供应计划通过调控土地供需关系而对土地市场产生作用。在税收管理制度方面，既有相对长期性和固定性的税收制度，也有相对短期性和策略性的收费政策，它们通过调控土地收益分配，一方面直接影响土地市场，另一方面通过影响社会上非直接使用土地的企业与购房者等的行为而间接影响土地市场，市场变化体现为土地利用方式与效率的变化，并最终转化为城市空间结构的改变（图6－15）。

土地管理制度作为政府调控土地市场的主要政策工具，其制度的优劣不仅体现在城市土地利用的效率与城市空间结构的利弊上，而且也体现了政府的行为模式及其与社会、市场之间的关系。一个有效的社会制度体系，应该是政府干预、市场机制、社会制衡与

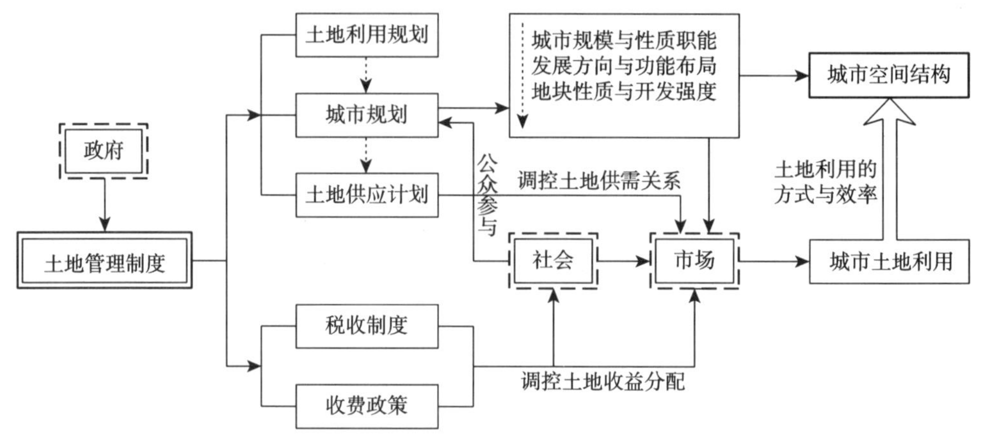

图6-15　土地管理制度影响城市空间演变的动力机制

公正法治均衡的结合，形成有机统一的“钻石体系”（图6-16）。从本章前面的分析研究可以发现，我国土地管理制度中的主要缺陷，主要就在于政府的过度干预以及法制不健全和社会制衡的缺失。

土地市场的特殊性决定了市场失灵的可能性和政府干预的必要性，但政府干预必须有一个合理的限度，才能避免导致市场与政府的“双重失灵”，形成市场机制与政府政策的“良性互动”。实现这一格局的关键在于：转变政府职能，真正做到以市场机制为基础，强化法治、决策民主和社会监督。

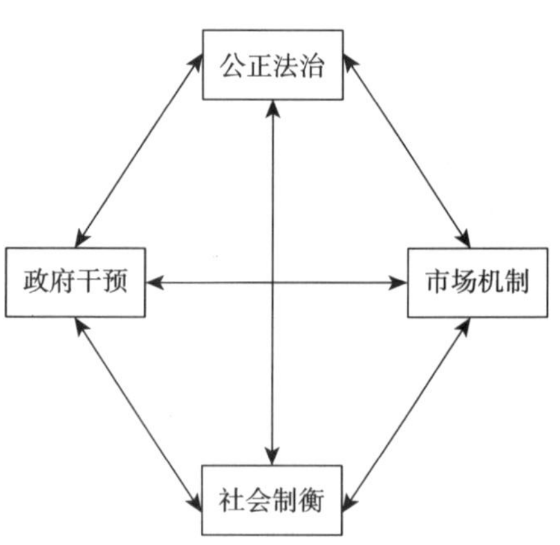

图6-16　有效社会制度的政府—市场—社会—法治钻石体系

首先，政府的政策应针对市场失灵的问题本身，而不是代替市场机制，因为只有具备相对完善的市场机制和相对发达的市场体系，才能较准确传递和反应政府干预的意图和市场行情的波动，政府也才能够在真实的市场信息引导下，通过经济手段间接调控市场，政府干预也才能达到预期目标。其次，由于统治者的偏好和有界理性、意识形态刚性、官僚机构问题、集团利益冲突以及知识的局限性等因素（林毅夫，1994），过多的政策干预，会导致更高的交易费用，并产生机会成本和诱导寻租，因此不可避免带来管理失败。第三，只有在有效运转的法治以及置于强有力的社会监督之下，被分派了执行权力的人滥用权力的可能才会受到严格的限制；正是为解决这一问题，西方国家才确立了复杂但却非常必要的制度，包括权力分立、独立法院系统、陪审团制度以及各种公民社团组织等。

6.4.2　完善土地管理制度的对策及建议

6.4.2.1　市场化导向的规划管理制度改革

（1）关于土地利用规划

加强管理力度或者提高所谓预测的科学性，都只是一种暂时的改良，并未解决本质缺陷。治本之道在于改计划—行政配置的土地管理制度为市场—价格配置的土地管理制度，变计划经济型的规划为市场经济型的规划。这主要体现在几个方面：①土地利用总体规划是配置全部土地资源的公共规划，不是保护耕地的专项规划；笼统地以“严格控制建设用地总量”作为规划目标有片面性，应改为“及时提供工业化、城市化所必需的建设用地，促进建设用地集约利用，严格控制建设使用中的浪费”。②改指令性控制指标为预测性、指导性规划指标。③规划内容主要是纠正市场失灵，包括配置“公共物品”用地，解决土地利用的负外部性问题，制定政策措施（包括完善市场机制的制度创新、信息引导、经济激励和约束措施以及强制性的征地和土地用途管制分区等）。④鼓励和强化公众参与，以使规划为社会普遍接受并愿意贯彻实施（郑振源，2004）。

（2）关于城市规划

城市规划不应只是实现某种城市发展“蓝图”或终极理想设计的纯技术手段，而应看作是通过土地资源利用的分配与调节，协调城市发展中效率与平等的关系，促进城市可持续发展的综合行动。城市规划的经济合理性源于市场的不完善尤其是土地市场的特殊性，使其能够针对外部性、垄断、公共物品供给不足等市场失灵，进行适当地修正，但城市规划的这种修正必须有一定的限度，并应尽量结合与利用市场的力量，即善于使用经济手段、税收杠杆来配合城市规划的实施，否则有可能演化为对市场机制的横加干涉。

但在我国，由于城市政府的多重身份，导致城市规划具有很大的随意性。首先，土地位置的固定性，使城市政府对其拥有相对其他生产要素更大的决定权，加上土地资产庞大和收益巨大，使政府有更大的兴趣关注规划；其次，政府作为城市的管理者，固然应该通过城市规划实现公共利益，但政府同时也是城市的经营者，当企业与开发商的要求与规划不一致时，政府从政绩或自利的角度往往更多地支持前者。而政府对土地使用的管制，以及规划的不确定性与可变性，都必然导致土地市场价值的大幅贬值。因为前者意味着土地权利的不完整，后者意味着风险的“不可预期”，这种权利的残缺和不确定性风险都会被市场货币化。

（3）关于土地管理

①城乡土地统一管理

实行城乡土地统一管理，把人口迁移和耕地保护联系起来考虑，有利于在城市发展、经济增长和农业发展、耕地保护之间寻求平衡。即对城市化发展快、外来人口净增加区，应当按照吸引外来人口就业数和当地人均占有耕地面积核减其耕地面积保护指标，相应增加其城市建设用地供应指标。反之则反是。为了公平维护地区经济利益，城市化发展快的地区，需要按照其核减的耕地保护面积指标向耕地保护面积指标增加的地区提供经济补偿，政府部门也应当根据耕地保护面积指标的区域调整情况，将耕地占用税、耕地开垦基金等相关费用通过区域转移支付，给耕地保护面积指标增加地区提供经济支持（刘卫东，2002）。

②建立有效的土地供应机制

当前各个城市纷纷建立的土地收购储备制度，尽管在现有宏观制度环境中是相对较佳的选择，却并非完全市场化的制度，要化解其中的不利，其中的关键之一就是要制定科学合理的土地供应计划。作为惟一的土地供应者，对土地供求有直接影响。政府应根据土地规划、城市规划和相关产业政策，在分析预测市场供求发展趋势的基础上，合理确定每年各类土地供应数量、投放时机和区位结构。同时建立土地市场预警预报体系和项目用地控制制度，以保持用地结构的合理性。

③客观认识土地垂直管理

在分级限额审批的土地管理制度下，土地管理权力绝大部分集中在地方政府中。尽管法律明确规定了地方政府的征用农地审批权限，但实际上地方政府往往采取化整为零、瞒报虚报等手段，非法批地供地，致使国家难以有效控制土地供应总量。上一轮土地利用总体规划实施实践证明，由于经济利益和地方利益的驱使，土地违法违规的主体是地方政府。对政府违法违规，隶属于同级政府的土地管理部门难以查处和制止，因此，中央政府决定在全国实行省以下土地垂直管理体制，以进一步加强国家对国土资源的宏观调控，实行最严格的耕地保护制度。但这可能流为治标不治本的制度安排。因为行政决策权的更加集中，与市场供需更为脱节，可能会抑制经济发展的活力；并且这种权力的集中只会导致利益从地方政府向上级政府与部门的转移，同时会产生新的和更加复杂的利益博弈，反而加大交易费用，影响资源的高效利用；简单地运用和强化管制，只会导致大量黑市并孳生更多的腐败。也就是说，解决我国土地市场的问题，只能通过更加市场化而不是相反。而市场化的关键就是要有明确界定的产权以及自由、公平竞争的市场环境（包括硬化政府与企业的预算约束），才能在此基础上形成正确的价格机制。

以往制度安排下确有许多土地违法现象。但法律法规的制订，应该基于合理的基础上，并且应该尽量降低履行成本。当某种或某类“违法违规”成为一种普遍现象而非个别行为，使得该项法律法规面临履行成本过高或者“法不责众”的困境，则应该重新审视两个环节：一是该项法律法规是否合理，或者是否随着社会经济条件的改变已失去一定的合理基础；二是支撑该项法律法规的其他制度环境，是否有不合理之处，需要进行相关的配套改革。在提高土地资源配置效率的两条途径中，“诱”（通过明晰和保护产权，使用地者在土地产权交易中获得增值的经济利益），比“逼”（加强行政管理，提高用地成本以逼迫其节约用地调整配置），显然更易成功，在两者结合使用的情况下也应以前者为主。

6.4.2.2 改革创新土地收益分配制度

（1）改革方向

我国地方政府很大一部分财政收入是来自土地出让金和各种收费。其中，收费名目繁多且极不规范，甚至各个地方各行其是，预算外运行现象严重。为此，国务院发展研究中心提出了以“正税、明租、清费”的改革方向。正税，即合理设置新税制，统一内外税制，避免重复征税。明租，即土地出让金从一次性收取改为分年收取，明确地租性质。清费则是除少数确有必要的服务性收费外，其他收费或取消或合并为某一个固定的税种。

（2）具体方式的探索

只有将政府来自土地的收益从完全依赖出让转变为以增值为主，才能从经济方面激励政府在土地管理职能上的根本转变，即从垄断土地产权以尽可能多的“圈地”和“卖地”并打击“非法违规出让土地”的土地运营管理模式，向注重提供城市公共产品以提高土地资产价值并促进土地市场公平活跃发展的土地运营管理模式转变；也才能真正实现土地产权的彻底明晰化和供给的市场化，最终促进土地的高效利用和城市的集约发展。当前一些城市已经出现的“地荒”，即政府直接掌握的土地储量不足导致土地出让收益剧减的情况，在中央政府进一步严格耕地保护和城市扩张的宏观背景下，应是实现这一转变的历史契机。

①征收不动产税

不动产税即指房地产税，其内容包括：一是房产、土地合一，适用统一的不动产税；二是征税范围既包括城镇，也包括农村；三是按评估价值征税。不动产税和所得税、增值税一起被称为国际通行的三大主力税种。我国房地产税比重偏低，仅占全部税收收入的2.36%，占地方财政收入的比重也仅为8.12%；而西方国家的房地产税或财产税却是税收的重要组成，占基层政府财政收入的比重甚至达71%。此外，中国房地产税费主要集中在开发投资环节，多而重；占有和交易环节相对偏轻，对个人占用几乎不征税，刺激了房地产投机行为。因此，征收不动产税有利于降低开发成本和抑制投机，有利于促进房地产市场健康发展，并且有助于激励地方政府优化投资环境，提升辖区内的繁荣程度，令房地产不断升值，同时也扩大自己的税源，从而形成良性循环。

②实行土地年租制

土地出让金是土地使用权出让年期中各个年度的年地租贴现值的总和，政府获得的土地出让金有很大比率是预支未来的收益。土地收益按使用年限分期支付的优点在于，既可以减轻土地使用者一次性支付大笔出让金的负担，又可以使政府取得源源不断的土地收入。但相对于批租制，土地年租制在降低制度转轨中的成本的同时，不可避免带来管理成本的相应提高。因为政府必须不断保持对土地使用者交租义务的监督，而土地使用者凭借其对土地先占的优势很容易产生违约倾向，作为土地所有者和土地管理者的政府要确保取得足额的土地租金，必须付出很高的监督和制度实施费用。

③土地使用权入股

土地资产作价出资或入股的处置方式，其实质是把理应由国家一次性收取的土地出让金，转为资本金直接入股于股份公司而成为国家股。国家的角色从土地所有者向企业投资者转变，从而免除了企业补交出让金的困难，较好地化解了土地资产处置中的矛盾冲突。但是，在这种处置方式中，土地使用制度改革的成本随之转换为国家对国有投资资产的管理成本，即国家作为投资者在保证国有资产保值、增值上必须付出的成本。也就是说，这种办法把存量划拨土地转轨中遇到的制度转轨成本，转移至政府对国有企业的监督成本。

7

结论与讨论

关于城市空间结构的研究，无论中外，也无论城市地理学界、城市规划学界还是城市经济学界，都是一个长期的热点命题。但与国外相比，我国的相关研究仍有相当的差距：一是国外的研究注重城市空间结构与土地利用之间的关系，并以此来阐明城市空间结构形成与演化的原因；而国内则无论在理论上还是实践上，都很少将城市土地利用和空间结构两者结合起来进行系统深入地研究。二是国外的研究大多强调“问题求解”，实用性很强；而国内的研究则以“特征”总结和一般规律的简单概括为重点，对内在机制的演绎分析深度不够，因此难以提出有针对性的政策措施建议。三是国外的研究注重多学科的交叉融合；而国内的研究则大多各自为政，很少能够将多学科的理论与方法综合地加以运用。但无论中外，都很少直接研究土地制度与城市空间结构的关系，西方国家因为产权的稳定而把土地制度作为一种非变量放进了前置的假定条件，处于转型时期的中国尽管制度变迁剧烈，却长期由于意识形态方面的敏感而难以深入研究。本书综合运用城市地理学、城市经济学与新制度经济学的理论与方法，通过理论与实证分析系统研究土地制度对中国城市空间结构演变的影响，试图揭示后者形成演变以及弊端产生的内在机制，希望对我国土地制度的进一步改革完善提供理论依据，促进城市土地集约高效利用和城市空间结构的调整优化。

7.1 主要研究结论

7.1.1 观点总结

7.1.1.1 土地产权制度缺陷是导致城市空间结构诸多弊端的根源

我国土地利用及城市空间结构中的种种弊端，是包括政治、经济、社会、市场等多重制度缺陷交互作用的结果，作为空间载体和作用对象的土地，其制度缺陷对所有制度缺陷起到了集中和放大的效应。而在土地制度体系中，土地产权制度具有基础性的地位和作用，其内在缺陷是阻碍土地市场制度与管理制度进一步完善的经济基础与主要根源之一。因此，要达到集约利用土地优化城市空间结构的目标，关键须进一步改良土地产权制度，并以此为基础形成更为市场化与合理化的土地制度，促使市场行为各方形成良性互动、持续均衡的多方博弈格局。

中国土地产权制度的缺陷主要从三个方面影响城市空间结构及其演变：一是由于产权不明晰，通过不公平的征地制度和大规模的圈地运动，造成土地资源的浪费和低效利用，城市空间无序蔓延、结构松散；二是由于产权的私有化程度不高，导致土地权利价值的不饱和和价格梯度的平缓化，降低了土地置换的收益与位势差，延滞了城市空间结构调整优化的市场化进程；三是由于城市土地产权国有导致资源配置非市场化因素过多，尤其是行政干预以及权力寻租现象普遍，一方面导致城市发展方向的随意性和不确定性较大，另一方面由于市场因素与非市场因素相互交织也加大了内部空间结构的复杂化和碎片化，再一方面也导致公共物品的供给不足或过度，用地结构不尽合理（如图 7－1 所示）。

经济可持续发展要求制度适应经济要素相对价格的巨大变化（引起相对价格变化的

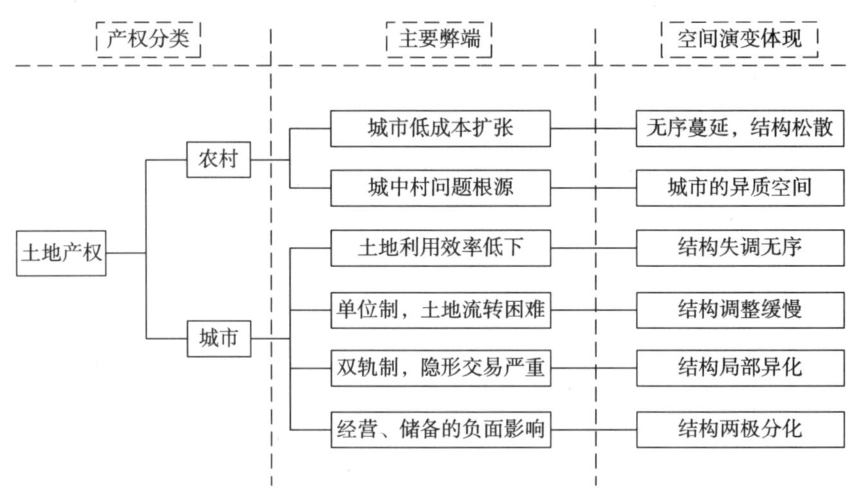

图7－1 现有土地产权制度的弊端及其城市空间演变体现

因素包括人口压力与商业机会的增大以及技术创新等），如果制度不能调整以反映新的稀缺价值和经济机会，那么经济体中将出现扭曲，并将耗散很多资源利用的潜在租金。中国土地制度的缺陷造成了土地市场的严重扭曲，土地资源租金耗散的重要表征之一就是城市空间结构效益的损失。具体而言，中国城市空间结构的问题主要包括：一是整体效益即土地利用效率低下，这是土地稀缺性未能充分体现所决定的；二是用地比例结构失调，尤其是绿化、市政公用设施等公共物品性质的用地比例普遍偏低，这是在土地收益诱导下政府职能不清所致；三是空间结构混杂散乱与扭曲，这是产权不明晰造成寻租失控和博弈损失所导致的结果。

7.1.1.2 土地制度对中国城市空间结构演变具有关键性影响

城市空间结构绝不是城市各种功能在空间上的简单组合或者随机分布，而是复杂的社会、经济、文化等要素综合作用的必然结果。而制度作为行为规范和社会关系的总和，构成了社会经济发展的基础环境和制约条件；制度不仅是社会的博弈规则，并且会提供特定的激励框架，从而形成各种经济、政治、社会组织。因此，城市空间结构的发展演变，是一系列相关制度综合作用的结果，这在处于各项制度大变迁的中国，尤其如此。

进一步地讲，土地作为城市各项功能活动的空间载体，而城市空间结构也是城市各种功能组织在地域空间的投影，因此，土地利用模式与城市空间结构具有极强的相关性和对应性。具体而言，城市空间结构是城市土地市场上各参与主体在成本—收益机制驱动下合力作用的产物。制度的变迁必然会改变政府、开发商、个人、中间机构等市场行为主体的利益分配格局，形成有差异的成本—收益曲线，从而影响各方的行为意愿与方式，最终影响土地利用和城市空间结构。土地制度作为土地市场的博弈规则和激励框架，直接调控土地市场各行为主体的活动方式，从而从根本上深刻影响土地利用模式和城市空间结构的演变。

土地制度通过三个方面也即三个组成部分综合影响城市空间结构：一是土地产权制度，是土地制度的核心，是土地财产权利及其真实价值的体现；二是土地市场制度，是实现土地产权价值的主要方式；三是土地管理制度，是国家作为土地产权保护人，对土地产权所做的限制和收取服务费用以体现其保护产权的价值，主要通过调控市场制度对土地的实际产权价值具有重要影响。

7.1.1.3 土地有偿使用激活价格机制是城市空间结构自组优化的根本动力

随着城市土地从无偿划拨向有偿使用的制度转变，促进了我国土地一级出让市场和二级转让市场的发育，土地使用权进入了市场流转，传统的以工业用地布局为主导、以各项用地有计划地配置为特色的城市空间结构得以打破，地价调节作用开始显现，土地置换使经典模式的同心圈层更趋明显，用地比例也更趋合理。

对汕头市的实证研究也发现：经过土地使用制度改革以来整个1990年代的发展，汕头市的城市用地结构大为优化，城市各项用地比例基本协调；地价梯度及圈层结构更加清晰，尤其是中心区“退二进三”的现象明显。而同期汕头市通过招拍挂方式出让的土地面积所占比例微乎其微，但在这种“双轨并存”和协议出让为主的土地供给体制下，却形成了逐渐优化的城市空间格局，如何看待非市场化的土地供给手段却产生了市场化的土地利用方式?

很显然，我国城市空间结构具有自组优化的规律。其成立的前提是要素环境尤其是根本性的制度环境呈现市场导向的转变，并以此为基础。而这种转变既可能是政府主导或至少获得官方正式认可的，更有可能是在意识形态、政治目标相左，未获官方正式认可的情况下，由于市场因素的基础性作用，通过“隐形市场”的积极作用以及伴随着市场体系的逐步完善，而出现的空间结构优化的自组织过程。

本书的研究表明：土地使用制度改革及其所激活的价格机制，是我国城市空间结构在诸多行政干预影响下仍趋于优化的根本动力。这一方面是因为土地供给的方式与规模逐渐从非市场向市场过渡，并且占优势地位的协议出让作为一种半市场化方式，其价格已经部分体现了土地的区位价值。另一方面更重要的是，土地使用制度改革不仅有助于弥补市政基础设施的历史欠账，相对平衡用地比例关系，而且与企业制度和住房分配制度改革一起，推动了土地需求的市场化，促进了土地资源高度市场化的二次配置，成为我国城市当前土地利用以及城市空间结构调整优化的主导因素。

这种半市场化供给加上市场二次配置的土地利用模式，存在三个方面的弊端：一是不能有效控制城市用地规模不断扩大土地大量闲置并存的现象，延滞了城市空间结构调整优化的速度；二是容易导致空间调整优化困难与不彻底，甚至局部空间结构混乱；三是造成市场竞争的不公平，容易导致腐败和国有资产流失，阻碍土地配置市场化改革的进一步深化。

7.1.1.4 当前土地制度变迁对城市空间结构具有积极和消极双重影响

当前城市经营理念下的土地储备制度以及招拍挂土地供给方式，是我国城市土地管理制度与使用制度的一次重大变革，从积极意义上讲具有优化土地资源配置、调整土地功能分区、盘活存量土地资产、有利于完善城市基础设施与公共配套设施等功能，对城市空间结构的整合优化具有调整与引导作用。但要充分发挥其积极效应，必须以正确的理念与运作方式和恰当的政府及相关机构职能定位为前提，否则其消极影响不容忽视。

具体而言，现有几项制度由于政府行为多于市场行为，人为因素不可避免对市场机制的正常发挥产生负面作用，从而偏离最初的良好意愿。即政府过度干预或违背市场规律，与市场力或社会力背道而驰，则很容易导致“政府失败”现象的产生。

从理论上讲，当前以政府为主体、以资金为导向的城市经营，政府作为一个行为主体，其追求自身效用最大化，与作为整体的社会财富最大化之间的偏离（作为约束条件的特殊国情无疑加大了这种偏离），必然导致城市经营中急功近利、恶性竞争、过度负债、投机炒作以及无限延伸等问题的产生。土地储备制度同样存在类似城市经营的制度缺陷，即政府不是服务型而是经营型的政府，因此普遍存在单纯追求土地收益的倾向，地价、住宅价格上涨速度过快，有政府垄断一级市场后刻意炒作“与民争利”之嫌。招拍挂制度只是政府垄断下土地供给手段的市场化，并非真正意义上的市场化配置，加上缺乏系统长期的土地供给计划和充分透明的公示制度，因此极为有限的局部信息很容易导致非理性的投机行为，在一定程度上加剧了当前的房地产泡沫。

其在城市空间结构上的体现就是造成两极分化：一是土地利用强度及城市空间形态的两极分化，中心区或老城区密者更密、郊区或新区疏者更疏；二是土地利用方式及城市功能结构的两极分化，至少在短期内造成高档房地产项目超常规发展而中低档房地产项目骤然减少的局面。此外，一旦泡沫破灭，以前高价获取的土地将由于资金或市场等因素而无法开发或开发难以为继，很容易产生中心区土地闲置或烂尾楼等不良现象，破坏土地资源的有效利用，损害城市形象和城市空间结构的优化。

因此，欲兴利除弊，必须加快政府职能的结构性调整，弱化其对经济的干预和管制职能，强化其作为制度供给者的职能，即从经营型政府向服务型政府转变；放弃政府绝对垄断土地一级市场的目标，以市场机制为基础自发调节供需关系，切实完善土地出让招拍挂制度，改变过多追求土地收益的倾向，真正将土地储备机构转变为实现政府社会目标的非盈利机构。

7.1.2 土地制度影响城市空间演变的动力机制

城市空间结构是在各种约束条件下，通过集聚与扩散、组织与自组织等方式逐渐演变而形成的。这些约束条件主要包括自然环境和资源条件、社会经济发展水平、技术和交通条件以及各种各样的制度条件，而土地制度由于直接作用于土地及其利用，而对城市空间结构具有至关重要的影响。

具体而言，土地制度主要通过直接作用于客体（土地）和通过主体（政府、企事业单位和个人等）间接作用于客体两种方式或者途径，影响城市空间结构的演变；并且土地制度的完善与缺陷对土地利用效率与方式的影响，也可以通过城市空间结构的优化轨迹与弊端特征清晰地表现出来（图7-2）：

一是土地制度通过影响市场机制的发挥直接影响土地利用，其中土地产权制度体现了土地资源的稀缺度和市场价值，土地市场制度是价格机制产生效应的载体，土地管理制度则对市场机制的发挥和土地产权价值有一定的引导和限制作用；这种着重从市场竞争经济学角度的作用机制可以用竞租曲线理论及其变种加以解释。二是土地制度作为一

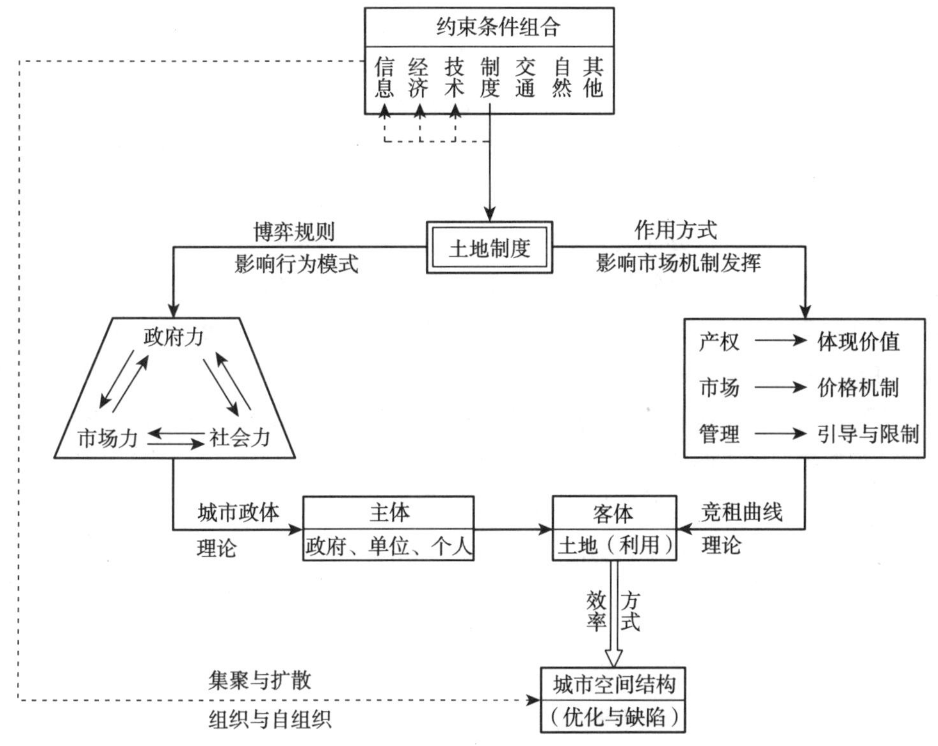

图7－2 土地制度影响城市空间演变的动力机制

种博弈规则，在很大程度上决定了土地市场各行为主体的行为模式，并且影响了政府力、市场力和社会力三者之间的作用关系，从而对土地利用产生影响；这种着重从政治经济学角度的作用机制可以用城市政体理论加以解释。

总的来说，土地产权不明晰、市场化改革不彻底以及政府过度干预和社会力薄弱，是导致我国城市空间结构各种问题的主要制度性根源。

7.1.3 完善土地制度的对策及建议

7.1.3.1 配置市场化与产权明晰化是我国土地制度改革的基本方向

市场经济的精髓就是在产品市场和包括土地在内的要素市场各个领域充分发挥市场机制的作用，政府管理主要是维护市场公平竞争的环境以及一定程度上弥补市场的不足和缺陷。土地作为核心经济要素之一，其市场化配置是落实可持续发展的科学发展观和切实转变经济增长模式的需要，也是从源头上铲除腐败的关键举措。

当前中国土地产权的不明晰，对城市发展的影响可以简单概括为——效率与平等的双重损失。发挥市场在土地资源配置方面的基础性作用，最重要的是明确城市土地的产权。没有明晰的产权，即离开了清楚界定并得到良好执行的产权制度，人们就会争相攫取（不受法律限制的竞争）稀缺的经济资源和机会，导致租值消散和租金向权力集中，不利于形成良好的市场激励机制。只有明晰的产权，才能将产权保护的收益和成本最大程度地内在化，从而更有效率且不用付出高昂的代理和监督成本；才能使产权结构最大限度地分立，从而形成充分竞争的市场化格局；也才能通过形成稳定预期导致长期投资激励、通过产权抵押扩充资本市场、通过延伸买卖对象扩充交易市场等方式，提高经济资源的租金收入流。因此，产权制度正确的变迁方向，必然是更加明晰化、私有化、长期化、稳定化，更加开放和市场化，即流动性、可转让性更强，以及权利的分化和产权类型的多样化。

土地产权不明晰，一方面人为降低了土地的价值尤其是初始市场价值，是土地低成本国有化和使用偏离价格机制的根源，使得中国的经济增长和城市发展形成土地要素替代的模式（图7－3）；另一方面创造出巨大的产权利益差和寻租空间，诱导地方政府的行为偏离市场方向与公益目标，即往往以财政和政绩甚至部门与个人私利为目的，通过行政手段大肆圈地和违法违规批地，造成滥占耕地和土地利用不足并存，以及城市无序蔓延、结构松散和功能失调等种种弊病，并加剧了社会的两极分化。这种以高额制度、社会、经济成本为代价的土地资源低效利用，不仅与中国在人地矛盾突出背景下集约发展的要求背道而驰，而且不利于社会的和谐稳定与经济的可持续发展。

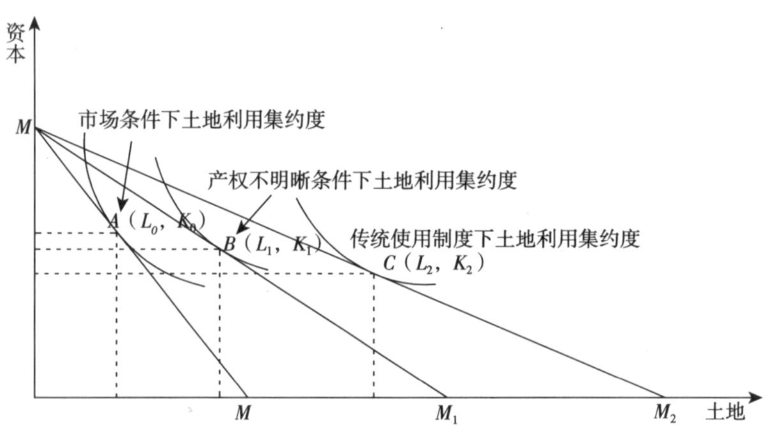

图7－3　土地制度对经济要素替代模式的影响

（土地使用制度改革缓解了传统无偿无限期使用条件下对土地的严重浪费，但产权不明晰和市场配置的不彻底，导致土地要素替代的模式并未得到根本扭转）

张五常（2000）的佃农理论认为：只要合约安排本身是私人产权的不同表现形式，不同的合约安排并不意味着资源使用的不同效率，并且对资源所有权的竞争会带来有效率的合约安排。除非私人产权被弱化或被否定，或者政府过多干预市场的资源配置过程。我国土地产权制度与城市空间结构即土地利用的关系表明：在产权国有条件下，资源配置效率的提升，完全取决于产权向更加个人所有转变的程度，产权个人化程度越低，效率损失程度越大。并且在土地一级市场被政府垄断的情况下，市场竞争的不充分以及产权交易双方合约的不公平（比如政府作为交易者和管理者的双重身份，常常通过制订和调整政策来改变合约的性质与内容），也会大大降低资源配置的效率，造成城市空间结构的扭曲。

也就是说，资源配置效率的提升主要有两种途径，以农业用地为例（图7－4）：一是产权的明晰化和更加个人化，能够充分挖掘和调动农民的积极性；二是产权的自由转让，使资源向能够更有效利用的人集中。而最理想、最能提升资源利用效率的就是二者的结合。

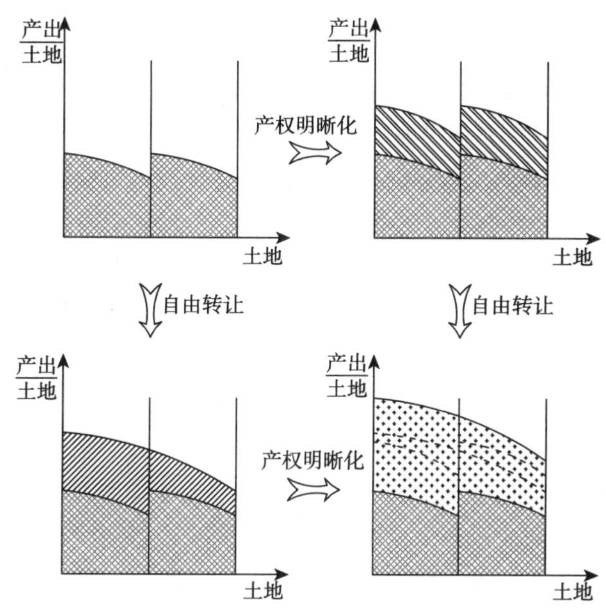

图7-4 配置市场化和产权明晰化对土地利用效率的影响

党的十六届三中全会明确指出："建立归属清晰、权责明确、保护严格、流转顺畅的现代产权制度。"并提出要"依法保护各类产权"、"保障所有市场主体的平等法律地位和发展权利"。这是我们党关于社会主义市场经济理论的一个重大发展，对化解我国经济体制改革中的深层次障碍，完善社会主义市场经济体制具有极为重要的意义。

但明晰土地产权不能回避所有制的改革。因为尽管产权的明晰化才是目标，但产权的私有化是迄今最好、最有效的产权明晰化手段。围绕产权公有与私有利弊的争执，最终体现于对效率和平等的价值判断。具体而言，私有产权更有利于提高效率，并促进达致长远、可持续的平等。但由于市场的不完善，追求效率过程中产生的负外部性（尤其对平等的侵害）难以通过市场机制有效地解决或内部化，而必须通过政府或社会加以纠正。这是发达国家普遍以私有制为基础，但又对私有产权进行适当限制并在一定程度保留公有产权的主要原因。同时，土地产权因其基础性和核心性，而在所有财产权中具有举足轻重的地位。不仅历史上私有土地产权的确立是近代西方私有财产制度产生的核心问题，而且在当代前社会主义国家的市场化转轨中，土地私有化仍然成为整个私有化进程的首要环节。纵观我国土地制度改革的发展历程，总的趋势也是随着决策权的下放，土地产权的多样化、明晰化和更趋私有化，并因此取得了巨大的成就。从长远看，随着土地资源禀赋相对稀缺度和价值的提高，随着个人财富增长和保护财产意识的增强，随着不动产税逐渐取代土地出让金成为政府重要收入来源，随着自由民主理念的深入和政府职能的转变，公众与政府都有更强的激励推进土地产权的进一步私有化和明晰化。

在我国探讨土地私有化的可能性，除了突破意识形态和对私有制偏见的束缚之外，主要须充分认识在复杂国情条件下，我国土地制度改革的阶段性与地域性或多样性。土地的私有化并不意味着所有土地的立即私有化，而是指从法律上允许部分土地私有化至少是实质意义上的私有化，从而形成不同产权形式的土地适应于不同的社会经济目标，并遵从一定的市场机制合理地相互竞争、流动和转化。从积极稳妥的角度出发，我国土地产权制度的改革可以分两步走：首先是在现有制度框架下，促进产权的进一步明晰化、完整化和平等化；其次是在条件成熟时，鼓励更多、更自由的选择和制度创新，包括土地的私有化。而土地私有化的条件关键在于：建立某种制约机制能够确保土地私有化的公平、公正，不被少数特殊利益集团或内部人所操纵，而这只有在地方行政长官并非仅仅对上级负责，必须而且能够接受当地人民及其代表的有效监督与制约之时才可能实现。至于私有化的方式，既可以采取彻底私有化形式，即将所有权都界定给私人，也可以采取实质私有化形式，即国家保留最终所有权，但个人或其他产权主体享有明晰的产权，包括排他性的使用权、不受干预的收益权、自由的转让权。

当前土地制度改革的当务之急是尽快完善土地征用制度，充分尊重集体土地产权的平等权利和切实保障农民的基本权益。这样，一是有利于遏制圈地运动，降低城市用地增长弹性系数，使农地非农化与人口城市化基本同步；二是有利于平衡城乡利益分配，充分体现公平原则；三是有利于消除房地产泡沫，确保国家宏观经济平稳运行。

总之，只要能将土地价值真实地显化，即完全按市场的价格机制来调节，土地从低效益农用地向高效益城市用地的流动是有限度的；而且还能一方面促使耕地集约化经营、提高农用地的效益，另一方面防止城市的低成本扩张、真正起到保障耕地的作用。在明晰农村土地产权的基础上改革现行土地征用制度，将城市扩张的成本市场化、正常化，就能使城市的规模扩张真实地反映其用地的供需平衡；同样的道理，进一步明确城市土地的产权，立法保障私有财产，对城市内部随意更改规划也将构成强力的制约（陈鹏，2005）。换句话说，产权的有效保护一方面需要公正的法治，另一方面明晰、独立和排他的产权才能使产权所有者真正地关心体制对他保护的程度和公正性。

7.1.3.2 提高规划科学性与税收合理性是完善土地管理制度的核心

规划是政府赖以消除土地利用与开发建设所带来的负外部性以达到某些社会目标的重要手段。我国的规划由于各自本身的科学性以及相互之间的衔接性不强，加上城市政府的多重身份，导致城市规划具有很大的随意性，其效用难以得到充分发挥。税费管理制度的实质是土地收益的分配机制。目前土地收益几乎完全依赖土地出让而非增值，以及中央与地方政府围绕土地出让收益的博弈，是导致城市过度增量扩张的粗放式发展以及中央关于最严厉耕地保护政策屡次失效的根源之一。

借鉴国外经验，我国的规划体系应从纯物质形态规划向程序规划转变，重视土地的开发控制，从集权式向民主式规划转变，积极引入非政府机构和公众参与，提高规划的科学性与相互衔接性以及增强规划决策的民主化和法制化。土地税费制度的改革方向应是“正税、明租、清费”。具体方式可采用土地年租制、征收不动产税、土地使用权入股等，以便合理引导民众和开发商的市场行为，促使城市规划有效实施和土地合理利用。

7.1.3.3 进一步完善我国土地制度的框架性思路和概念性方案

基于上述研究，本书提出进一步完善我国土地制度的框架性思路和概念性方案。

（1）完善我国土地制度的框架性思路

其基本内涵主要包括：

①土地配置市场化和产权明晰化是完善我国土地制度的核心目标，这是在尊重市场自发秩序、公平导向理念下，落实科学发展观和构建和谐社会，实现城乡协调以及人与自然和谐发展的要求。

②实现这一目标，需要土地管理制度的相应改革，以及切实转变政府职能和公正的法治为制度保障。

③可以分步骤积极稳妥地推进，首先是在现有制度尤其是所有制框架下的完善，其中当务之急就是改革现行极不公平规范的征地制度，然后在条件成熟时应该鼓励更加自由的制度创新，包括允许私有化，因为这是明晰产权所不能回避的。

④要突破土地私有化的障碍，需要有更加灵活务实的意识形态、更加科学和开放的粮食安全观、统筹解决农民的社会保障问题，此外，国家应本着“藏富于民”的更长远的战略眼光对待土地城市化和市场化过程中的增值收益。

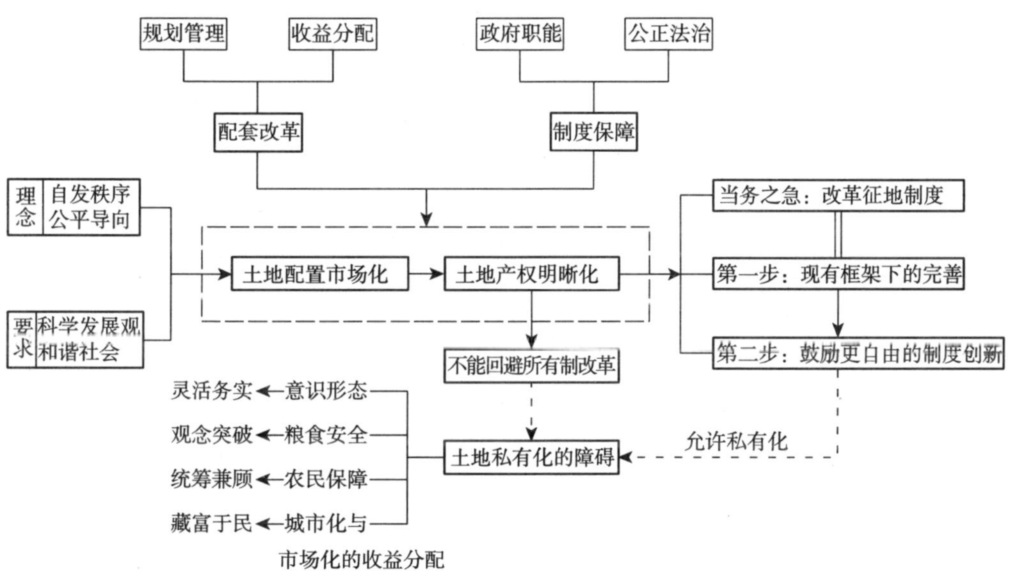

图7－5 完善土地制度的框架性思路

（2）完善我国土地制度的概念性方案

该方案主要有两大特点：一是将所有土地划分为保护区和非保护区两类，这主要通过全面深入细致的国土详查和国土规划完成，划分的依据是土地的公共属性以及政府相应的职能分工。其中保护区土地包括一级耕地保护区、生态保护区、风景名胜区、自然文化遗产保护区、国家公园等。保护区土地一般不能自由交易，原属国有土地的继续保留国有土地；原属集体土地的由国家征用或通过购买发展权等方式来化解当前与长远利益之间的冲突；以及通过更加灵活和市场化的城乡土地管理兼顾各地的经济增长与耕地保护，以平衡地区之间的利益。

二是将“国家所有”明确界定为“各级政府所有”，因为各级政府管理的国家所有制，由于城市土地产权的模糊和收益的巨大，实际上沦为“政府官员任期所有制”，早已弊端重重，因此必须重塑人格化的产权主体，将产权的收益—成本、权利—义务完整地统一起来。其中，保护区依据其级别分别归中央政府和省级政府所有，中央和省级政府既可以自己通过专门机构进行管理，也可以委托或部分委托下级地方政府进行管理，收益分配在“谁投资谁受益”的基础上通过协商解决；而非保护区（主要指划为城市规划区的土地）的初始产权则归地方政府主要是城市政府所有，除了遵守宪法和相关法律规定，城市政府对于城市规划区土地的产权权力主要受中央或省级政府所制定的土地利用规划以及当地市民及其代表机构的双重制约，在此基础上允许其进行更加自由的制度创新，包括所有权的交易转让。也就是说，非保护区不是由国家或中央政府统一制定具体的产权形式，而是由地方政府在当地民意支持下根据自身客观条件因地制宜地自主决定，甚至包括土地是否私有化、在多大程度上和多大范围内私有化以及如何实施私有化等（鉴于城市土地的诸多特殊性，土地私有化必须更加重视城市规划，这对后者的科学性提出了更高的要求）。因此，相对于以往中央集权模式容易造成制度僵化，这种分权模式在风险分散的基础上有利于制度创新，有利于在多样化的制度形式之间通过相互竞争、学习、模仿达到最终优化的目的，有利于社会演进从“人为秩序”向“自发秩序”的转变。

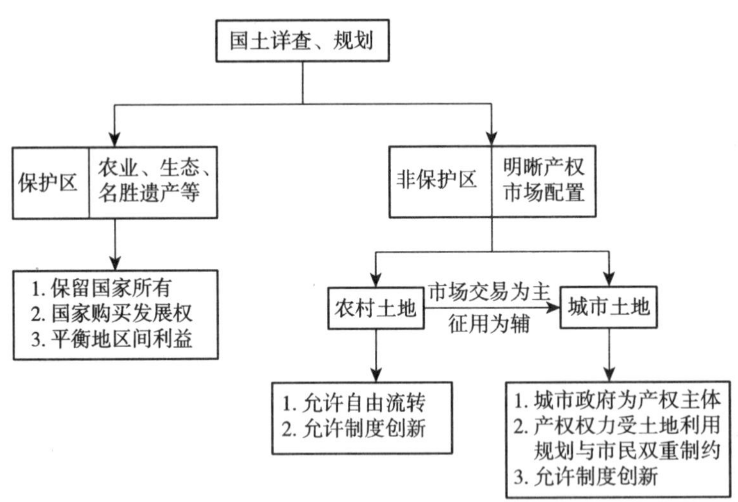

图7－6　完善土地制度的概念性方案

7.1.3.4　土地制度改革的政治与法治保障

（1）转变政府职能，协调政府调节与市场机制的关系

①政府调节与市场机制的关系

发挥政府调节与市场机制双重作用的主要理由在于：协调效率与平等的关系；避免“双重失灵”，形成“良性互动”的格局。“良性互动”是一种动态互补的“耦合”关系。

实现这一格局的关键在于：转变政府职能，真正做到以市场机制为基础。政府的政策应针对市场失灵的问题本身，而不是代替市场机制，否则过度压抑市场而依赖政府，必然陷入双重失灵的恶性循环。因为只有具备相对完善的市场机制和相对发达的市场体系，才能较准确传递和反应政府干预的意图和市场行情的波动，政府也才能够在真实的市场信息引导下，通过经济手段间接调控市场，政府干预也才能达到预期目标。

而形成良好市场机制的前提在于：明晰的产权关系，包括产权明晰的微观行为主体和经济要素资源。具体到土地资源配置和土地产权制度改革。前者应该明确适宜政府配置的只是产权排他性成本过高且社会或生态效益大的用地；政府对后者最明智的做法就是充分放权，让市场——包括市场的不同地域和市场的各行为主体，自己去决定适宜的制度类型，并让各自制度有自由竞争、转换的空间，这是在效率与平等之间寻求最佳平衡点的惟一途径。制度不是让社会没有任何风险，因为有风险才有收益，制度应是在风险可控条件下追求收益的最大化。以农地为例，不能因为土地保险功能的重要性而全盘否定土地的私有化，而应给农民自己决定的自由，让农民自己在收益和风险之间进行衡量抉择。纵观我国土地制度改革的发展历程，总的趋势就是随着决策权的下放，土地产权的多样化、明晰化和更趋个人化，并因此取得了巨大的成就。

②政策失败的原因

政府政策通过产生不同的竞争约束条件，影响不同合约下的资源利用（张五常，2000）。过多的政策干预，会导致更高的交易费用，并产生机会成本和诱导寻租。按照林毅夫（1994）的总结，维持一种无效率的制度安排和国家不能采取行动来消除制度不均衡，两者都属于政策失败。政策失败的原因包括：

a. 统治者的偏好和有界理性：统治者自身效用最大化与作为整体的社会财富最大化并非一致，以及统治者认识、了解制度不均衡和设计、建立制度安排所需信息的复杂性，导致其不能矫正制度安排的供给不足。

b. 意识形态刚性：由于意识形态往往与统治者权威的合法性紧密相连，因此，统治者一般不会轻易改变原来的意识形态去推行新的制度安排，这往往是在被新的统治者替代之后才有可能。

c. 官僚机构问题：官僚机构作为统治者在各部门与地方的代理人，本身也是自利的个体，并且其利益与统治者不可能完全吻合，这恶化了统治者的有界理性并增加了统治国家的交易费用，如果制度变迁的额外收益被官员自利行为所滥用，就难以建立新的制度安排。

d. 集团利益冲突：如果制度变迁中利益受损的是统治者赖以支持的集团，统治者就会因害怕自己的政治基础受到侵蚀而阻碍这种制度变迁。

e. 知识的局限性：制度安排选择集合受到社会科学知识储备的束缚，尤其受当时占统治地位的社会思想的影响，但社会主流思想也受人们有界理性的限制而常常产生谬误，减少这种风险的必要措施是鼓励自由充分地讨论和商议，而非依赖一小撮权威人物的谋划。

③根本举措：在明晰土地产权基础上放松政府管制

政府管制过度不可避免带来管理失败。由于土地征用、土地用途改变、土地和房产转让等受到政府集中和管制过度的制约，而城市化和市场经济对土地要素配置和高效率流动有着内在强劲的要求，于是集体土地联建、化整为零审批、私下出租和交易、私自改变土地用途等情况防不胜防、管不胜管，最后法不责众、不了了之。而管制过度的根源就在于土地产权的不明晰。

政府管制过度也容易导致权力“寻租”，所谓“寻租”即“直接非生产性寻利活动”，指通过权力而非生产过程追逐既有生产利润的活动，其本身需要耗费资源，却不能增加任何社会财富，而是用于维护既得经济利益和对既有经济利益的再分配。全国每年十几万起的土地违法案件，其中80%～90%是政府违法行为，涉及大面积的土地违法案件一般都有地方政府参与。换言之，破坏土地市场秩序、违法占地批地的不是别人，正是应当给市场主体提供公正、公平、开放、有序的良好发展环境的政府，政府参与了“与民争利”的市场竞争。

寻租往往与腐败、隐形市场、黑市交易等密切相关，在土地市场发育初期，交易形式的多样化以及出现某种混乱是难以避免的，但改革方向明确后就不能再放任其无序发展。如果说“黑市”较之“无市”是一种进步，但黑市长期发展，既不利于显化土地价格，也不利于公平收入分配，前者因为地价被掩盖于其他收入之中，后者因为政府无法掌握准确信息对土地交易产生的非经营暴利课税。要彻底防止寻租腐败，除了明晰产权，还应改革政治体制比如现有的政绩考核制度，把官员工作的成本、损失以及人民的支持度纳入考量等。

（2）与产权明晰相对应的是能够有效保护产权的公正的法治

即使财产权得到了明确的界定，侵犯边界的现象必然会发生，因为在缺乏强制实施机构的情况下，必定有些人会试图通过侵犯边界的资源使用，来获取差额利益。在原初契约得以履行的同时，必须规定一些条款，来控制侵犯边界的行为，来发现并惩罚那些侵犯他人的已界定的财产权利的人。然而，只要不能把法律实施的任务交给某种非人性的技术，也就是说，如果实施法律的人被授予发现、界定和惩罚违法者的权力，那么，这种权力本身又怎能被限制在可取的界限之内呢？谁来看管看管者呢？很显然，只有当被分派了执行权力的人，自己要服从的法律与他被要求对他人实施的法律相同，那么他们滥用权力的可能，才会受到严格的限制。正是为解决这一问题，西方国家才确立了复杂但却非常必要的制度，包括权力分立、多重主权、重叠管辖权、独立法院系统和陪审团制度。只有在有效运转的法治之下，个人及其权利才得以受到保护，以免受政治—法律权力之专断行使的侵害。从另一个角度来看，长期稳定的产权所赖以保障的只能是清晰而可预期的法律性规则，而不是通过政治决策确立导致随意性很强的政策。

以前些年围绕国企产权改革的争论为例。郎咸平及其支持者以国有资产流失为由鼓吹终止国企产权改革，这在已有几十年沉痛教训和国企效率损失日益不堪重负的今天，无疑有阻碍改革之嫌，并且没有产权改革同样存在国资流失，郎咸平们也开不出有效的药方；但其积极意义是使更多人认识到过程公正的重要性。事实上，国企所有权虚置正是国资流失的根源，“国退民进”的产权改革是解决此类问题的惟一正确道路，所有市场化转型国家莫不如此。但从前苏联和东欧各国的经验教训来看，建立一个机构框架以及一系列可信、可行的法律和制度，比快速私有化并寄希望于通过资产的“二次拍卖”实现市场效率提升的方式（多从政治角度考虑），对能否真正形成有效率的市场经济更为重要（斯蒂格利茨）。我国经过二十几年的改革开放，民营经济已颇具规模，完全有能力在更加公平、规范、透明的制度环境下实现国企产权改革的目标（即具备以增量消化存量的条件），而保障这种公正性的制度环境的核心就在于建立能有效防范国家机会主义的宪政体制（萨克斯等）。

7.2 主要创新点

7.2.1 初步构建土地制度影响城市空间结构的分析框架

综合运用城市地理学、城市经济学与新制度经济学的理论方法，以集约发展下理想的城市空间结构为目标，突出土地市场非完全竞争和政府干预的性质，并结合土地产权制度、市场制度和管理制度各自特点，分别采用基于缺陷的反向论证、基于变迁的过程论证和基于借鉴的对比论证等方式，研究其对城市空间结构的影响。

7.2.2 系统揭示土地制度影响城市空间结构的动力机制

突破传统上重在描述性总结城市空间结构特征和演化规律的研究局限，强化研究的演绎性和分析性，分别从单项及整体角度，较为系统全面地揭示土地制度影响城市空间结构形成与演化的动力机制。

7.2.3 探索性提出进一步完善土地制度新的思路与方法

为增强研究的针对性和实用性，通过翔实的理论与实证研究，结合对西方相关经验及其适应性的分析，对我国土地制度进一步改革的方向与措施包括框架性思路和概念性方案，以及政府在城市空间结构优化中的作用，提供富有建设性的见解。

7.3 需进一步探讨的问题

7.3.1 中国特色“圈地运动”的评价及预测

被托马斯·莫尔称为“羊吃人”的英国圈地运动，除了具有特权强制色彩的残酷无情一面，也有促进社会进步的一面。即圈地运动实际上是一个建立私人土地所有权的过程，使公有权利造成的很多外部成本得以内部化，有助于避免“公地悲剧”，并且土地个人产权制度的逐步形成也瓦解了封建庄园制，促进了土地流转和产权的明晰化，有利于农业规模经营和土地资源的有效利用，最终导致伴随农业技术进步和农业产业结构优化的农业革命，为资本主义生产关系以及工业和城市的发展奠定了必要的制度与物质基础。

所谓“圈地运动”，都带有强权色彩的不规范以及非市场化的特点。英国的圈地运动体现了贵族庄园主对农民的强权，中国的圈地运动则体现了政府对农村集体和个人的强权。在成熟的市场化环境中，由于土地产权明晰及有效的法律保障，即使出现重大经济环境变化产生高额租金，也不会被某个特权利益集团任意攫取，出现所谓的圈地行为，而只能在市场主体之间相对公平地分享，并很快达到市场新的均衡状态。这就是美国的西部大开发尽管土地获取成本很低却被称为“西进运动”而非某种“圈地运动”的原因所在。

因此，对于中国的圈地运动，值得进一步探讨的问题主要包括以下两个方面：

一是对中国圈地运动的评价。除了一般意义上所认为的降低城市化发展成本、土地资源浪费和利用效率低下、城市空间结构松散以及侵占农民权益等利弊之外；更重要的是，对今后中国土地制度变迁创造了怎样的产权环境，如何在土地产权的进一步明晰过程中充分利用其利而化解其弊。

二是对中国圈地运动的预测。目前国家采取了空前严厉的政策措施试图遏制地方政府主导的圈地运动，但管理导向的集权式控制，在经济发展减缓甚至可能的衰退压力下，能否持续有效有待时间的检验。从更宏观的角度而言，在中国土地市场化和政治体制改革更加到位以及法制进一步完善以前，中国的圈地运动能否彻底根治周期性爆发的痼疾，有必要持更加谨慎的态度，并应该积极推进相关制度的改革与完善。

7.3.2 新约束条件下的城市空间结构

由于论证重点和篇幅的原因，针对我国目前土地配置市场化程度不高及产权不明晰的根源性问题，本书着重探讨了产权缺陷条件下的城市空间结构，对产权限制条件下的城市空间结构即政府公共干预的作用，并未给予同样的重视。而这在西方国家以土地私有制为基础的条件下却是影响土地利用和城市空间结构的最重要和最关键的问题，比如美国20世纪以来现代规划的中心主题就是政府对私有财产尤其是私有土地实施公共管理的演变（利维，2003）。今后，随着我国土地制度的进一步完善，即土地配置市场化程度的提高和土地产权的更加明晰，在市场机制发挥基础性作用的同时，政府基于公共目的通过规划和税收等手段合法合理地影响土地产权的效用，并进而影响土地利用和城市空间结构，其重要性和研究价值也将逐步提升。此外，对当前的土地储备制度以及刚刚开征的不动产税（初期以“物业税”的形式出现），对城市土地利用和城市空间结构有何影响，也需要通过实证作进一步的研究探讨。

附录　中国部分大城市建设用地拓展演变图

1. 北京市（1975～2002年）

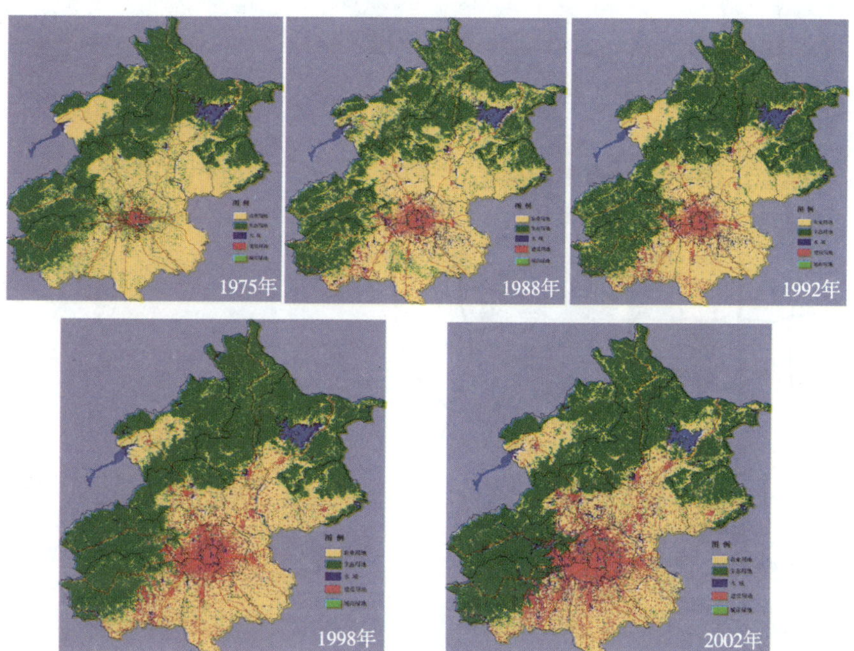

2. 天津市（1840～2004年）

3. 唐山市（1949～2003年）

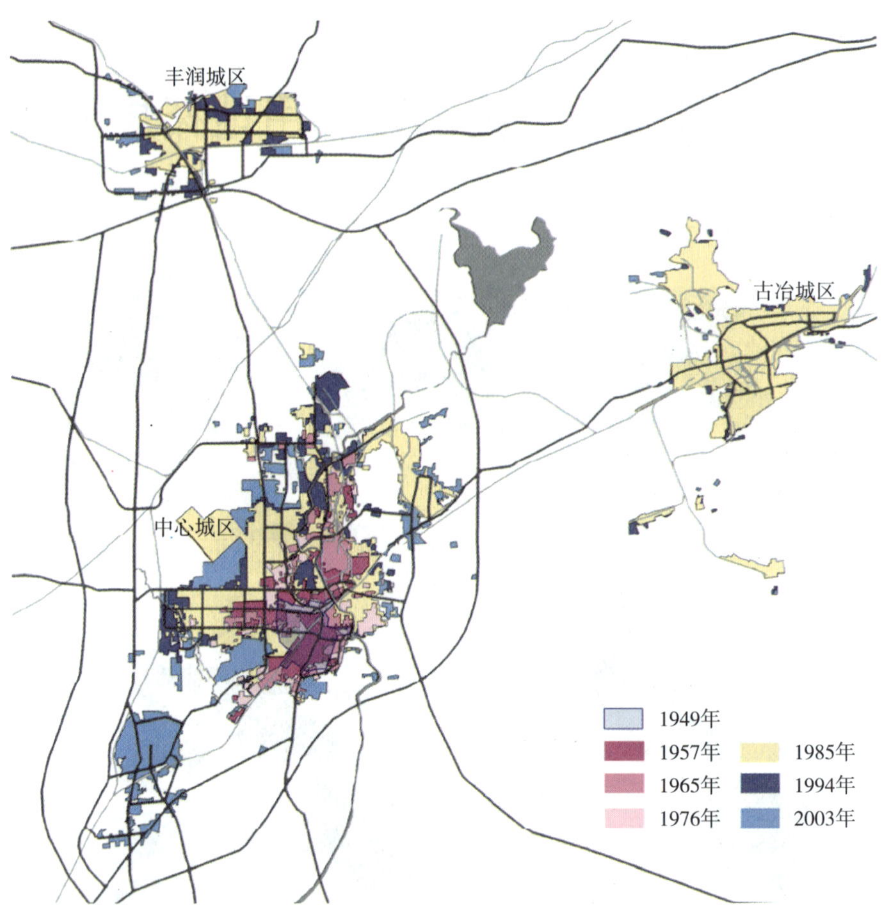

4. 南京市（1947～2005年）

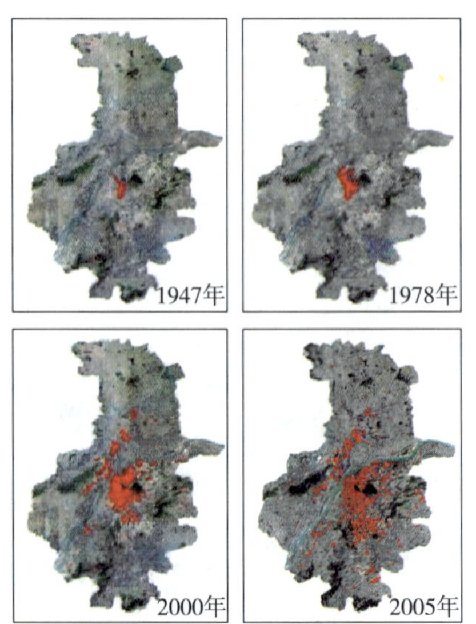

5. 苏州市（1986～2004年）

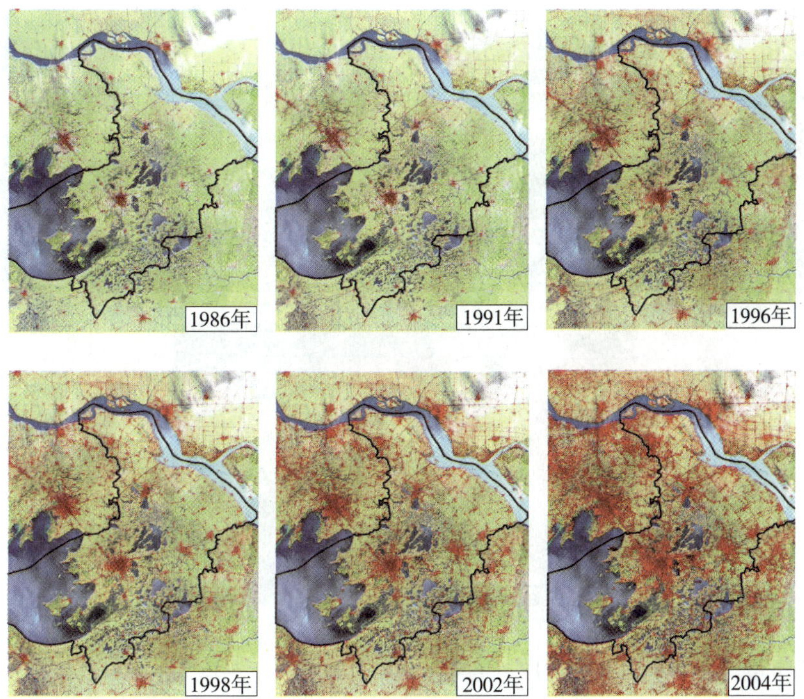

6. 杭州市（1988/1998/2002年）

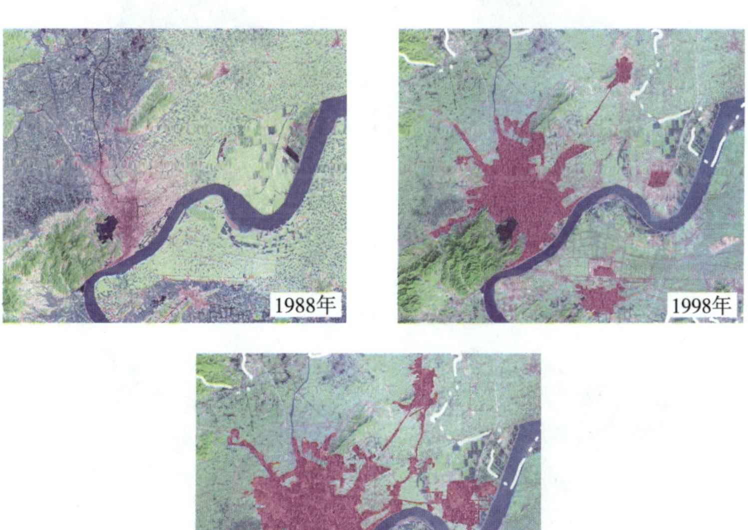

7. 宁波市（1988/1998/2002 年）

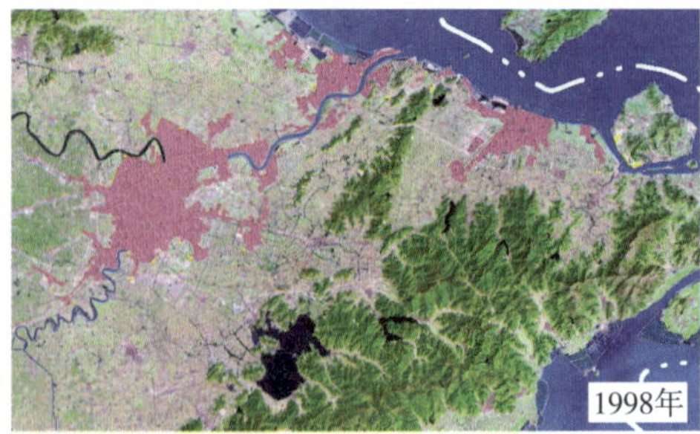

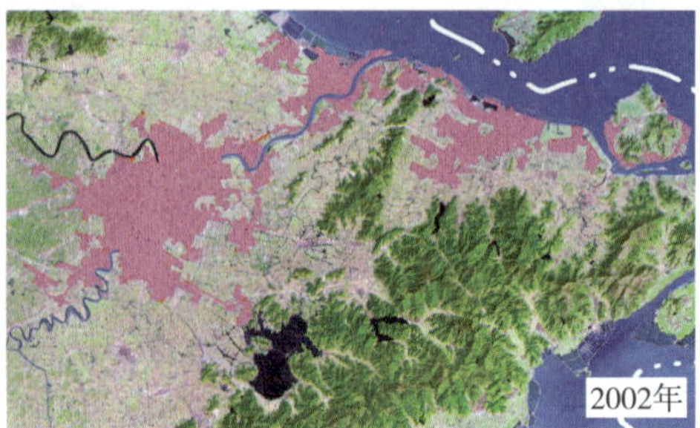

8. 广州市（1986～2008 年）

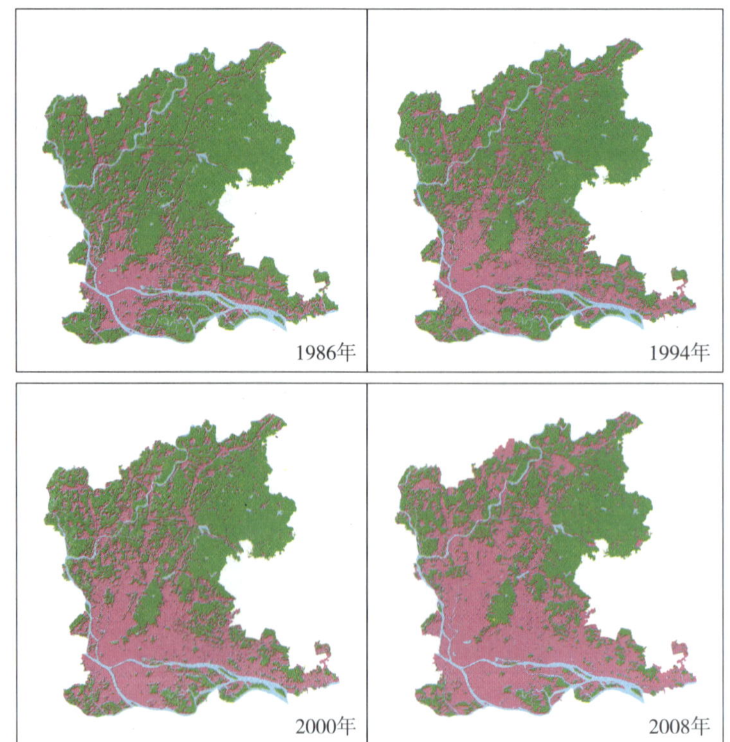

9. 深圳市（1978～2005 年）

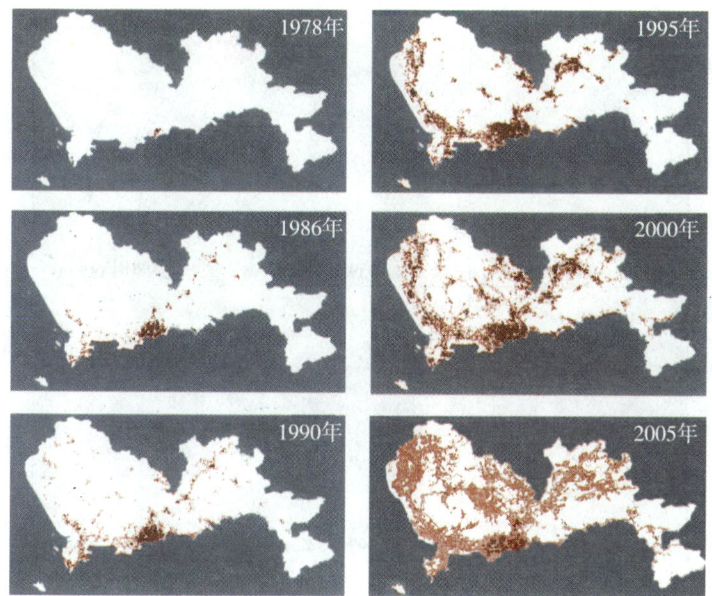

10. 汕头市（1888～2000 年）

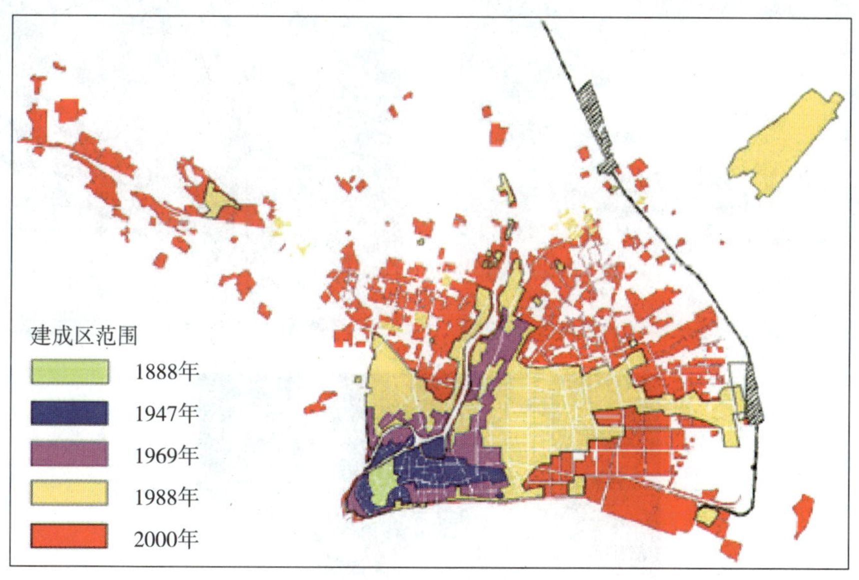

11. 成都市（1949～1994年）

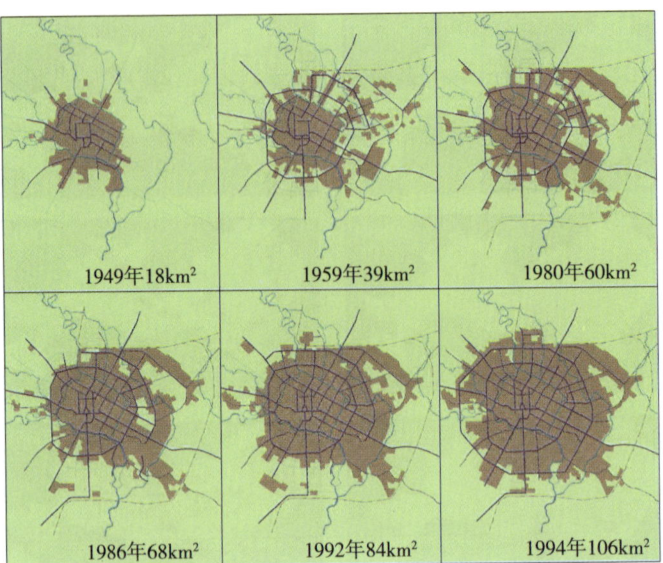

12. 珠三角（1990/1995/2002年）

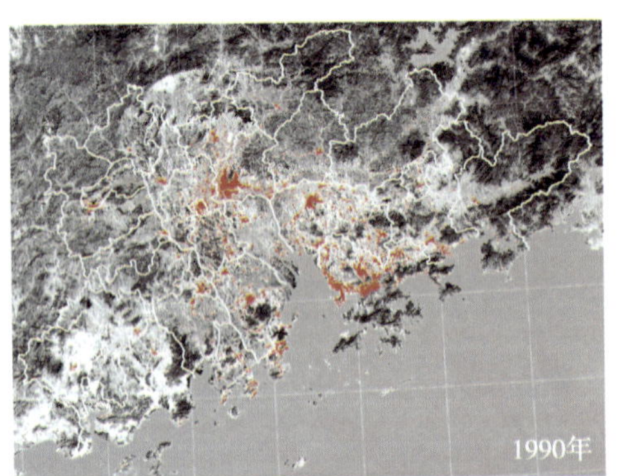

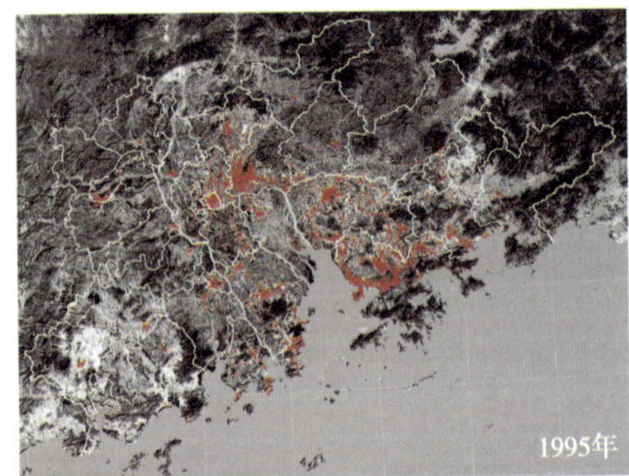

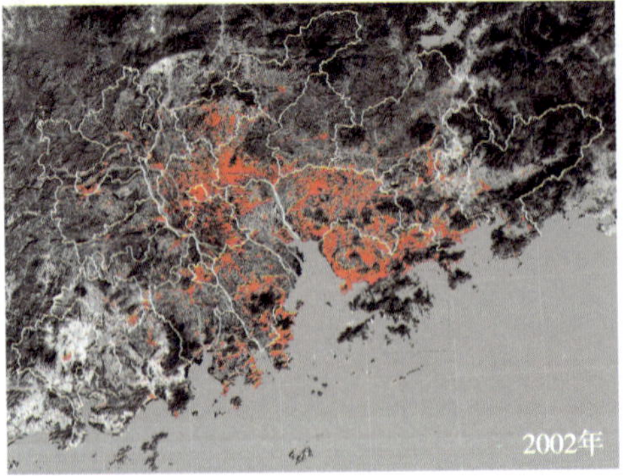

注：资料整理自相关区域规划和城市总体规划。

参考文献

1. Alterman R, 1997. The Challenge of Farmland Preservation: Lesson from a Six-nation Comparison. Journal of the American Planning Association, (2): 220 ~ 243.
2. Anas A, 1996. General Equilibrium Models of Polycentric Urban Land Use with Endogenous Congestion and Job Agglomeration. Journal of Urban Economics, (2): 232 ~ 256.
3. Anas A, Arnott R, Small K A, 1998. Urban Spatial Structure. Journal of Economic Literature XXXVI, 1426 ~ 1464.
4. Bertaud A, 2001. Measuring the Costs and Benefits of Urban Land Use Regulation: A Simple Model with an Application to Malaysia. Journal of Housing Economics, (3): 393 ~ 418.
5. Besley T, 1995. Property Rights and Investment Incentives: Theory and Evidence from Ghana. Journal of Political Economy, (5): 903 ~ 937.
6. Bienenstein G，著．孟延春，译．全球化时代的城市空间管治、管理和形成．国外城市规划，2001 (6): 9 ~ 16.
7. Bourne L S, 1971. Internal Structure of the City. New York: Oxford University Press.
8. Burchell R, 1997. Economic and Fiscal Costs (and Benefits) of Sprawl. The Urban Lawyer, (2): 151 ~ 181.
9. Carter H, 1995. The Study of Urban Geography. Arnold.
10. Colwell P F, 1997. The Structure of Urban Land Prices. Journal of Urban Economics, (3): 321 ~ 336.
11. Deng F F, Huang Y Q, 2004. Uneven Land Reform and Urban Sprawl in China: The Case of Beijing. Progress in Planning, 61 (3): 211 ~ 236.
12. Fekade W, 2000. Deficits of Formal Urban Land Management and Informal Responses under Rapid Urban Growth, an International Perspective. Habitat International, (2): 127 ~ 150.
13. Ford L, 1993. A Model of Indonesian City Structure. Geographical Review, 83: 374 ~ 396.
14. Fujita M, Krugman P, Venables A J, 1999. The Spatial Economy: Cities, Regions, and International Trade. Cambridge: The MIT Press.
15. Garba S B, 1999. An Assessment Framework for Public Urban Land Management Intervention. Land Use Policy, (4): 269 ~ 279.
16. Greene R P, 1995. Threat to High Market Value Agricultural Lands from Urban Encroachment: A National and Regional Perspective. The Social Science Journals, (2): 137 ~ 155.
17. Hambermas J, 1989. The Structural Transformation of the Public Sphere. Cambridge: The MIT Press.
18. Harvey D, 1973. Social Justice and the City. Oxford: Basil Blackwell.
19. Kaiser E D, Godschalk D R, 1995. Twentieth Century Land Use Planning: A Stalwart Family Tree. Journal of the American Planning Association, (3).
20. Kim H K, 2002. An Analysis of the Relationship Between Land Use Density of Office Buildings and Urban Street Configuration: Case Studies of Two Areas in Seoul by Space Syntax Analysis. Cities, (6):

409 ~ 418.

21. Knox P, 1995. Urban Social Geography. Singapore: Longman Singapore Publishers Ltd.
22. Larsson G, 1997. Land Readjustment: A Tool for Urban Development. Habitat International, (2): 141 ~ 152.
23. Lynch K, 1981. A Theory of Good City Form. Cambridge: The MIT Press.
24. Mann M, 1984. The Tonomous Power of the State: Its Origins, Mechanism, and Results. Archiv Europeennes de Sociologie, (25): 185 ~ 213.
25. Mattingly M, 1996. Private Development and Public Management of Urban Land: A Case Study of Nepal. Land Use Policy, (2): 115 ~ 127.
26. Mieszkowski P, Mills E S, 1993. The Causes of Metropolitan Suburbanization. Journal of Economic Perspective 7 (3), 135 ~ 147.
27. Oliva F, et al, 著. 刘川, 译. 关于城市蔓延和交通规划的政治与政策. 国外城市规划, 2002 (6): 13 ~ 24.
28. Pacione M, 2001a. Models of Urban Land Use Structure in Cities of the Developed World. Geography, 86: 97 ~ 119.
29. Pacione M, 2001b. The Internal Structure of Cities in the Third World. Geography, 86: 189 ~ 209.
30. Payne G, 2001. Urban Land Tenure Policy Options: Titles or Rights? Habitat International, (3): 415 ~ 429.
31. Peiser R, 2000. Environment, Land Use and Urban Policy. Regional Science and Urban Economics, (6): 719 ~ 723.
32. Sassen S, 1994. Cities in a World Economy. London: Pine Forge Press1.
33. Sato K, 1995. Bubbles in Japan's Urban Land Market: An Analysis. Journal of Asian Economics, (2): 153 ~ 176.
34. Scott A J, 1982. Locational Pattens and Dynamics of Industrial Activity in the Modern Metropolis. Urban Studies, 19: 111 ~ 141.
35. Seo J G, 1996. A Sequential Urban Land Use/Transportation Model: The Dynamics of Regional Economic Growth and Urban Spatial Structure. Transportation Research Part A: Policy and Practice, (1): 79.
36. Steed G P F, 1973. Intrometropolitan Manufacturing: Spatial Distribution and Locational Dynamics in Greater Vancouver. Canadian Geographer, 17: 253 ~ 258.
37. Werner R, Kratovil R, 1993. Real Estate Law. Prentice-Hall, Inc.
38. Wu F L, 1999. The 'Game' of Landed-Property Production and Capital Circulation in China's Transitional Economy, with Reference to Shanghai. Environment and Planning, A31: 1757 ~ 1771.
39. Wu F L, 2001. China's Recent Urban Development in the Process of Land and Housing Marketisation and Economic Globalisation. Habitat International, 25 (3): 273 ~ 289.
40. Xing Q Z, 1997. Urban Land Reform in China. Land Use Policy, (3): 187 ~ 199.
41. Yves Z, 1995. Efficiency Wages, Involuntary Unemployment and Urban Spatial Structure. Regional Science and Urban Economics, (4): 547 ~ 573.
42. Zhang Y, 1997. Effects of Subcenter Formation on Urban Spatial Structure. Regional Science and Urban Economics, (3): 297 ~ 324.
43. [美] W·F·奥格本著. 王晓毅等译, 1989. 社会变迁: 关于文化和先天的本质. 杭州: 浙江人民出版社.

44. ［美］奥沙利文 A，著．苏晓燕等译，2003．城市经济学．北京：中信出版社．
45. ［英］K·J·巴顿，著，1984．城市经济学——理论和政策．北京：商务印书馆．
46. ［美］R·A·波斯纳，著．苏力译．法理学问题．北京：中国政法大学出版社，1994．
47. ［美］M·波特，著．李明轩等译．国家竞争优势．北京：华夏出版社，2002．
48. ［美］J·N·德勒巴克，等编．张宇燕等译．新制度经济学前沿．北京：经济科学出版社，2003．
49. ［美］迪帕斯奎尔，惠顿，著．龙奋杰译．城市经济学与房地产市场．北京：经济科学出版社，2002．
50. ［奥］哈耶克，著．邓正来译．法律、立法与自由．北京：中国大百科全书出版社，2000．
51. ［英］P·霍尔，著．陈闽齐译．未来的大都市及其形态．国外城市规划，2000（2）：23～27．原载于 Regional Studies，1997（3）：211～220．
52. ［美］S·霍尔姆斯，著．曦中等译．反自由主义剖析．北京：中国社会科学出版社，2002．
53. ［英］霍华德，著．金经元译．明日的田园城市．北京：商务印书馆，2000．
54. ［美］P·克鲁格曼，著．蔡荣译．发展、地理学与经济理论．北京：北京大学出版社，2000．
55. ［美］科斯，阿尔钦，诺斯，等著．刘守英等译．财产权利与制度变迁：产权学派与新制度学派译文集．上海：上海人民出版社，1994．
56. ［美］J·M·利维，著．张景秋等译．现代城市规划（第五版）．北京：中国人民大学出版社，2003．
57. ［英］K·林奇，著．林庆怡等译．城市形态．北京：华夏出版社，2001．
58. ［美］J·罗尔斯，著．何怀宏等译．正义论．北京：中国社会科学出版社，1988．
59. ［美］D·缪勒，著．杨春学等译．公共选择理论．北京：中国社会科学出版社，1999．
60. ［美］D·C·诺思，著．陈郁等译．经济史中的结构与变迁．上海：上海人民出版社，1994．
61. ［美］D·C·诺思，R·P·托马斯，著．厉以平等译．西方世界的兴起．北京：华夏出版社，1999．
62. ［美］青木昌彦等，主编．政府在东亚经济发展中的作用：比较制度分析．北京：中国经济出版社，1998．
63. ［美］J·萨克斯，胡永泰，杨小凯．经济改革与宪政转型．思想评论/学者文集/杨小凯文集，1999．
64. ［美］P·萨缪尔森，W·诺德豪斯，著．萧琛译．微观经济学（第十六版）．北京：华夏出版社，1999．
65. ［英］汤因比，著．曹未风译．历史研究．上海：上海人民出版社，1997．
66. ［挪］G·希尔贝克，N·伊耶，著．童世骏等译．西方哲学史——从古希腊到二十世纪．上海：上海译文出版社，2004．
67. ［美］J·A·熊彼特，著．朱泱译．经济分析史．北京：商务印书馆，1991．
68. ［美］R·伊利，E·莫尔豪斯，著．滕维藻译．土地经济学原理．北京：商务印书馆，1982．
69. 艾建国．中国城市土地制度经济问题研究．武汉：华中师范大学出版社，2001．
70. 毕宝德．中国地产市场研究．北京：中国人民大学出版社，1994．
71. 毕宝德．土地经济学．北京：中国人民大学出版社，2001．
72. 曹广忠，柴彦威．大连市内部地域结构转型与郊区化．地理科学，1998（3）：234～241．
73. 曹建海．现代产权理论与我国城市土地产权制度研究．http：// www1. cei. gov. cn/ economist/ doc/ xrxrxl/ 200304301658. htm，2003．

74. 蔡孝箴．城市经济学．天津：南开大学出版社，1998.
75. 柴强．各国（地区）土地制度与政策．北京：北京经济学院出版社，1993.
76. 柴彦威．中日城市结构比较研究．北京：北京大学出版社，1999.
77. 柴彦威等．中国城市的时空间结构．北京：北京大学出版社，2002.
78. 陈果，顾朝林．网络时代的城市空间特征及演变．城市规划汇刊，2000（1）：33～34，38.
79. 陈洪博．土地科学词典．南京：江苏科学技术出版社，1992.
80. 陈鹏．“城中村”改造的策略转变．规划师，2004（5）：16～18.
81. 陈鹏．城市经营的制度缺陷及其演进．城市规划，2004（5）：51～56.
82. 陈鹏．从规模控制到制度建设：论中国城市化战略的范式转换．城市规划，2005（2）：51～56.
83. 陈鹏．自由主义与转型社会之规划公正．城市规划，2005（8）：19～28.
84. 陈鹏．西方城市空间结构研究新进展及其启示．规划师，2006（10）：81～83.
85. 陈鹏．基于土地制度视角的我国城市蔓延的形成与控制研究．规划师，2007（3）：76～78.
86. 陈鹏．土地使用制度改革对城市空间结构影响的实证研究．城市与区域研究，2008（1）：70～82.
87. 陈述彭．城市化与城市地理信息系统．北京：科学出版社，1999.
88. 陈书荣．我国城市土地产权制度建设的基本思路．国土经济，2002（6）：29～32.
89. 陈淑英．产权明晰：公有产权与私有产权异同辨析．经济学家，1997（3）：47～53.
90. 陈彦光，刘继生．城市土地利用结构和形态的定量描述——从信息熵到分数维．地理研究，2001（2）：146～152.
91. 崔功豪，武进．中国城市边缘区空间结构特征及其发展——以南京等城市为例．地理学报，1990（4）：399～411.
92. 崔光华．新一轮土地利用总体规划修编的借鉴与思考．中国国土资源经济，2004（10）：6～8，11.
93. 崔太康．土地经济学．北京：中国广播出版社，1991.
94. 邓卫．我国城市建设用地的发展历程与前景预测．城市开发，1997（7）：24～27.
95. 丁成日．空间结构与城市竞争力．地理学报，2004（增刊）：85～92.
96. 董黎明．中国城市土地有偿使用的地域差异及分等研究．城市研究，1996（3）：38～43.
97. 杜文星，黄贤金．上海市工业地价的时空分布规律及形成机理研究——兼论上海市工业用地的规划布局与政策建议，2005.
98. 杜吟棠，王秀杰．斯洛伐克的土地私有化与合作社改制．中国农村经济，2002（3）：77～80.
99. 段进．城市空间发展论．南京：江苏科学技术出版社，1999.
100. 范少言，刘建华．深圳城市空间结构对房地产价格影响的初探．城市规划，1995（4）：22～24.
101. 方修琦等．近百年来北京城市空间扩展与城乡过渡带演变．城市规划，2002（4）：56～60.
102. 冯健．杭州城市形态和土地利用结构的时空演化．地理学报，2003（3）：343～353.
103. 冯健．转型期中国城市内部空间重构．北京：科学出版社，2004.
104. 冯燮刚．资本和土地配置的市场化与中国经济增长——在当前形势下对中国经济发展政策的研究．http：//www. ncer. tsinghua. edu. cn/lunwen/paper2/wp200407. doc，2004.
105. 葛幼松．中国城市土地的空间经济研究．南京：南京大学博士论文，1992.
106. 顾朝林等．中国大城市边缘区研究．北京：科学出版社，1995.
107. 顾朝林，C・克斯特洛德．北京社会空间结构影响因素及其演化研究．城市规划，1997（4）：12～15.
108. 顾朝林．中国高技术产业与园区．北京：中信出版社，1998.

109. 顾朝林．经济全球化与中国城市发展．北京：商务印书馆，1999.

110. 顾朝林等．集聚与扩散——城市空间结构新论．南京：东南大学出版社，2000.

111. 顾朝林等．中国城市地理．北京：商务印书馆，2002.

112. 顾朝林等．“新经济地理学”与经济地理学的分异与对立．地理学报，2002（4）：497～504.

113. 顾朝林等．北京城市社会区分析．地理学报，2003（6）：917～926.

114. 谷凯．北美的城市蔓延与规划对策及其启示．城市规划，2002（12）：67～69，71.

115. 郭鸿懋等．城市空间经济学．北京：经济科学出版社，2002.

116. 国土资源新闻网．全国核减开发区恢复耕地 13.24 万公顷．http：// www. clr. cn/ frontNews/ chinaResource/ read/ news－info. asp? ID = 42245，2004.

117. 郭建华．对广州市工业郊区化的探讨．热带地理，1996（4）：345～349.

118. 韩荡．“城中村”改造的理论框架及案例研究．规划师，2004（5）：13～15.

119. 郝娟．西欧城市规划理论与实践．天津：天津大学出版社，1997.

120. 贺林平．当采地成为私产时——试论西欧私有产权的封建源头．世纪中国，2004（9）：24.

121. 洪开荣．空间经济学的理论发展．经济地理，2002（1）：1～4.

122. 侯学纲，彭再德．上海城市功能转变与地域空间结构优化．城市规划，1997（4）：8～11.

123. 胡海波．城市空间演化规律和发展趋势．城市规划，2002（4）：64～68.

124. 胡俊．中国城市：模式与演进．北京：中国建筑工业出版社，1995.

125. 胡序威，周一星，顾朝林．中国沿海城镇密集地区空间集聚与扩散研究．北京：科学出版社，2000.

126. 黄耿，张志勇．城市土地资源的“隐性浪费”及其原因．城市问题，2002（2）：45～47.

127. 黄贤金等．城市理性发展与经营机制创新．南京：东南大学出版社，2004.

128. 黄亚平．城市空间理论与空间分析．南京：东南大学出版社，2002.

129. 蒋伏心．土地制度：内含与类型．江苏经济探讨，1996（5）：33～37.

130. 蒋文华．多视角下的中国农地制度——理论探讨与实证分析．浙江大学博士学位论文，2004.

131. 江曼琦．城市空间结构优化的经济分析．北京：人民出版社，2001.

132. 江曼琦．知识经济与信息革命影响下的城市空间结构．南开学报，2001（1）：26～31.

133. 江曼琦．聚集效应与城市空间结构的形成与演变．天津社会科学，2001（4）：69～71.

134. 金慰祖，许谨良编著．美国房地产理论与实务．北京：经济科学出版社，1993.

135. 李栢滓．国家公园经营管理与发展策略．台北：地景企业股份有限公司，1999.

136. 李德华．城市规划原理（第三版）．北京：中国建筑工业出版社，2001.

137. 李恩平．非理性“圈地运动”的经济规律．中国土地，2004（3）：11～13.

138. 李红卫．广州城市土地供应与规划管理策略研究．城市规划，2002（5）：20～23，71.

139. 李进之等．美国财产法．北京：法律出版社，1999.

140. 李培林．巨变：村落的终结——都市里的村庄研究．中国社会科学，2002（1）：168～180.

141. 李盛．浅析社会经济重大改革对城市土地利用的影响．城市规划，2000（2）：20～22.

142. 李小建．经济地理学近期研究的一个新方向分析．经济地理，2002（2）：129～133.

143. 李燕茹，胡兆量．城市土地增值的动力机制与调控．城市问题，2000（3）：6～9.

144. 李植斌．城市土地可持续利用理论与评价．合肥：中国科学技术大学出版社，1999.

145. 梁红，马宁．中国房地产泡沫即刻破灭论的错误．http：// business. sohu. com/ 20050228/ n224460803. shtml，2005.

146. 梁江，孙晖．城市土地使用控制的重要层面：产权地块．城市规划，2000（6）：40～42.

147. 廖加龙．法、美、德、日、韩等国家宪法关于私有财产权的规定．人大研究，2003（7）：20～23.
148. 林炳耀．城市空间形态的计量方法及其评价．城市规划汇刊，1998（3）：42～45.
149. 刘安国，杨开忠．克鲁格曼的多中心城市空间自组织模型评析．地理科学，2001（4）：315～322.
150. 刘贵利，朱介鸣．汕头市城市总体规划专题研究报告之四：汕头市城市用地与住区可持续发展策略研究（未出版），2002.
151. 刘军宁．北大传统与近代中国：自由主义的先声．北京：中国人事出版社，1998.
152. 刘盛和，吴传钧，沈洪泉．基于 GIS 的北京城市土地利用扩展模式．地理学报，2000（4）：407～416.
153. 刘盛和，吴传钧，陈田．评析西方城市土地利用的理论研究．地理研究，2001（1）：111～119.
154. 刘盛和，周建民．西方城市土地利用研究的理论和方法．国外城市规划，2001（1）：17～19.
155. 刘盛和．城市土地利用扩展的空间模式与动力机制．地理科学进展，2002（1）：43～50.
156. 刘守英．农地集体所有制的结构与变迁——来自于村庄的经验．见：张曙光主编．中国制度变迁的案例研究第二集．北京：中国财政经济出版社，2002.
157. 刘书楷．纵论近现代世界各国土地制度改革理论研究的趋向．中国农村经济，1992（2）：60～63，47.
158. 刘顺国，周杰韩．耕地抛荒：需要深入探讨的问题．见：国家统计局农村社会经济调查总队．中国农村经济调研报告．2003. 北京：中国统计出版社，2003.
159. 刘卫东．中国城市土地开发及其供给问题研究．城市规划，2002（11）：37～40.
160. 刘武君．土地制度与公共干预．城市规划，1994（4）：54～57.
161. 刘武君．大都会：上海城市交通与空间结构研究．上海：上海科学技术出版社，2004.
162. 刘正山．“圈地运动”与“反向公地灾难”——谈农地产权整合对抑制滥圈地的意义．中国土地，2003（11）：12～13.
163. 楼培敏．中国城市化：农民、土地与城市发展．北京：中国经济出版社，2004.
164. 卢现祥．西方新制度经济学（修订版）．北京：中国发展出版社，2003.
165. 马国强．城市土地出让制度绩效分析．城市开发，2003（7）：35～37，62.
166. 孟晓晨．西方城市经济学．北京：北京大学出版社，1992.
167. 苗长虹，樊杰，张文忠．西方经济地理学区域研究的新视角．经济地理，2002（6）：644～650.
168. 彭震伟．迈向 21 世纪中国城市土地使用制度的思考．城市规划汇刊，1998（1）：27～29.
169. 濮励杰，彭补拙．土地资源管理．南京：南京大学出版社，2002.
170. 饶会林．城市经济学．大连：东北财经大学出版社，1999.
171. 任志强．中国现行土地制度下的房产价格变化．http：// house. focus. cn/ newshtml/ 80448. html，2004.
172. 社科院财经所，纽约公共管理研究所．中国城市土地使用与管理．北京：经济科学出版社，1992.
173. 盛洪．现代制度经济学．北京：北京大学出版社，2003.
174. 盛庆琜．对罗尔斯理论的若干批评．中国社会科学，2000（5）：113～121.
175. 帅江平．供求平衡状态下的城市自组织过程．地理学报，1996（4）：374～382.
176. 石成球．关于我国城市土地利用问题的思考．城市规划，2000（2）：11～15.
177. 石楠．试论城市规划中的公共利益．城市规划，2004（6）：20～31.
178. 石崧．城市空间结构演变的动力机制分析．城市规划汇刊，2004（1）：50～52.
179. 史培军，陈晋，潘耀忠．深圳市土地利用变化机制分析．地理学报，2000（2）：151～160.

180. 施源．规划导向型的土地开发供应计划——深圳土地开发供应计划体系的建立与完善．城市规划，2002（11）：49～52.
181. 搜房网．“阳光交易”的六大忧思．http：//news.soufun.com/2002－11－11/120960.htm，2002.
182. 宋春华等．房地产大辞典．北京：红旗出版社，1993.
183. 孙翠兰，古辉洪．我国土地制度的变迁及评价．国土经济，2002（9）：20～22.
184. 孙国瑞．土地市场的新成长——“九五”回顾与思考．中国国土资源报，2001-03-20.
185. 南方都市报，2005/1/30. 汕头耗资8500万元的“民心工程”汽车客运站为何垮掉？记者：谭林．
186. 潭遂，杨开忠等．基于自组织理论的两种城市空间结构动态模型比较．经济地理，2002（3）：322～326.
187. 唐子来．西方城市空间结构研究的理论和方法．城市规划汇刊，1997（6）：1～11.
188. 唐子来，寇永霞．面向市场经济的城市土地资源配置——珠海实证研究．城市规划，2000（10）：21～25.
189. 童建军等．市场经济条件下我国土地收益分配机制的改革：目标与原则．南京农业大学学报，2003（4）：106～110.
190. 万艳华．论现代城市布局结构的生长机理．城市规划，1996（3）：27～29.
191. 汪晖．城市化进程中的土地制度研究——以浙江省为例．浙江大学博士学位论文，2002.
192. 王冠贤，魏清泉．广州城市空间形态扩展中土地供应动力机制的作用．热带地理，2002（1）：43～47.
193. 王惠．开发区与城市相互关系的内在肌理及空间效应．城市规划，2003（3）：20～25.
194. 王辑宪．国外城市土地利用与交通一体规划的方法与实践．国外城市规划，2001（1）：5～9.
195. 王军．城记．北京：生活　读书　新知三联书店，2003.
196. 王磊．城市产业结构调整与城市空间结构演化．城市规划汇刊，2001（3）：55～58.
197. 王霞，齐方．居住和交通协同发展与上海城市空间结构重整．城市规划，2000（3）：17～20.
198. 王兴中等．中国城市社会空间结构研究．北京：科学出版社，2000.
199. 王兴中等．中国城市生活空间结构研究．北京：科学出版社，2004.
200. 王铮等．上海城市空间结构的复杂性分析．地理科学进展，2001（4）：331～339.
201. 魏天安．从模糊到明晰：中国古代土地产权制度之变迁．中国农史，2003（4）：41～49.
202. 温铁军．中国农村基本经济制度研究．北京：中国经济出版社，2000.
203. 武安青．关于私有产权的哲学思考．江南论坛，2001（10）：34～35.
204. 武进．中国城市形态—结构、特征及其演变．南京：江苏科学技术出版社，1990.
205. 吴敬琏．吴敬琏论腐败：溯源与清源．http：// business.sohu.com/ 20041230/n223727013.shtml，2004.
206. 吴启焰，任东明．改革开放以来我国城市地域结构演变与持续发展研究——以南京都市区为例．地理科学，1999（2）：109～112.
207. 吴启焰．大城市居住空间分异研究的理论与实践．北京：科学出版社，2001.
208. 吴志强，姜楠．全球化理论的实证研究：上海城市土地开发空间布局的特征．城市规划汇刊，2000（4）：38～46.
209. 吴忠民．公正新论．中国社会科学，2000（4）：50～58.
210. 仵宗卿，柴彦威．论城市商业活动空间结构研究的几个问题．经济地理，2000（1）：115～120.
211. 夏明文．土地与经济发展．上海：复旦大学出版社，2000.

212. 谢国忠．中国在变化莫测的海洋中航行．http：// www. chinavalue. net/ news. asp？ id = 2637，2005.
213. 谢经荣等．地产泡沫与金融危机：国际经验及其借鉴．北京：经济管理出版社，2002.
214. 谢文蕙，邓卫．城市经济学．北京：清华大学出版社，1996.
215. 许小年．走入迷途的中国房价．http：// www. qglt. com/ bbs/ ReadFile？ whichfile = 10669089 &typeid =14，2005.
216. 许小年．转换经济增长模式需要制度保障．南方周末，2005-3-10.
217. 许学强等．城市地理学．北京：高等教育出版社，1997.
218. 许学强，周素红．20 世纪 80 年代以来我国城市地理学研究的回顾与展望．人文地理，2003（4）：433 ~440.
219. 许新．转型经济的产权改革．北京：社会科学文献出版社，2003.
220. 阎小培等．广州 CBD 的功能特征与空间结构．地理学报，2000（4）：475 ~486.
221. 杨保军，靳东晓．快速城镇化进程中的土地问题透视．城市与区域研究，2008（1）：1 ~21.
222. 杨重光．调整用地结构是21 世纪初中国城市土地管理的主要内容．中国土地科学，2001（1）：8 ~9，27.
223. 杨小凯，江濡山．中国改革面临的深层问题——关于土地制度改革．战略与管理，2002（5）：1 ~5.
224. 姚士谋．中国大都市的空间扩展．合肥：中国科学技术大学出版社，1998.
225. 姚士谋，帅江平．城市用地与城市生长：以东南沿海城市为例．合肥：中国科学技术大学出版社，1995.
226. 姚洋．土地、制度和农业发展．北京：北京大学出版社，2004.
227. 叶裕民．中国城市化之路：经济支持与制度创新．北京：商务印书馆，2001.
228. 易晓峰，甄峰．城市开发中的城市管治研究——以汕头市南区开发为例．城市规划汇刊，2001（1）：22 ~25.
229. 于光远．经济大辞典．上海：上海辞书出版社，1992.
230. 袁剑．公私共有：《福布斯》的尴尬与民企的冬天．价值杂志网站，2002 年第 12 期．
231. 袁征．中国经济发展与地产市场．北京：改革出版社，1994.
232. 张宏斌，贾生华．城市土地储备制度的功能定位及其实现机制．城市规划，2000（8）：17 ~20.
233. 张宏斌，贾生华．香港政府的土地供应机制及其启示．中国房地产，2000（4）：72 ~76.
234. 张静．土地使用规则的不确定：一个解释框架．中国社会科学，2003（1）：113 ~124.
235. 张京祥．城市土地集约使用条件下规划思维的变革．城市规划，1998（2）：26 ~27.
236. 张京祥．城镇群体空间组合．南京：东南大学出版社，2000.
237. 张京祥，崔功豪．城市空间结构增长原理．人文地理，2000（2）：15 ~18.
238. 张苏梅，顾朝林．深圳法定图则的几点思考——中、美法定层次规划比较研究．城市规划，2000（8）：31 ~35.
239. 张庭伟．控制城市用地蔓延：一个全球的问题．城市规划，1999（3）：44 ~48，63.
240. 张庭伟．1990 年代中国城市空间结构的变化及其动力机制．城市规划，2001（7）：7 ~14.
241. 张庭伟．构筑 21 世纪的城市规划法规——介绍当代美国“精明地增长的城市规划立法指南”．城市规划，2003（3）：49 ~52.
242. 张维迎．博弈论与信息经济学．上海：上海人民出版社，1996.
243. 张雯．美国的“精明增长”发展计划．现代城市研究，2001（5）：19 ~22.

244. 张文忠．大城市服务业区位理论及其实证研究．地理研究，1999（3）：273~281.
245. 张五常．佃农理论．北京：商务印书馆，2000.
246. 张五常．经济解释：张五常经济论文选．北京：商务印书馆，2000.
247. 张晓平，刘卫东．开发区与我国城市空间结构演进及其动力机制．地理科学，2003（2）：142~149.
248. 张新光．明晰农地产权是解决9亿农民增收的首要问题．http：// www. cast. net. cn/ expert/ expert. asp? seek = 1&default = 张新光#，2004.
249. 张跃庆，张树德．城市土地经济学．北京：经济日报出版社，1995.
250. 张志坚，金良富．市场经济下城市规划与土地利用的良性互动．城市规划，2002（11）：53~54.
251. 赵民．借鉴国际经验，完善我国的土地权利制度．国外城市规划，2001（1）：2~4.
252. 赵民，陶小马．城市发展和城市规划的经济学原理．北京：高等教育出版社，2001.
253. 赵文洪．中世纪英国议会与私有财产神圣不可侵犯原则的起源．世界历史，1998（1）：55~63.
254. 赵燕菁．机制与对策：深圳宝安的土地闲置．城市规划，2001（2）：58~59.
255. 甄峰，顾朝林．信息时代空间结构研究新进展．地理研究，2002（2）：257~266.
256. 郑荣禄．城市土地制度改革的理论反思．经济问题探索，1993（7）：7~9.
257. 郑振源．土地利用总体规划的改革．中国土地科学，2004（4）：13~18.
258. 中国社会科学院财贸经济研究所，美国纽约公共管理研究所．中国城市土地使用与管理：总报告．北京：经济科学出版社，1992.
259. 中国新闻网．2003年中国粮食产量减少并非因退耕还林政策所致．http：// www. chinanews. com. cn/ news/ 2004/ 2004 - 10 - 14/ 26/ 494269. shtml，2004.
260. 中国城市统计年鉴．国家统计局城市社会经济调查总队编．北京：中国统计出版社．
261. 周建明．城市土地利用空间结构研究——以广州市为例．城市规划汇刊，1998（2）：22~23，29.
262. 周其仁．产权与制度变迁（增订本）——中国改革的经验研究．北京：北京大学出版社，2004.
263. 周天勇．土地制度的困境与其改革的框架性安排．http：// business. sohu. com / 20/13/ article211691320. shtml，2003.
264. 周一星．城市地理学．北京：商务印书馆，1995.
265. 周一星，孟延春．中国大城市的郊区化趋势．城市规划汇刊，1998（3）：22~27.
266. 朱才斌，陈勇．试析土地有偿使用与城市空间扩展．人文地理，1997（3）：43~46.
267. 朱传耿等．中国流动人口的影响因素与空间结构研究．地理学报，2001（5）：549~560.
268. 朱介鸣．地方发展的合作——渐进式中国城市土地制度改革的背景和影响．城市规划汇刊，2000（2）：38~43.
269. 朱秋霞．论现行农村土地制度的准国家所有制特征及改革的必要性．http：// www. unirule. org. cn/ symposium/ c274. htm，2004.
270. 朱喜钢．城市空间集中与分散论．北京：中国建筑工业出版社，2002.
271. 宗跃光等．北京城郊化空间特征与发展对策．地理学报，2002（2）：135~142.
272. 宗跃光等．北京大都市土地开发的乘数效应和增长模式研究．地理研究，2002（1）：89~96.
273. 邹兵，陈宏军．敢问路在何方——由一个案例透视深圳法定图则的困境与出路．城市规划，2003（2）：61~67，96.

后　记

本书不仅是我多年来学习研究的结晶，也凝聚了许多关心、支持和帮助我的人的心血。在书稿完成之际，所有的艰辛和快乐在这一刻都汇成了满心感激。

首先我要感谢我的母校——南京大学。我很庆幸自己能够在阔别8年之后重新回到这里攻读博士学位，这不仅因为假如没有远离社会喧嚣的三年时光，我可能无法沉心静气地孜孜汲取知识营养，无法系统梳理思想脉络并形成理论观点。更因为这里有我熟悉和热爱的一切：诚朴敦厚的校风、自由开放的氛围、博学睿智的老师和真挚友爱的同学。

我要特别感谢我的导师顾朝林教授，顾老师正直坦荡而又诲人不倦，学识渊博而又勤勉有加，治学严谨而又兼容并蓄，言谈巧喻之间常蕴含深刻的学术洞见，大家风范令人叹服，受教三载当获益终生。我还要特别感谢我的同窗好友张京祥教授，正是在他的不断赞赏与鼓励之下，我才得以鼓起勇气完成书稿。在本书写作期间，笔者还常与崔功豪教授、曾尊固教授、林炳耀教授、徐建刚教授、宗跃光教授、黄贤金教授请教交流，在思想观点与研究方法上都受颇多启发，诸位老师学识广博、素养精深、思路开阔、思维敏捷，并且为人谦达，无不是我学习的楷模。在此衷心祝愿他们身体健康、学术之树长青。当然，本书若有任何疏误，皆因笔者学力不逮所致，由笔者自己负责。

需要特别指出的是，本书中的许多重要观点成形于数年以前，但时至今日，原来的观点不仅没有显得过时，反而有的被现实逐渐所印证，有的则发展趋势变得越发明晰，这在一定程度上增强了我的信心。我想，即便书中的观点有的还值得商榷，或者若干年后已不再新鲜动人，但其中分析论证问题的方法和角度，或许仍将保留些许价值。这并非表示笔者本人有多高的能耐，而是印证了逻辑思辨和独立思考的力量。

此外，南京大学的黄春晓老师、甄峰老师、王红扬老师，清华大学的于涛方老师，南京市规划编研中心的何流博士，深圳市规划编研中心的王承旭，中规院深圳分院的石爱华、邹鹏以及厦门分院的许仁宗，江苏省规划院的张伟博士和陈小卉女士，浙江大学的曹康老师，苏州城建学院的吴莉娅老师，中科院南京地理所的苏伟忠博士，汕头市规划局的黄锦林副局长、马清亮副局长、李钊总工和林圣建、郑健两位科长，汕头市规划院的吴贤文院长和陈再忠、叶旭新、郑润中、杜随青、李柽、杨茂华、李轶华、陈晓云、张端明、张君芳、陈纯娟等诸多以前朝夕相处的同事，包括汕头市龙光集团的罗文强副总裁，以及我的几位师弟师妹陈燕、徐玲玲、姜华、吴佳、李晓辉、庞海峰、刘剑等，对本书的写作提供了多方面的帮助，在此一并致谢。

最后，我要特别感谢我的父母，他们为我奉献了全部的爱，不仅从精神和生活上给予无微不至的关怀，更是从小培养了我诚实正直、进取奋发的品格。正是这种品格铸就了我惯于理性思考、善于冷静判断、勇于直言批判的特点，陶冶了我心系国计、关注民生的知识分子情怀，而这正是支撑我写完全书的最大动力！